ウミガメの自然誌
Natural History of Sea Turtles in Japan
産卵と回遊の生物学
亀崎直樹 編

東京大学出版会

Natural History of Sea Turtles in Japan
Naoki KAMEZAKI, Editor
University of Tokyo Press, 2012
ISBN 978-4-13-066161-4

はじめに

　ウミガメという動物は，浦島太郎のおかげもあって日本人にはなじみが深い．しかし，人間が興味を抱くようになる要素は浦島太郎伝説のない西洋でもアジアでも同じらしく，どこの国でもウミガメに魅せられた人がいる．そもそも，ウミガメという動物は人間の好奇心をとらえてしまう動物のようだ．夜といえども，砂浜で人々の前に姿をさらして産卵する姿は，人間が自然のなかで生きる喜びをよびさましてくれる．海で出会ったウミガメがゆっくりと紺碧の海中に姿を消すのをみると，深遠な海を知り尽くした彼らをもっと知りたくなる．このように，ウミガメという動物は人間になんらかのシグナルを送っているようである．

　そのような動物であるからか，毎年行われる国際ウミガメ会議には2000名もの関係者が世界中から集まり，熱い議論を交わす．日本でも日本ウミガメ会議が年1回開催され，ここには約300名が参加する．これらの会議で特徴的なのは，研究者に混じって多様な一般市民の参加者がいることである．国や地方自治体の行政に所属する担当官から砂浜を散歩する老人，海岸にリゾート施設をもつ観光業者，海岸の工事を請け負った業者，そしてウミガメに興味をもち始めた学生など，じつに幅広い．ウミガメはさまざまな立場の人間とかかわりあいがあり，多くの市民の興味を喚起する動物なのである．

　このように多様な形で人間との関係を構築することを反映してか，ウミガメの調査・研究や保護活動は，単系統ではなく多系統で生じている．つまり，地球のさまざまな場所で，さまざまな形で，活動が始まるのである．南日本の外洋に面した砂浜の大部分でアカウミガメの産卵がみられる．そんな場所で，ある人がウミガメになんらかの興味をもち始めると，そこにウミガメ活動の種火のようなものが自然発火する．古くは徳島の日和佐・蒲生田であり，屋久島の永田，宮崎，静岡の御前崎・浜松，和歌山のみなべ，小笠原諸島や八重山諸島の黒島などがそれに相当する．べっ甲細工産業が発達した長崎もそうかもしれない．その火は現在でも燃えている．ここでおもしろいのはそ

の燃え方，すなわち活動の方向性である．探究心の強い人はいろいろと調べるようになり，子どもが好きなら子どもにみせようとするし，政治的な関心がある場合は保護活動に向かうようになる．

　このように，ウミガメ関係者は多様である．通常ならばウミガメのことを考えることを仕事としている研究者が優位な立場になり，ウミガメの生息地で生活する市民は研究とは一線を画すようになるのだが，ウミガメの場合，どうも違うらしい．たとえば，生活のなかで産卵や漁網にかかったウミガメをみている人は，独特なウミガメに関する概念をもつようになるのである．ウミガメ研究の現場は，このような市民活動に，研究者による研究活動が加わって成り立っている感がある．ウミガメを理解する現場は，多くの人間でジグソーパズルを完成させているような感触を受けるのである．

　本書では，そのジグソーパズル全体のさまざまな部分で研究を行っている日本人に，それぞれの分野を紹介していただいた．これまでウミガメに関する専門書はなかったため，ある意味では，本書は日本初のウミガメ教科書である．とくに，日本人になじみの深いアカウミガメを中心に扱っている．日本は北太平洋唯一のアカウミガメの産卵地であり，南日本の海岸線で生活する人にとって，もっとも関係の深いウミガメだからである．日本では，ほかにアオウミガメが南西諸島や小笠原諸島で，タイマイが南西諸島南部で産卵をしているが，本書ではとくにそれらに焦点をあてた解説は行っていない．

　自然のウミガメと接する機会のある方々には，本書をぜひ手にとってほしい．やや難解な部分もあるかもしれないが，疑問が生じたときは著者か日本ウミガメ協議会に問い合わせていただきたい．ウミガメにさまざまな方向から興味をもった学生のみなさんにもぜひ読んでいただきたいが，生物だけではなく自然科学はまずは「観る」ことが大切である．したがって，まずは砂浜や海に行って，実物をみてほしい．

　インターネットでなんでも調べられる時代ではあるが，本書を用いて，ウミガメだけではなくさまざまな自然とのつきあい方に関する厚みのある見識をもっていただければ幸いである．なお，本書は日本ウミガメ協議会（NPO法人）と神戸市立須磨海浜水族園から助成を受けて出版された．

亀崎直樹

目　次

はじめに　i　……………………………………………………亀崎直樹

序　章　ウミガメという生きもの——ウミガメ学概論　1　………亀崎直樹
　　　0.1　調査・研究の歴史　2
　　　0.2　ウミガメ類の生物学的特徴　3
　　　0.3　系統・進化　4
　　　0.4　特異な生態　5

第 1 章　進化——分類と系統　11　………………………………亀崎直樹
　　　1.1　カメ類の起源　11
　　　1.2　ウミガメ類の繁栄　13
　　　1.3　現生ウミガメ類の分類と系統　16
　　　1.4　クロウミガメをめぐる分類学的問題　21
　　　1.5　ウミガメ科内の属間雑種　23
　　　1.6　ウミガメ類の系統　26
　　　1.7　種内の変異・系統関係　29

第 2 章　形態——機能と構造　35　………………………………亀崎直樹
　　　2.1　外部形態　35
　　　2.2　骨格　38
　　　2.3　筋肉　43
　　　2.4　消化器系　46
　　　2.5　循環器系　49
　　　2.6　呼吸器系　51
　　　2.7　泌尿生殖器系　52

第 3 章　生活史——成長と生活場所　57 ……………………………石原　孝
　　　3.1　幼体の分散　57
　　　3.2　未成熟期の生息域　62
　　　3.3　食性　65
　　　3.4　成長と成熟　68

第 4 章　発生——卵から子ガメへ　85 ……………………………松沢慶将
　　　4.1　卵の構造　85
　　　4.2　発生　89
　　　4.3　発生環境　93
　　　4.4　温度依存性決定（TSD）　96
　　　4.5　孵化から脱出　101

第 5 章　繁殖生態——交尾と産卵　115 ……………………………松沢慶将
　　　5.1　産卵地の分布　115
　　　5.2　交尾　121
　　　5.3　産卵行動　124
　　　5.4　多産と回帰　131
　　　5.5　ウミガメの涙　133

第 6 章　繁殖生理——生殖器官の形態と生理　141 ……………………柳澤牧央
　　　6.1　雄の生殖器官と機能　142
　　　6.2　雌の生殖器官と機能　145
　　　6.3　精子の挙動——精子はどこに保存されているか　149
　　　6.4　ホルモンと性周期　153
　　　6.5　受精と卵の形成　159

第 7 章　潜水——ダイビングの生理学　165 ……………………………佐藤克文
　　　7.1　潜水行動研究の歴史　165
　　　7.2　生理的側面　173
　　　7.3　行動生態的側面　182

目 次

第8章 回遊——大回遊の戦略　195 ……………………………畑瀬英男
    8.1　回遊の研究手法　196
    8.2　解明された回遊ルート　200
    8.3　なぜ回遊するのか——回遊の究極要因　212
    8.4　どのように回遊するのか——回遊のメカニズム　216

第9章 保全——絶滅危惧種を守る　227 ……………松沢慶将・亀崎直樹
    9.1　減少するウミガメ　227
    9.2　ウミガメの利用と保全の歴史　229
    9.3　脅威と対策と諸問題　232
    9.4　保全と法令　243

第10章 民俗——ヒトとウミガメの関係史　255 …………………藤井弘章
    10.1　日本列島各地におけるウミガメの民俗　256
    10.2　ウミガメの民俗の特徴　272

終　章 日本産アカウミガメ——生態と保護　281 …………………亀崎直樹
    11.1　日本におけるウミガメ調査
    　　　——とくに市民による調査の歴史　282
    11.2　日本における産卵地　286
    11.3　個体群サイズの推移　287
    11.4　これからのウミガメ研究　289
    11.5　日本におけるこれからのウミガメの保全　294

おわりに　299 …………………………………………………………亀崎直樹

索引　303
執筆者一覧　308

イラスト：谷口真理・三根佳奈子

序章
ウミガメという生きもの
ウミガメ学概論

亀崎直樹

　ウミガメは海に生息する爬虫類である．海に進出している爬虫類は，ほかにウミヘビ類，ウミイグアナ *Amblyrhynchus cristatus*，イリエワニ *Crocodylus porosus* がいる．ウミガメ以外は分布が限られているのに対して，ウミガメ類はインド-太平洋，大西洋，さらには地中海と，地球上の暖海域にはどこでも生息し，海岸線に産卵する．しかし，海岸線にはヒトが進出してきた．そして，ヒトとウミガメの間には多様な関係が生まれるようになる．人類の歴史上，もっとも重要なウミガメとのつながりは食料資源としての関係であろう．産卵中のウミガメを発見すれば，苦労することなく，比較的美味な肉を一度に多量に得ることができた．さらに，同時に100個以上の卵を手に入れることができた．したがって，食料の乏しい島嶼や海岸線に孤立した集落，さらには長い航海においては，重要な食料資源であったに違いない．かつての大航海時代においては，大洋に浮いているウミガメを捕れば食料を得ることができたし，その血液は重要な水分だったに違いない．また，甲板に置いておいても比較的長生きするウミガメは，冷蔵庫のない時代においては便利な食料であったに違いない．

　砂浜に上陸して産卵するウミガメ類の特性が利用を促進するとともに，保護や研究に関する活動も促した．ウミガメ類は夜間砂浜に上陸すると，まず，その呼吸音で人々にその存在を知らせる．数分おきに，短く，一気に行う呼

吸は苦しそうで，人々の同情を誘う．苦労して産卵巣を掘る姿，さらには目から流す涙をみて，人はこの動物に同情すると同時に畏敬の念を抱いてきたに違いない．それがウミガメにとって適応的に働いた．人類はウミガメを食料として利用すると同時に，尊い動物とみなし，結果として現生のウミガメは絶滅を免れてきた．

本書はそのウミガメ類の教科書である．序章ではそれぞれの各論に入る前に，ウミガメを学ぶうえで必要と思われる基礎的な知見を述べておく．なお，これから引用する論文は，すべて代表的なものに限っている．

0.1 調査・研究の歴史

ウミガメの保護や研究が本格的に行われるようになったのは1900年代に入ってからのことである．遺伝子や高度な調査器具による研究がまだ行われていなかった時代のウミガメ研究は，その形態の記載と砂浜での産卵生態の調査から始まる．

ウミガメの種が記載されたのは二名法として学名を制定したリンネの時代，すなわち18世紀に遡る．なかでも，日本で産卵するアカウミガメ，アオウミガメ，タイマイは，記載された種名は現在のものと異なるが，まさにそのリンネによる記載である（Linnaeus, 1758）．その後，20世紀前半までは，世界各地で発見されるウミガメにさまざまな種名が与えられ混乱する．写真もなく，標本や文献の交流もままならない時代であるから，それは仕方ないことかもしれない．その混乱と整理の過程はPritchard and Trebbau (1984) にくわしい．

20世紀に入ると，さまざまな研究者が外部形態あるいは解剖によって詳細な観察を行い，論文を残すようになる．たとえば，スリランカではDeraniyagala (1939) が爬虫類の博物学的な記載を数多く行い，多くの労力をウミガメに払っている．フロリダ大学でアカウミガメの自然史に関する研究を行い，その後，ロサンゼルス郡立博物館に移ったCaldwell (1962) は，アメリカ西海岸沖に来遊するウミガメをやはり博物学的に観察し，分類学的あるいは生態学的な研究を実施した．また，ヨーロッパではBrongersma (1972) が，おもに沿岸に漂着するウミガメの死体を形態学的，生態学的に

研究し，その形態や消化管内容物などの詳細な記載を残している．

　一方，現在のウミガメ研究の潮流をつくったのは，フィールド，とくに産卵場である砂浜でウミガメの生態を追い続けた研究者たちであるが，まず，アメリカの Archie Carr をあげることができる．Carr (1980) はコスタリカ大西洋岸のトルチュゲロというアオウミガメの産卵地において，また，前述した Caldwell et al. (1959) とともにフロリダからノースカロライナにかけてのアカウミガメの産卵地で，生態学的な基礎研究を開始する．ウミガメのフィールド研究は標識による個体識別と甲長の計測から始まる．それが，成体の回遊，さらに産卵間隔，回帰性などの情報をもたらす．そして，ウミガメの雌は同じ砂浜に戻ってきて産卵する回帰性が強烈な印象として，研究者の脳裏に焼き付き，生態研究に拍車をかける．このようなフィールド研究は，オーストラリアでは Bustard (1972) や Limpus (1982)，スリナムでは Schulz (1975)，南アフリカでは Hughes (1974)，マレーシアのサラワクでは Hendrickson (1958) が行うようになる．彼らに共通しているのは，その当時からウミガメ類の保全についても論じたことである．

　このような基礎的研究を基盤に，1980 年ごろよりウミガメのあらゆる分野での研究が活発になる．とくに，最近では DNA の塩基配列の違いを分析する技術や，人工衛星による個体の追跡技術が発達することによって，生態学を中心に多くの成果が上がっている．

0.2　ウミガメ類の生物学的特徴

　ウミガメ類の生物学的特徴は，彼らが海洋に適応する過程で獲得したと考えられるつぎの特性にみることができる．①［甲羅］背甲の形態は細かな部分は種によって違うが，甲長と甲幅の比や高さは似通っている．これは，回遊に適した形態といえる．②［四肢］遊泳に適した櫂状の形態をしている．③［背甲と腹甲の骨格］深い潜水をする際，強固で形の変わらない甲羅は都合が悪い．ウミガメ類の背甲と腹甲の骨格は発達せず，かつ，陸上や淡水性のカメのように背甲と腹甲が一体化していない．そのため，甲羅は外部の圧力で変形させることが可能で，体の体積を変化させて，深い潜水を可能にしている．④［塩類腺］海水中で生活すると体内に蓄積する塩分を排出する機

能が不可欠である．魚類の鰓に代わる器官として頭蓋骨の内側で，眼球の後方に塩類腺を発達させている．⑤［卵数］砂浜で孵化した幼体は成熟するために海洋で長期間生活することになる．そのため捕食者などによる死亡率が高いと考えられる．それに対応するために卵数がほかのカメ類に比べて多い．⑥［定位・回遊システム］広い海洋を地球規模で利用するためには，索餌海域と産卵地の間など長距離回遊するしくみが必要である．詳細は明らかにされていないが，磁気感覚などを利用した定位・回遊システムを獲得している．⑦［サイズ］ウミガメ類はガラパゴスゾウガメ *Geochelone nigra* などの例外を除くと，カメ類のなかでは相対的にサイズが大きく，もっとも小さい現生のウミガメであるヒメウミガメでさえも成体のサイズは 70 cm を超える．これは，強い遊泳力を得るために必要なサイズと考えられる．ただし，中生代に生息していたアルケロンなどは現生のウミガメ類より大きかった．それが絶滅したことを考えると，大きすぎると必要な量の餌をとることができなかったと考えられる．小さすぎると捕食者に対抗できず，大きすぎると餌を必要量得ることがむずかしく，現生のウミガメのサイズが決まってきたと考えられる．

0.3　系統・進化

　ウミガメとは海に生息するカメのことをいう．脊椎動物門は魚類，両生類，爬虫類，鳥類，哺乳類に分かれるが，そのなかでも爬虫類は哺乳類と鳥類以外の有羊膜類がひとまとめにされたグループである．ひとくちで爬虫類といっても多様な動物群を含んでいる．しかも，この動物群に含まれる動物の多くは絶滅しており，それが爬虫類内部の系統解明を困難にさせているともいえる．そのなかでもカメ類の起源は，その形態がほかの脊椎動物のなかでも特異的であることから，系統学的見解が時代によって変動している．かつては無弓類という絶滅したグループに近いとされていたが，最近は分子系統学の発達もあり，爬虫類の最大グループである双弓類に近いとされるようになった（Iwabe *et al.*, 2005）．

　カメ類の特徴は甲羅にある．カメの甲羅は肋骨が大きく広がり，われわれの胸にある胸骨も大きく広がり，甲羅を形づくっている．また，その肋骨と

胸骨を強化するように，真皮から発達する板状の骨が発達し，肋骨をつないでより強固な甲羅をつくっている．この甲羅の獲得にともなって，四肢の基部に相当する肩帯と骨盤を甲羅の内側にもっていくことに成功した．その結果，危機に対応して四肢や頭部を甲羅のなかに隠して防御する生存戦略を獲得した．この戦略はきわめて成功したことは，現在でもカメ類が世界で生息していることからもわかる．

　カメ類は砂漠，草原，河川，沼池，森林，そして海洋と生息地を広げているが，その生息地の環境によって，背甲の形もおおむね決まっている傾向がある．ガラパゴスゾウガメやインドホシガメ Geochelone elegans に代表される砂漠や草原に生息するカメ類は圧力に耐え，かつ，外界の温度変化に耐えるようにドーム型の甲羅を，ニホンイシガメ Mauremys japonica やクサガメ Chinemys reevesii に代表される河川，沼池など淡水に生息するカメ類はいわゆるカメ型を，さらに淡水産でもスッポン Pelodiscus sinensis のように泥底に隠れるカメ類は強固な背甲を捨てた．そのなかで，海洋に適応したウミガメ類は，回遊に適した水の抵抗の少ないウミガメ型の甲羅をもっている．かつては，海に生息したカメのなかでも完全なウミガメ型ではないカメもいたが，そのような中途半端に海洋に進出したウミガメ類は絶滅しており，現生のウミガメ類はきわめて海洋の生活に適応した種といえる．

　現生のウミガメ類は2科6属7種，すなわちオサガメ科のオサガメ Dermochelys coriacea，ウミガメ科のアカウミガメ Caretta caretta，タイマイ Eretmochelys imbricata，アオウミガメ Chelonia mydas，ヒメウミガメ Lepidochelys olivacea，ケンプヒメウミガメ L. kempii，ヒラタウミガメ Natator depressus が存在する．ただし，形態の地理的変異は存在しているにもかかわらず（Kamezaki and Matsui, 1995），個体が大きく標本を収集・保存しにくい問題，さらにワシントン条約によって標本の国際間の移動が制限されているため，分類学的な研究は進んでいない．

0.4　特異な生態

　ウミガメ類の生態の特異性は，その生活史において大洋を広く利用していることである．砂浜で孵化した幼体は，海流によって分散させられる．孵化

後，海に入った幼体はすべての種が海流に依存した漂流生活に入る．この時期の分布は，海流に依存するため定まったものではなく，また，種によって異なっており，この時期の生態研究を遅らせている．ただ，大西洋では，アカウミガメの幼体が流れ藻の塊に入り込んで生活しているという報告があり (Schwartz, 1988)，流れ藻に依存して成長することが予想されているが，太平洋ではそのような状態の幼体はあまり発見されていない．しかし，黒潮という強大な暖流と北太平洋海流によって太平洋を横断し，メキシコ沿岸で成長するアカウミガメがいることも明らかになっている (Bowen et al., 1995).

　幼体は漂流生活を送るが，甲長が 30 cm 程度になると，遊泳力も備わり，定着した生活に移行する．定着先はその餌の分布によって決まる．植物食のアオウミガメは海藻類の生育する浅海域，タイマイは餌となるカイメンが生育するサンゴ礁海域に索餌海域をもつ．ほかの種の未成熟期の索餌海域は明らかにされておらず，太平洋のアカウミガメのように海洋を広く泳ぎながら成長するような種あるいは個体群も存在する．

　ほかの動物より，著しく長い生活史をもつことも特異的といえる．年齢査定がまだ十分に行われていないウミガメ類では，性成熟に至り繁殖するようになるまでの年数は明らかにされていない．しかし，わずかな年齢査定の結果や標識調査によって明らかになった成長速度から，20-30 年はかかると考えられている．さらに，成長速度によって性成熟に達する年齢に大きな幅があることも予想できる．また，性成熟後，どれくらいの年数にわたって繁殖を行うかもわかっていない．

　繁殖が可能な年齢になると，必然的に産卵海域に戻って産卵するようになる．ウミガメの適応度は産卵海岸の環境，とくに孵化幼体を運ぶ海流との位置関係で大きく異なるため，産卵海岸の選択は重要である．そのため，個体が誕生した砂浜，あるいはその周辺の海岸に戻る回帰性が進化したと考えられる．索餌海域と産卵海域が異なる場合も多く，それが離れている場合は長距離でさえも回遊して往復するようになり，たとえば，南太平洋のアセンション島の繁殖地とブラジル沿岸の索餌海域を往復するようなアオウミガメもいる (Luschi et al., 1998)．日本で産卵するアカウミガメの場合は，幼体は黒潮によって太平洋に広く分散された後，成熟する前に日本沿岸に戻ってきて，そこで生育して成熟することが明らかになっている (Ishihara et al.,

2011).

　産卵海岸は暖海の海域にあるが，これも種によって若干場所が異なっている．産卵海岸の分布がもっとも特徴的なのはアカウミガメで，低緯度から高緯度に流れる大きな海流（暖流）に沿った海岸に形成される．このような産卵海岸の分布はアカウミガメに特異的なものであり，アカウミガメの適応戦略が，幼体を高緯度方向に運び，大洋に広く分散させることにあることを示している．日本では，アカウミガメの産卵海岸は黒潮の流軸に沿って分布するが，アオウミガメは南西諸島と小笠原諸島，タイマイは南西諸島のみに産卵する．この2種の産卵海岸の分布も黒潮などの海流との位置関係が影響をおよぼしている可能性がある．つまり，ウミガメ類は幼体の分散戦略が種によって異なっている可能性が高く，この分野の研究の発展が待たれる．また，オサガメの産卵海岸の分布も特徴的である．太平洋の場合，ニューギニア島の北岸と中央アメリカの西岸に主要な産卵海岸があり，かつてはマレー半島にもあったことが知られている．これらの海岸の特徴は熱帯にもかかわらず，サンゴ礁が発達せず，砂浜の沖は比較的急に深くなっている．外洋性のオサガメにとっては，このような条件をもつ海岸が必要なのかもしれない．

　ウミガメ類が夜間に砂浜に上陸し，産卵することも，あまりにもよく知られている．雌のみが，夜間，砂浜に上陸し，産卵巣を掘って産卵する．その後，時間をかけて産卵巣の位置を隠蔽し，海に帰る．ウミガメ類は全種がこのような産卵を1シーズンに数回行う．これに先立って交尾が行われるが，交尾は水中で行われ，それが産卵海岸付近で行われるのか，別の海域で行われるのかはよくわかっていない．

　ウミガメ類を含む爬虫類は有羊膜類であり，胚は卵殻内に発達する胚膜のなかで発生する．その点で魚類や両生類とは大きく異なっている．卵殻の内側の胚膜には血管を張りめぐらして，そこから胚，すなわち発生途中の幼体に酸素を送る．このような卵を産む動物にとって，海へ生活の場を移すことは繁殖形態を変更することを余儀なくされ，きわめて困難をともなう．つまり，海に卵殻で包まれた卵を放出しても，発生することは不可能である．唯一の方法としては，卵殻をつくらずに雌の体内で発生をさせ，ある程度成長し運動能力を獲得した段階で幼体を放出する胎生を採用することである．

　このような胎生で繁殖する動物は，同じく海に進出した爬虫類であるウミ

ヘビでみることができる．たとえば，沖縄のサンゴ礁でよくみられるクロガシラウミヘビ *Hydrophis melanocephalus* やイイジマウミヘビ *Emydocephalus ijimae* は，エラブウミヘビ *Laticauda semifasciata* のように陸に上がって卵を産むことはなく，水中で幼体を産出する．しかし，ウミガメ類だけでなくカメ類には胎生の種は皆無で，ウミガメ類は全種が砂浜に上がって，砂のなかに卵を産み落とす．

胚発生は砂のなかに産み落とされた卵殻のなかで進む．ウミガメが卵を埋める砂表から 30 cm 以深の砂中においては，温度や湿度などの環境条件はきわめて安定している．しかし，波をかぶったり，伏流水などにより，砂中の卵が水没すると，胚は酸素を吸収することができず死亡する．したがって，ウミガメが産卵する位置の選択は，種の保存にとって重要な要因であり，また，人間活動による砂浜環境の変化，とくに砂の減少なども彼らの個体群サイズの変動に大きな影響を与えることになる．

また，爬虫類ではカメ類の多くとすべてのワニ類，一部のトカゲ類に特徴的にみられる胚発生時の温度による性決定のしくみ（温度依存性決定 Temperature-dependent Sex Determination；TSD）も，ウミガメ類全種で確認されている．爬虫類の TSD には 3 つのパターンが確認されており，温度が高いと雌に偏るタイプ，逆に温度が高いと雄に偏るタイプ，高くても低くても雌に偏るタイプなどがあるが，ウミガメ類の場合，すべての種で温度が高くなると雌に偏り，さらにその臨界温度もすべての種において 29℃ 程度で一致している．ただし，このような不安定な性決定様式が，どうして進化してきたのかはいまだによくわからない．

以上，ウミガメの生物学について，まず概説を行ったが，詳細は以下の各章でくわしく述べられている．

引用文献

Bowen, B.W., F.A. Abreu-Grobois, G.H. Balazs, N. Kamezaki, C.J. Limpus and R.J. Ferl. 1995. Trans-Pacific migrations of the loggerhead turtle (*Caretta caretta*) demonstrated with mitochondrial DNA markers. Proceedings of the National Academy of Sciences of the USA, 92(9): 3731-3734.

Brongersma, L.D. 1972. European Atlantic turtles. Zoologische Verhandelingen, 121(1): 1-318.

Bustard, H.R. 1972. Sea Turtles: Their Natural History and Conservation. Wm. Collins Sons and Co., Ltd., London and Taplinger Publ. Co., New York.

Caldwell, D.K. 1962. Sea turtles in Baja California waters (with special reference to those of the Gulf of California) and a description of a new sub-species of northeastern Pacific green turtle. Los Angeles County Museum, Contributions to Science, 61: 3-31.

Caldwell, D.K., A. Carr and L.H. Ogren. 1959. The Atlantic loggerhead sea turtle, *Caretta caretta* (L.), in America. I. Nesting and migration of the Atlantic loggerhead turtle. Bulletin of the Florida State Museum, 4(10): 295-308.

Carr, A. 1980. Some problems of sea turtle ecology. American Zoologist, 20 (3): 489-498.

Deraniyagala, P.E.P. 1939. The Tetrapod Reptiles of Ceylon. Vol. 1. Testudinates and Crocodilians. Colombo Museum, Ceylon.

Hendrickson, J.R. 1958. The green sea turtle, *Chelonia mydas* (Linn.) in Malaya and Sarawak. Proceedings of the Zoological Society London, 130(4): 455-535.

Hughes, G.R. 1974. The sea turtles of south-east Africa. II. The biology of the Tongaland loggerhead turtle *Caretta caretta* L. with comments of the leatherback turtle *Dermochelys coriacea* L. and the green turtle *Chelonia mydas* L. in the study region. South African Association for Marine Biological Research Oceanographic Research Institute. Investigational Report, No. 36.

Ishihara, T., N. Kamezaki, Y. Matsuzawa, F. Iwamoto, T. Oshika, Y. Miyagata, C. Ebisui and S. Yamashita. 2011. Reentry of juvenile and subadult loggerhead turtles into natal waters of Japan. Current Herpetology, 30(1): 63-68.

Iwabe, N., Y. Hara, Y. Kumazawa, K. Shibamoto, Y. Saito, T. Miyata and K. Kato. 2005. Sister group relationship of turtles to the bird-crocodilian clade revealed by nuclear DNA coded proteins. Molecular Biology and Evolution, 22(4): 810-813.

Kamezaki, N. and M. Matsui. 1995. Geographic variation in skull morphology of the green turtle, *Chelonia mydas*, with a taxonomic discussion. Journal of Herpetology, 29(1): 51-60.

Limpus, C.J. 1982. The status of Australian sea turtles. *In* (Bjorndal, K.A., ed.) Biology and Conservation of Sea Turtles. pp.297-303. Smithsonian Institution Press, Washington, D.C.

Linnaeus, C. 1758. Systema Naturae per regna tria naturae, secundum classes, ordines, genera, species, cum characteribus, differentiis, synonymis, locis. Tomus I, Editio Decima, Reformata. Holmiae(Islands of America).

Luschi, P., G.C. Hays, C. Del Seppia, R. Marsh and F. Papi. 1998. The navigational feats of green sea turtles migrating from Ascension Island investigated by satellite telemetry. Proceedings of the Royal Society of London Series B. Biological Science, 265(1412): 2279-2284.

Pritchard, P.C.H. and P. Trebbau. 1984. The turtles of Venezuela. Society for the Study of Amphibians and Reptiles, Contributions to Herpetology No.2.

Schulz, J.P. 1975. Sea turtles nesting in Surinam. Zoologische Verhandelingen (Leiden), 143: 3-172.

Schwartz, F.J. 1988. Aggregations of young hatchling loggerhead sea turtles in the sargassum off North Carolina. Marine Turtle Newsletter, 42: 9-10.

1 進 化

分類と系統

亀崎直樹

　爬虫類は約3億年前，巨大なシダ類が繁茂していた古生代石炭紀に，両生類から進化した無弓類 Anapsida がその起源とされている．その後，無弓類は大きく2つのグループに分かれて進化する．1つは単弓類 Synapsida とよばれるグループで，古生代末期に栄える．爬虫類全盛の中生代にはあまり勢力は強くなかったが，このグループには哺乳類につながっていく哺乳類型爬虫類が含まれており，新生代になり哺乳類となって，再びその勢力を盛り返す．別のグループは双弓類 Diapsida であり，トカゲ，ヘビ，ワニなどの現生の爬虫類と鳥類を含んでいる．カメ類はその独特な形態から，起源については分子系統学者を含めて議論が行われている．

1.1　カメ類の起源

　古生代石炭紀に誕生した最初の爬虫類は無弓類 Anapsida であり，全長が20 cm に満たない小型の爬虫類であった．爬虫類の大きな系統を議論するには頭蓋骨の側面にあく孔をみる．無弓類にはこの側頭窓がない．無弓類から側頭窓を1つもつ単弓類 Synapsida と2つ（上側頭窓と下側頭窓）もつ双弓類 Diapsida に分かれ，進化する．頭蓋骨の形態から現生の羊膜類を分類すると，無弓類型はカメ類，単弓類型は哺乳類，双弓類型はワニ，トカゲ，ヘ

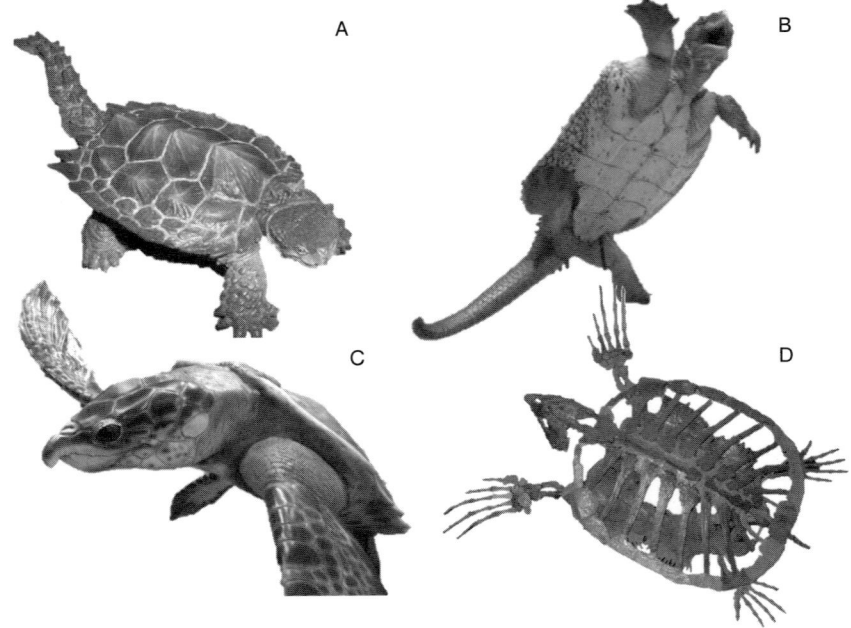

図 1.1 絶滅したカメ．A：プロガノケリス *Proganochelys*，B：オドントケリス *Odontochelys*，C：アルケロン *Archelone*，D：プロトステガ *Protostega*（A-C は古田悟郎氏製作．D は米国スミソニアン博物館の展示標本を撮影）．

ビなどの現生の爬虫類と鳥類が分類される．双弓類型にはすでに化石でしかみることのできない恐竜や翼竜，魚竜もこれに含まれる．

　さて，カメ類においては，もっとも古いとされているプロガノケリス *Proganochelys*（図1.1A）の頭蓋骨には側頭窓がないことから，無弓類とされており，現在でも一部の研究者にはカメ類を無弓類とする考えもある（Lee, 1997）．しかし，頭骨だけでなく体全体の形質を用いてカメ類の系統関係を論じた Rieppel and de Braga（1996）は双弓類から生じたとし，さらに mtDNA の塩基配列で系統関係を論じた Hodge and Poling（1999）や Kumazawa and Nishida（1999），Iwabe et al.（2005）らも双弓類，とくにそのなかでもワニや鳥類に近いという見解を提出している．

　最近までもっとも古いカメとされていたプロガノケリスは2億1000万年前の中生代三畳紀，ヨーロッパに生息していた．甲長は約60 cmと比較的

大型のカメであった．現生のカメと異なるところは，頭部や四肢を甲羅に収納できないところで，背甲の中心を走る脊椎骨から首を大きく湾曲させることのできない頸椎が伸びていた．尾部の先端は頑丈で鞘状の骨で補強されており，防御に使われていた可能性もある．甲羅はゾウガメとは異なり，ドーム型ではなく平たかった．四肢の構造は現生のゾウガメに類似しており，陸生であったことはまちがいないと思われている．頭蓋骨の形態から植物食であったと考えられている．さらに現生のカメでは失われている歯も口蓋に存在した（Palmer, 1999）．このカメが長らく世界でもっとも古い化石ガメであったが，それより古い2億2000万年前に生息していたカメ，オドントケリス *Odontochelys semitestacea*（図1.1B）が中国で発見された（Li *et al*., 2008）．このカメは発見された地層が海で形成されたものであることから，海に生息していたとされている．また，背甲より腹甲の骨のほうが発達していることから，サメなど海の底からの攻撃に適応したものとされている．しかし，四肢の骨の形態は現生のウミガメのものとは異なっており，水生カメの呼吸に重要な役割を果たす舌骨が発達していないことから陸生ではないかとの説も提示されている（平山, 2009）．

1.2　ウミガメ類の繁栄

前述のように2億2000万年前ごろに出現したカメ類は，その後，中生代のジュラ紀，白亜紀にかけて多様に分化する．そして，ようやく現生のウミガメに似たカメが出現するのが白亜紀中期の1億1000万年前のことである（Hirayama, 1998）．この最古のウミガメ，サンタナケリス *Santanachelys* はブラジルのサンタナ層という地層から掘り出され，甲長が145 mmの小さなウミガメである．このウミガメは有名なアルケロン *Archelone*（図1.1C）やプロトステガ *Protostega*（図1.1D）と同じプロトステガ科に属しており，四肢はやや短いものの，現生のウミガメときわめて類似した形態をもっている．

ウミガメ類にはプロトステガ科，オサガメ科，ウミガメ科の3科が存在する．表1.1にウミガメの主要な属と絶滅属に関しては化石の産地とそれが得られた地質時代を示した．

表 1.1 ウミガメ類 3 科の主要な属. 現生種には下線をひいた.

ウミガメ上科（Chelonioidea）
  プロトステガ科（Protostegidae）
    リノケリス（*Rhinochelys*）ヨーロッパ　白亜紀後期
    サンタナケリス（*Santanachelys*）ブラジル　白亜紀前期
    ケロスファルギス（*Chelosphargis*）北米　白亜紀
    トクソケリス（*Toxochelys*）北米　白亜紀後期
    ノトケロン（*Notochelone*）オーストラリア　白亜期前期
    デスマトケリス（*Desmatochelys*）　北米, 北海道　白亜紀
    プロトステガ（*Protostega*）北米　白亜紀後期
    アルケロン（*Archelon*）北米　白亜紀末
  オサガメ科（Dermochelyidae）
    メソダーモケリス（*Mesodermochelys*）北海道日高　白亜紀後期
    エオスファルギス（*Eosphargis*）ヨーロッパ, 北米　始新世
    プセフォフォルス（*Psephophorus*）ヨーロッパ, 北米, アフリカ　始新世
    <u>オサガメ（*Dermochelys*）</u>　現生
  ウミガメ科（Chelonidae）
    シーロムス（*Syllomus*）日本, 北米, ヨーロッパ　中新世-鮮新世
    クテノケリス（*Ctenochelys*）　北米　白亜紀
    オステピギス（*Ostepygis*）　北米　白亜紀
    エウクラステス（*Euclastes*）南米　暁新世-始新世
    プッピゲルス（*Puppigerus*）ヨーロッパ, 北米　暁新世-始新世
    アロプレウロン（*Allopleuron*）ヨーロッパ　白亜紀後期
    アルギロケリス（*Argillochelys*）イギリス　始新世
    エオケロン（*Eochelone*）ヨーロッパ　始新世
    <u>アカウミガメ（*Caretta*）</u>　現生
    <u>アオウミガメ（*Chelonia*）</u>　現生
    <u>タイマイ（*Eretmochelys*）</u>　現生
    <u>ヒメウミガメ（*Lepidochelys*）</u>　現生
    <u>ヒラタウミガメ（*Natator*）</u>　現生

　プロトステガ科は頭部が相対的に大きいのが特徴で，頭長が 1 m に達するほど大きくなることもあった．頭骨は頑丈であり，種によっては吻端が発達し，鉤爪状に伸びている．また，ウミガメ科では発達している二次口蓋がない．甲羅を形成する骨も退化傾向にあり，背甲骨には皮骨に被われていない部分も多く，腹甲側の後骨板（xiphiplastron）はなく，前骨板（epiplastron）もないか，あっても退縮している．さらに通常のカメの甲羅の表皮に存在するケラチン質の鱗板もない．このような甲羅の骨の退縮傾向はオサガメ科と共通している．最古のサンタナケリスは小さなカメであったが，ほかの種は大きく，アルケロンでは甲長は 2.2 m を超え，全長は 4 m を超えて

いた．ただし，化石の産地は広がっておらず，当時，北米に形成されていた内海のみに生息していたと考えられている．

オサガメ科はオサガメ Dermochelys coriacea が生き残っている．このグループはプロトステガ科よりさらに甲羅の骨が退化しており，さらに通常のカメの甲羅の表皮に存在する鱗板はなく，現生種では小さな星状の骨質が表皮を埋めている．ただし，Mesodermochelys のように甲羅を形成する骨の退縮の程度が少ないグループもある．また，Mesodermochelys は日本の北海道や淡路島が産地であること（Hirayama and Chitoku, 1996；平山，2007）も特筆すべきことかもしれない．

ウミガメ科は現在でも5属が生き残っており，その形態もイメージしやすい．本科の特徴は，まず頭蓋骨にある．頭頂骨が発達し，頭骨全体が屋根で被われたようになっていること，そして二次口蓋も発達しているのも特徴である．背甲の骨は，肋骨，脊椎骨に対応して皮骨が発達し，縁骨板とともに背甲骨を形成している．ただし，縫合は完全ではなく，また，肋骨の先端部の皮骨は不完全で結果的に背甲骨に間隙（泉門）が生じている．腹甲は前骨板，胸骨板，腹骨板，後骨板がそれぞれ1対存在し，独特な形態で腹側の面を防御している．ただし，強固さの観点からは，背面より弱い．四肢の表皮もほかの科のカメよりも，大きく強固な鱗板で被われている．なお，形態の部位や骨の名称については，第2章で説明する．

中生代の白亜紀後期には，上述した3科のウミガメが海洋を泳ぎ回っていたのであろう．大きさは現生のウミガメ類よりはかなり大きいプロトステガ科，オサガメ科が多く生息しており，ウミガメ科はそれほどめだつ存在ではなかったかもしれない．プロトステガ科のアルケロンの頭蓋骨の頑丈さをみると，肉食性であったことがうかがえる．中生代の指標種でもあるアンモナイトを食べていたことも十分可能性がある．しかし，プロトステガの化石は中生代から新生代に変化する K-T 境界以降出現しない．K-T 境界とは6550万年前の中生代から新生代への境目にあたる時代で，ユカタン半島に落ちた隕石の影響でこの時期に多くの種が絶滅したとされている境界である．つまり，この時期に起こった恐竜やアンモナイトなどの生物種の絶滅とともに，プロトステガは絶滅した．また，オサガメ科は一部が新生代第三紀にも生息していたが，現在では1種を残して絶滅している．ウミガメ科だけが複数種

生き残り，アオウミガメやアカウミガメ，タイマイのように汎世界的に分布する種は繁栄していると考えられる．

現存している2科6属7種のウミガメ類で分布域が限られている種は2種だけであり，残りの5種はインド-太平洋と大西洋に広く分布しており，移動能力，つまり遊泳力と位置情報を認識し回遊する能力が備わっていると考えることができる．このような広く長距離を回遊できる能力が，絶滅を免れるためには必要だった可能性もある．地質時代レベルでの環境変動は，餌の分布や量を大きく変化させることが予想されるが，長距離回遊が可能であれば餌場を求めて移動することもできるし，その種の産卵場所に戻ることも可能である．また，環境変動や地殻変動は産卵地である砂浜の位置も大きく変化させてきたことが予想される．このような変化に対して，現生のウミガメ類は新たな産卵地を求めるなど，融通を利かせてきたと考えられる．プロトステガ科のウミガメ類は比較的化石の産地も限られていることが多いことから，その分布域は限られており，地質時代レベルの環境変化に適応することができず絶滅したとも考えられる．巨大な体を維持する餌の量が変動することも，種の絶滅を招いた可能性がある．

1.3　現生ウミガメ類の分類と系統

現生のウミガメ類は2科6属7種に分類されている（図1.2）．それぞれの種の特徴は以下のとおりである．

（1）　オサガメ科

オサガメ *Dermochelys coriacea*

［甲］背甲は細長く先端は突出している．7本のキールが前後に走っている．他種でみられる鱗板はない．孵化幼体は星状の鱗板で被われている．直甲長は180 cmに達する．腹甲にも鱗板がないため，腹甲とそれ以外の部分の明瞭な区別がみられないが，他種に比べると小さい．

［頭部］幅広い三角形をしており，なめらかな皮膚で被われている．上顎の縁にめだつ鉤状の突出が1対ある．

［四肢］前肢は長く，幅広さが顕著である．また，四肢の表面にも鱗板は

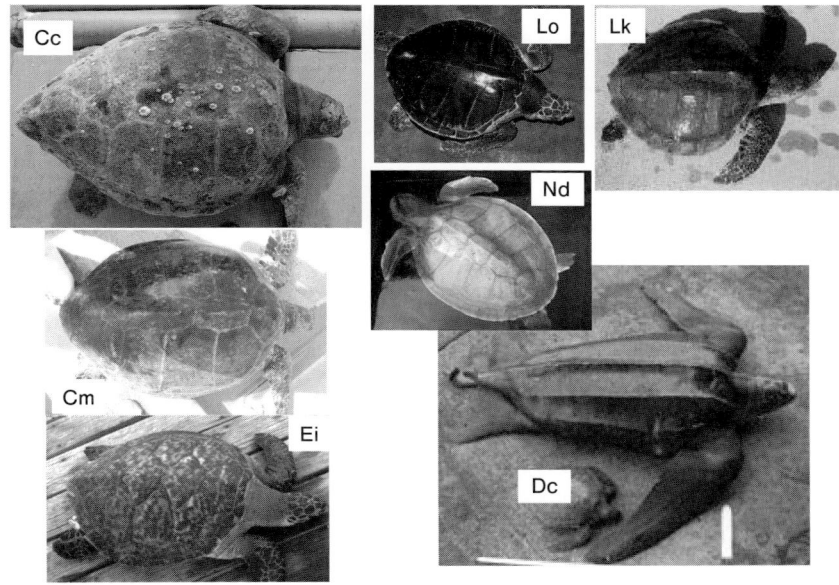

図 1.2 現生のウミガメ類. Cc：アカウミガメ, Cm：アオウミガメ, Ei：タイマイ, Lo：ヒメウミガメ, Lk：ケンプヒメウミガメ, Nd：ヒラタウミガメ, Dc：オサガメ.

なく柔らかい皮膚に被われている．他種にある前縁の爪もない．

［色］全身が黒いが，白い斑点やしみがあり，その数や分布によって生じる模様は個体変異が大きい．

［分布］インド-太平洋，大西洋の熱帯から温帯海域．

(2) ウミガメ科

アオウミガメ *Chelonia mydas*

［甲］幅広い卵形の背甲をしており，縁は甲長 50 cm 程度以下の若齢個体はなめらかな凹凸があるが，成体では消える．正常個体の背甲を構成する鱗板には肋甲板は 4 対，椎甲板は 5 枚，縁甲板は 12 対，腹甲にはそれぞれ 1 対の喉甲板，肩甲板，胸甲板，腹甲板，股甲板，肛甲板に，胸甲板，腹甲板，股甲板に接して縁甲板とをつなぐ亜縁甲板が 4 対ある．また，喉甲板の前端に 1 枚のめだつ鱗板が入る．

［頭部］ウミガメ科のなかでは相対的に小さく，他種に比べ丸みを帯びた形をしており，嘴も突出していない．前額板は1対，後頭板1対，眼後板4対は比較的安定した形質である．また，上顎と下顎は細かい鋸歯状になっており，植物食性の動物がもつ歯の役割を果たしている．

［四肢］背面，腹面とも鱗板に被われている．四肢にはそれぞれ1個の爪が存在し，孵化幼体のときに2つの爪を前肢にもつ個体もまれにある．

［色彩］背面は濃緑色から黒色で，若い個体は背甲の肋甲板と椎甲板に朝日模様をもつことも多い．また，背甲の色彩には成体でも地理的変異がある．腹面は白色から黄色である．四肢や頭部の背側は背甲と同じ濃緑色，腹側は腹甲と同じく白から黄色だが，四肢の先端部の腹側の主要な鱗板の中央部は濃緑色である．頭部と四肢の背面を構成する鱗板の周囲は腹側の明るい色彩で縁取られている．

アカウミガメ Caretta caretta

［甲］背甲の最大幅を示す位置がやや前方にあるので，背甲の形はややハート型に近い．肋甲板は5対，椎甲板は5枚，縁甲板は12対であるが，本種のこれらの形質は変異が多く安定しない．腹甲はほかのカメ類と同じくそれぞれ1対の喉甲板，肩甲板，胸甲板，腹甲板，股甲板，肛甲板と亜縁甲板で構成されるが，亜縁甲板は3対であることが多い．また孵化後，甲長が30 cm程度までは，背甲の肋甲板と椎甲板のとくに後部に尖った山状の突起が生じる．

［頭部］頭部の相対的な大きさはウミガメ科のなかでもっとも大きい．これはアカウミガメの主要な餌が軟体動物の貝であるため，硬い殻を噛み砕くための下顎内転筋が他種に比べ強大であることに起因すると考えられる．下顎も他種に比べ頑丈である．鱗板は，前額板は2対で，その中央に小さな鱗板を含むこともめずらしくはない．眼後板は3対である．後頭板や下顎鱗板はアオウミガメやタイマイに比べると不規則で多くの鱗板から構成される．嘴のケラチン質も厚く，硬い餌を食べる行動に適応している．

［四肢］前肢はウミガメ類のなかでは相対的に短い．鱗板で被われており，通常それぞれの肢に2つの爪がついている．

［色彩］甲の背面は茶色で個体によって濃淡がある．腹面は淡褐色である．

1.3 現生ウミガメ類の分類と系統

四肢も背面は背甲と同じ褐色で,腹面は淡褐色であるが,腹面の先端近くは褐色が濃くなる.

タイマイ Eretmochelys imbricata

[甲] 背甲の形は卵形だが,後端は尖っている.背甲の縁辺部は縁甲板の後端が伸びることによって鋸歯状になるが,老成個体では消えてなめらかになる.鱗板は4対の肋甲板,5枚の椎甲板,12対の縁甲板からなるが,鱗板の成長部がそれぞれの鱗板の前方にあるためか,鱗板が成長すると後ろのほうが押し出されるようになり,鱗板が瓦屋根のようになる.また,それぞれの鱗板の後端は尖るので,背甲には棘状の突起があるような状態になる.腹甲は他種同様,喉甲板,肩甲板,胸甲板,腹甲板,股甲板,肛甲板がそれぞれ1対あるが,腹甲の表面は他種に比べてなめらかでない.これらの甲羅の鱗板はケラチン質が厚く蓄積されるため,古くからべっ甲細工の材料として利用されてきた.

[頭部] 頭部は相対的に小さく,嘴が突出している.下顎も上顎にともなって尖っており,サンゴ礁のすきまの付着生物を摘み取って食べるのに適した形態になっている.前額板は2対,眼後板3対で,後頭板は大きな2枚よりなっている.

[四肢] 四肢は鱗板に被われており,それぞれに2つの爪がある.他種に比較すると,四肢の基部は細く,筋肉量も少ない.

[色彩] 背甲の鱗板は黄色に褐色の美しいモザイク模様が入る.この模様には個体変異があり,地理的変異もあるといわれている.腹甲は黄色あるいはオレンジ色をしている.頭部や四肢も背面の鱗板は褐色であるが,それぞれ黄色く縁取られている.頭部と四肢の腹面は腹甲と同じく黄色かオレンジ色である.ただし,四肢の腹面の鱗板の中央部は褐色をしている.

ヒメウミガメ Lepidochelys olivacea

[甲] 甲長に対する甲幅が大きく,円盤形に近い.背甲の鱗板はほかのウミガメ科に比べると数が多い.肋甲板も片側は6-9枚で対をなさないことも多い.椎甲板も5枚以上であるが,7枚以上であることが多い.縁甲板は13対のことが多い.腹甲は通常の喉甲板,肩甲板,胸甲板,腹甲板,股甲板,

肛甲板が各1対と4対の亜縁甲板からなるが，それぞれの亜縁甲板の後側あるいは境界にラスケス孔（Rathke's pore）がみられることがある．この孔はラスケス腺（Rathke's gland）につながっているが，孔や腺の機能はいまだにわかっていない．

　［頭部］比較的大きいが，アカウミガメほど頑丈ではない．前額板は2対で眼後板は3対，後頭板は多くの鱗板からなる．

　［四肢］四肢は鱗板に被われており，それぞれ2つの爪がある．ただし，成体では1つになっている個体もみかける．

　［色彩］甲羅や頭部，四肢の背面は灰色またはオリーブ色で腹面は白い．

ケンプヒメウミガメ Lepidochelys kempii

　［甲］ヒメウミガメに似るが，通常個体の肋甲板が5対，椎甲板が5枚と，ヒメウミガメよりは少ない．縁甲板は13対であることが多い．北大西洋西部のメキシコやアメリカ沿岸に生息するヒメウミガメ属はこの *L. kempii* である．また，腹面の亜縁甲板にはヒメウミガメと同じようにラスケス孔がみられる．

　［頭部・四肢・色彩］ヒメウミガメの特徴と同じ．

ヒラタウミガメ Natator depressus

　［甲］背甲は楕円形でヒメウミガメ属と同じように甲幅が広く円形に近い印象を受ける．また，背甲の縁辺はややめくれ上がっている．肋甲板は4対，椎甲板は5枚，縁甲板は12対である．腹甲はほかのウミガメ科と同じ喉甲板，肩甲板，胸甲板，腹甲板，股甲板，肛甲板が各1対と4対の亜縁甲板からなるが，1対の喉甲板の間，同じく肛甲板の間に1枚のめだつ鱗板が存在する．

　［頭部］頭部は他種に比べるとやや平たい印象を受ける．前額板は1対，眼後板は3対，後頭板は変異が多く，1枚であったり，そこに不完全に鱗が分かれていることもある．

　［四肢］四肢は鱗板に被われているが，大きな鱗板は四肢の縁辺部のみに存在し，それ以外の部分の鱗板は細かい．爪はそれぞれ1つある．

　［色彩］甲羅・頭部・四肢の背面はやや緑色がかった灰色，腹面は黄色で，

四肢の基部の背面や頭部の側面も一部腹面と同じ色をしている．

1.4 クロウミガメをめぐる分類学的問題

太平洋のアオウミガメのなかに，形態が著しく異なっている個体をみることがある．とくに，東太平洋にはこの特異な形態をもった個体が多い．背甲の色彩が黒く，また，腹面もアオウミガメより黒いことからクロウミガメ（black turtle）とよばれている（図 1.3）．この特徴をもった個体は日本でも発見されている．このカメについてはその分類学的扱いに関する議論が活発に行われてきたが（Parham and Zug, 1996; Bowen and Karl, 2000），いまだに決着をみていない．

クロウミガメの形態的特徴でアオウミガメとは異なる点は，以下のとおりである．

図 1.3 アオウミガメ（上）とクロウミガメ（下：*Chelonia mydas agassizii*）の外部形態の比較．両個体とも直甲長 40-50 cm の未成熟個体．

［甲］背甲は黒く，鱗板はアオウミガメと同じ 4 対の肋甲板，5 枚の椎甲板，12 対の縁甲板より構成される．腹甲の鱗板もアオウミガメと同じであるが，色彩がアオウミガメは白から黄色，クロウミガメは灰色である．灰色には黒に近い色から薄い灰色まで変異がある．鱗板のケラチン層は薄いようで，傷つきやすい．甲全体の形態もアオウミガメと異なる．すなわち，甲の後端がややくびれ，背甲の形はハート型に近くなる．また，甲の高さが高く，アオウミガメより，背甲がよりドーム型になっている．

［頭部］背面の色は黒，腹面の色は灰色である．鱗板はアオウミガメと同じである．ただし，鱗板の縁がアオウミガメのように黄色で縁取られていない．また，頭部の形が全体的に丸い印象を受ける．下顎の嘴の鋸歯状の突起はアオウミガメより顕著で，口のなかにも突起がある．飼育している個体の行動をみると，頭部の左右の動きが活発な印象を受ける．

［四肢］四肢は鱗で被われているが，中央部の鱗がアオウミガメより細かい．また，鱗板は厚くはなく，陸上に上げると，四肢を活発に動かして，あたったところがすぐ傷つき出血する．

さて，このようにふつうのアオウミガメと形態の異なったアオウミガメを独立種にするという議論は多くあり，実際，このカメを *Chelonia agassizii* と扱っている文献も多い（Pritchard, 1997 など）．この学名は Bocourt (1868) がグアテマラの太平洋岸のウミガメについて記載したものである．古い仕事であるので論文には写真やスケッチもないが，このクロウミガメを指している可能性が高い．そこで，この東太平洋の異なったタイプのアオウミガメを *C. agassizii* とする研究者もいるのである．

通常，分類は形態と DNA の比較を行うのが主流であるが，ウミガメは大きく残されている標本が少ないうえに輸送も簡単でない．さらに，ワシントン条約によって加盟国間の移動が制限されているため，世界中に分布するウミガメ類の標本を集めて精査することがむずかしい．また，標本はどうしても液浸標本ではなく，形態のゆがみが生じる剥製にされることが多く，外部形態，とくに計量形質の比較が行いにくい．DNA の研究にしても，ワシントン条約によって組織の移動も制限されているので，容易ではないのが現状である．

そのようななかで，Kamezaki and Matsui (1995) は世界各地に残されて

いるアオウミガメ *C. mydas* の頭蓋骨の地理的変異について計量形質を用いて比較し，主成分分析のレベルでガラパゴス産のグループがほかとはかけ離れていることを報告した．ガラパゴス産のアオウミガメはこのクロウミガメだと考えられることから (MacFarland and Green, 1984)，頭蓋骨もクロウミガメの独自性を示すことが初めて示唆されたが，Kamezaki and Matsui (1995) はそれを亜種レベルの分類にとどめ，*Chelonia mydas agassizii* と規定した．

　一方，DNAによる分類も試みられてはいるが，後述するミトコンドリアDNA (mtDNA) や核 DNA (nDNA) でのアオウミガメの系統分析結果は，クロウミガメの産するメキシコの太平洋の沿岸個体はアオウミガメの種内の変異の1グループにすぎないことを示している (Bowen *et al*., 1992; Karl and Bowen, 1999)．すなわち，このような分子系統学の知見は，クロウミガメを独立種としてみなすことを支持していない．

　しかし，東太平洋にはアオウミガメとは異なった形態をもつグループ（現段階では亜種，*C. m. agassizii*）とアオウミガメが同所的に生息していることは事実である．また，最近の細分主義の流れのなかでは，種の概念として系統種概念 (phylogenetic species concept) が主流とされているため (De Queiroz, 2007)，亜種のままにしておくのも問題である．今後，解明すべきは，クロウミガメとアオウミガメの間の遺伝的な交流である．頻繁に交流があり，東太平洋のなかで1つの遺伝的集団を形成しているなら，形態的な違いは後天的な変異ということになり，独立種として考えにくい．遺伝的な交流がないとすれば，太平洋のアオウミガメのなかの1グループで形態が急速にほかから分化したグループがあり，それが遺伝的に隔離された状態になっていると考えられる．今後の研究の進展が期待される．

1.5　ウミガメ科内の属間雑種

　ウミガメ科のなかでヒラタウミガメとケンプヒメウミガメを除く4種は汎世界的に分布しており，また，それなりに回遊能力もあり，活発に移動することから，熱帯，温帯海域を中心に分布が重なる．しかし，同所的に生息する2種の動物は生態的，行動的，あるいは生理的に隔離がなされており，交

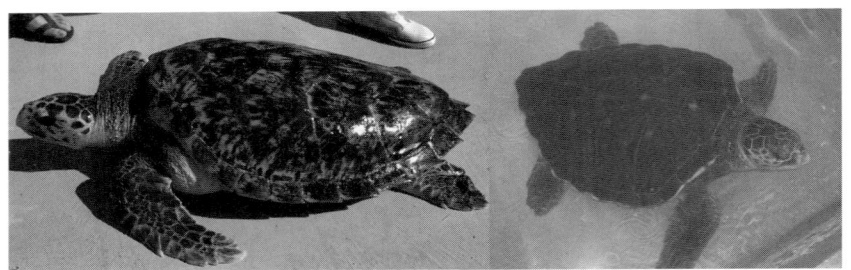

図 1.4 アカウミガメとタイマイ(左，愛知県で孵化)，アカウミガメとアオウミガメ(右，宮崎県で孵化)の雑種個体．いずれも，南知多ビーチランド(愛知県)で飼育中の個体を撮影．

雑，すなわち遺伝的な交流はないと考えるのがふつうである．もし，交雑し遺伝子の交流が行われたとなると，2つの遺伝的集団としての2種ではなくなってしまう．そのような考えから，ウミガメ科の属間での交雑はあまり考えることはできない．

しかし，このような属間での雑種がウミガメでは比較的頻繁にみられる(図1.4)．たとえば，アカウミガメ×タイマイ（亀崎，1985），アオウミガメ×タイマイ（Wood et al., 1983; 平手・亀崎，1994），アカウミガメ×アオウミガメ（亀崎ほか，1996; James et al., 2004），ケンプヒメウミガメ×アカウミガメ（Barber et al., 2003）などである．これらの雑種は両親の種の中間的な形質を示すが，観察された例では成長はむしろ早くなり，雑種強勢を示す．

このような雑種が生じることに関して，それを裏づけるような根拠はいくつかある．まず，ウミガメの雄，とくにアカウミガメは交尾相手の種を認識するしくみがあまり発達しておらず，繁殖期に人間でさえも交尾を試みようと近づいてくることは，ダイバーや海女の間でも知られている．つまり，ウミガメの雄は繁殖期になると，視覚で雌を認識して，交尾に至る．したがって，ヒトも四足動物なので，その形態を信号刺激にして雄が近づくのかもしれない．

また，ウミガメ類は染色体レベルでも，タンパク質の多型の電気泳動分析のレベルでも，分化が進んでおらず，保守的であることがこれまでの研究で示されている．ウミガメ類の核型はオサガメ（Medrano et al., 1987），アカ

ウミガメ (Kamezaki, 1989), タイマイ (Kamezaki, 1990), アオウミガメ (Bickham et al., 1980), ヒメウミガメ (Mohanty-Hejmadi, 1988) で明らかになっているが, そのすべての種において $2n = 56$ で, それぞれの染色体の形態にも差がなく, 核型に変異が認められておらず, オサガメ科とウミガメ科のように, 科にまたがっても同じ核型を有するのである. 染色体の構造の違いを調べるには分染法を用いるが, それについてもその違いを明瞭に示した研究は報告されていない. このようなウミガメ類の染色体の保守性は, カメ目のほかの科でもあてはまる現象であり (Bickham and Carr, 1983), カメ目の種分化には染色体の分化が大きな影響を与えていないことを暗示している. さらに, 血清のタンパク質について電気泳動法によってその類似性を調べた Frair (1982) は, その結果からオサガメ, アカウミガメ, アオウミガメ, タイマイ, ヒメウミガメの系統関係を論じるなかで, 類似性の高さを記している.

ウミガメ類のこのような核型レベル, タンパク質レベルの分化の低さは, 染色体レベルあるいは DNA レベルの突然変異が起こりにくいことを意味しているが, となるとウミガメ類の種分化はごくわずかな形態に影響を与える遺伝子に変異が生じることによって起こると考えられる. その結果として, 種間で交雑しても, その子孫となる雑種個体の発生も正常に行われる可能性もある. 重要な点は, この雑種個体が稔性をもつか否かである. アカウミガメとタイマイの雑種個体は 1981 年に孵化し 2012 年現在, 2 個体が南知多ビーチランド (愛知県) で飼育されている. そのうち 1 個体が, 1998 年にアカウミガメの雄と交尾をし, 体内に卵をもったことも確認されている. 卵巣は正常に卵をつくり, 輸卵管も卵殻をつくることが明らかになった. これは, 雑種が稔性をもつ可能性を支持している. さらに, 衝撃的な報告は Lara-Ruiz et al. (2006) によって行われた. それによると, ブラジルのバヒア州で産卵したタイマイ 119 個体の mtDNA のコントロール領域の 752 塩基を調べたところ, 67 個体はタイマイのハプロタイプであったが, 50 個体はアカウミガメ, 2 個体はヒメウミガメのハプロタイプだったというのである. これらのタイマイは明らかに外部形態よりタイマイと判断されたことから, タイマイが別種起源のミトコンドリアを有していることになる. ミトコンドリアは母系遺伝するので, 以下のような仮説が成り立つ. アカウミガメの雌

とタイマイの雄が交雑しF1が生じる．このF1の形態はおそらく中間型で，タイマイとは区別がつくと思われるので，このF1の雌がさらにタイマイの雄と交雑することで，タイマイにきわめて形態が類似したF2，あるいはさらには同じようにF3が生じ，アカウミガメのミトコンドリアをもつタイマイが生じる．つまり，ブラジルのこの地区に産卵するタイマイは，過去にこのような異種（属）間の交雑が行われたことを示しているのである．日本でも屋久島で，1999年にアカウミガメに混じって，タイマイとアカウミガメの中間形質をもった雌が上陸している（亀崎ほか，1999）．この個体は産卵していないが，このように雑種が繁殖すれば，ブラジルのようなミトコンドリアの置換なども起こりうると考えられる．

このようにウミガメの種（属）間では，頻度はわからないが交雑が起こり，遺伝子の交流が行われている可能性があることがわかってきた．にもかかわらず種が分かれている．遺伝子の交流が，まれではあるが，起こるにもかかわらず，種が分かれているような現象は実際にありうるのであろうか．今後の研究が注目される．

一方，このように分化が進んでおらず，交雑が起こりやすい動物ならば，種を維持してきた隔離のメカニズムに注意を払うべきであろう．隔離には，①交尾行動を引き起こさない行動的隔離，②交尾シーズンや交尾する海域が異なる生態的隔離，③精子が卵と出会っても受精しない，あるいは正常な初期発生ができない発生学的隔離，さらには，④雑種個体ができても生殖能力を獲得できない隔離，などが考えられる．ところが，前述したようにすべての隔離が不完全であることがわかる．逆にいうと，①，②，③，④の不完全な隔離機構が重なって作用することで，初めて遺伝的な隔離が生じ種は存続してきたのかもしれない．すると，②の隔離機構を考えるならば，ウミガメ類の回遊システムなどは，成熟した異種の個体が出会わないように仕組まれている可能性がある．したがって，本来の生活史を攪乱するような行為，たとえばヘッドスターティング（育成放流）などは，慎重にすべきであろう．

1.6　ウミガメ類の系統

現生のウミガメ類の系統は，かつては形態を用いて議論されたこともあっ

1.6 ウミガメ類の系統　　　　　　　　　　　　　　　　　　27

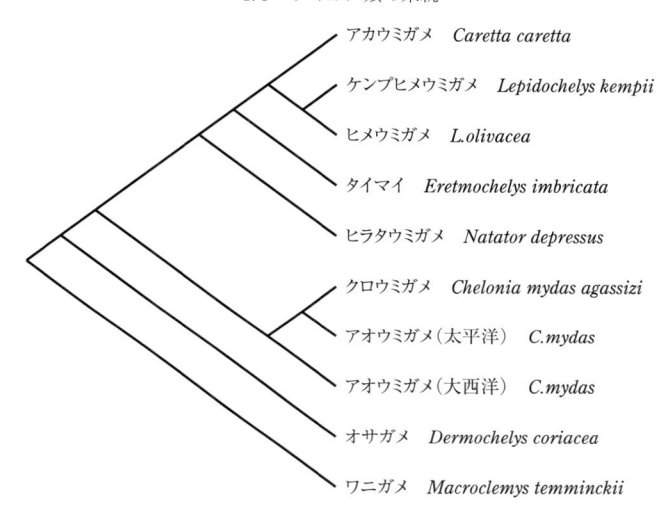

```
              ┌─ アカウミガメ      Caretta caretta
            ┌─┤
           ┌┤ └─ ケンプヒメウミガメ Lepidochelys kempii
          ┌┤└─── ヒメウミガメ      L.olivacea
         ┌┤└──── タイマイ          Eretmochelys imbricata
        ┌┤└───── ヒラタウミガメ    Natator depressus
       ┌┤│      ┌─ クロウミガメ    Chelonia mydas agassizi
       │└┤    ┌─┤
       │ │   ┌┤ └─ アオウミガメ(太平洋) C.mydas
       │ └───┤└─── アオウミガメ(大西洋) C.mydas
       │     └──── オサガメ        Dermochelys coriacea
       └────────── ワニガメ        Macroclemys temminckii
```

図1.5　現生ウミガメ類の系統関係．アオウミガメは大西洋産，太平洋産，クロウミガメに分けて扱った．ワニガメは外群として扱った(Dutton *et al.*, 1996; Bowen, 1997 より作成)．

たが (Zangerl, 1980)，その後，生化学的分析 (Chen *et al.*, 1980)，免疫学的分析 (Frair, 1979)，血清タンパク質の電気泳動による分析 (Frair, 1982) が行われた．そして，現在ではほかの生物群の系統分類と同じようにmtDNA (Bowen *et al.*, 1993; Dutton *et al.*, 1996) やnDNA (Bowen, 1997) を用いた分析が行われている．

　Bowen (1997) はそれらの知見を総合して図1.5のような系統関係を類推している．外群としてワニガメ *Macroclemys temminckii* を用いているが，それ以外は現生のウミガメのmtDNAを用いて類推した系統関係を示している．アオウミガメだけは，その亜種クロウミガメと太平洋産，大西洋産に分けて示してある．

　ウミガメ科については，それをアカウミガメ亜科とアオウミガメ亜科に分けて，前者にはアカウミガメのほかにヒメウミガメ属の2種を含み，また，アオウミガメ属にはアオウミガメ以外に，タイマイとかつてはアオウミガメ属の *Chelonia depressa* と位置づけられていたヒラタウミガメを入れるとする考え方もあった (Zangerl, 1980)．しかし，新たに構築された系統図は，

図 1.6 孵化幼体の背面．Nd：ヒラタウミガメ，Cm：アオウミガメ，Lo：ヒメウミガメ，Ei：タイマイ，Cc：アカウミガメ．

そのような考え方を否定している．これは，かつて分類基準として用いていた形態形質が系統を反映するものではないことを示している．具体的には肋甲板の数が4対であることからタイマイはアオウミガメ亜科に入れられたが，このような形質は系統を反映していないと考えられる．

　しかし，筆者の手元にあるアカウミガメ，アオウミガメ，タイマイ，ヒメウミガメ，ヒラタウミガメの孵化幼体の写真を並べると，孵化幼体の形態をみたほうがウミガメ科の系統を反映するようにみえる（図1.6）．アカウミガメとヒメウミガメの孵化幼体は非常によく似ており，肋甲板の変異が多いことを考えると，この両者の孵化幼体を外部形態で見分けることはむずかしい．一方，タイマイの孵化幼体も背面の色が黄土色をしているが，その形態

はきわめてアカウミガメとヒメウミガメの2種に類似している．また，ヒラタウミガメとアオウミガメの孵化幼体はそれぞれ独自な形態をしており，アカウミガメ，ヒメウミガメ，タイマイの孵化幼体とは大きく異なっている．つまり，ヒラタウミガメの孵化幼体の甲長は60 mm 程度と他種より大きいうえに，甲の表面はなめらかで，縁辺が張っている．色彩は淡緑色で独特な色彩を呈している．さらに，アオウミガメの孵化幼体は体表が甲も含めてなめらかで，背面は黒，そして腹面は白と，鮮やかなコントラストをもつ色彩を有している．このように，ウミガメ科の系統関係は孵化幼体の外部形態のほうがよく反映していると考えられ，興味深い．

1.7 種内の変異・系統関係

ウミガメ類のうち，ヒラタウミガメとケンプヒメウミガメ以外の2科5属5種はインド‐太平洋と大西洋に広く分布する．さらに，産卵場を違えることによって，いくつかの個体群に分かれている．一般的にウミガメ類は生まれた浜のある海域に繁殖のために戻ってくることが知られており，それによって遺伝的な隔離が生じているような扱いをすることが多い（実際には遺伝的隔離があるかどうかは不明）．たとえば，太平洋のアカウミガメの場合，日本の産卵海域群とオーストラリア北東部の産卵海域群に分かれていると認識されているし（たとえば，Bowen *et al.*, 1995），アオウミガメの場合は小笠原諸島と南西諸島の産卵海域群は別の集団だという認識がある．これは，小笠原諸島で産卵するアオウミガメが翌年以降も再び回帰して産卵することや，mtDNAのハプロタイプからもそれを示唆する報告（Naito *et al.*, 2005）が行われていることによる．

このように産卵海域群が遺伝学的に分化しているとなると，その系統関係，つまり，それぞれの種がどのように産卵海域を分化させてきたかに注目せざるをえない．そのような研究はDNAを用いてアオウミガメ，アカウミガメ，オサガメで行われている．

もっとも研究が進んでいるのがアオウミガメであり，mtDNAとnDNAの両方からのアプローチが進んでいる．図1.7にmtDNAとnDNAによって得られた系統関係を示したが，おおむね大西洋産とインド‐太平洋産の大

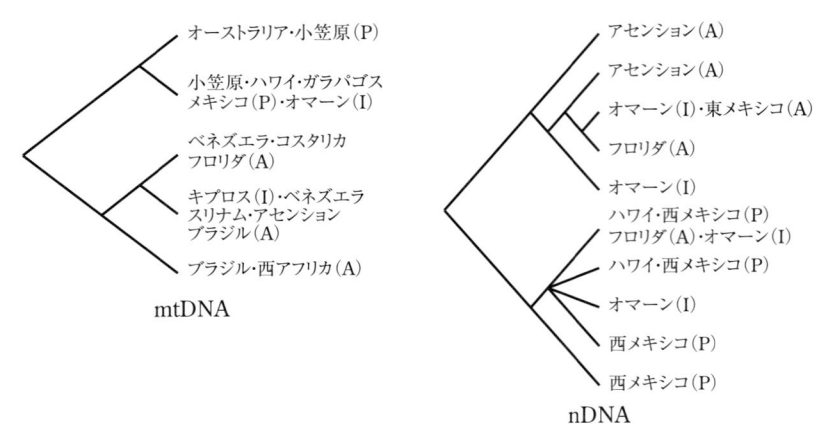

```
                オーストラリア・小笠原(P)
              ┌─
              │  小笠原・ハワイ・ガラパゴス
            ┌─┤  メキシコ(P)・オマーン(I)
            │ │
            │ │  ベネズエラ・コスタリカ
          ┌─┤ └─ フロリダ(A)
          │ │
          │ │    キプロス(I)・ベネズエラ
          │ └──  スリナム・アセンション
         ─┤      ブラジル(A)
          │
          └───── ブラジル・西アフリカ(A)

                    mtDNA
```

図 1.7 アオウミガメ *Chelonia mydas* の地理系統関係. 左は mtDNA, 右は nDNA によって得られたもの. A は大西洋, P は太平洋, I はインド洋を示す (Bowen *et al.*, 1992; Karl and Bowen, 1999 より作成).

きな 2 つのグループに分かれる. ただし, nDNA を用いた系統図ではオマーンやフロリダのように, その両方のハプロタイプに分かれる産卵地もある. また, mtDNA にしたがった系統図における小笠原諸島のアオウミガメはハワイ・ガラパゴス・メキシコといった北太平洋のハプロタイプ以外に, オーストラリアと一致するハプロタイプをもつ個体がいることもわかる. これは, 本種の産卵海域への母浜回帰が完全なものではなく, ときおり, 別の離れた産卵海域から迷い込んだ雌が産卵し, 異なった mtDNA の遺伝的要素をもった集団が生まれるのであろう. nDNA での分析結果がより地理的な背景に依存しないことも, 雄が必ずしも母浜回帰し, 同じ産卵海域群の個体と交尾しないことを物語っている.

一方, アカウミガメの種内の系統関係も mtDNA を用いて行われている (図 1.8). これによると, アカウミガメの mtDNA のハプロタイプの系統関係は, 地理を反映していないことが明らかである (Bowen *et al.*, 1994). この原因としては, アカウミガメはアオウミガメに比べると高緯度海域に分布するため, 喜望峰の沖やマゼラン海峡を通りアカウミガメが大洋間を交流しているのではないかとする考察が行われている (Bowen *et al.*, 1994). また, オサガメについても mtDNA による研究が行われているが, 得られたハプ

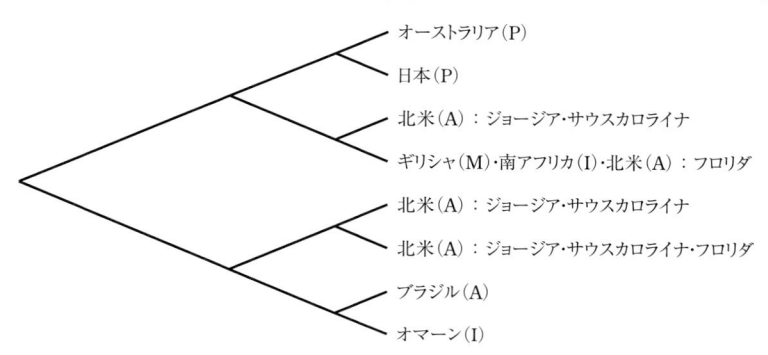

```
                          ┌─── オーストラリア(P)
                     ┌────┤
                 ┌───┤    └─── 日本(P)
                 │   │
             ┌───┤   └──────── 北米(A):ジョージア・サウスカロライナ
             │   │
             │   └──────────── ギリシャ(M)・南アフリカ(I)・北米(A):フロリダ
    ─────────┤
             │       ┌──────── 北米(A):ジョージア・サウスカロライナ
             │   ┌───┤
             │   │   └──────── 北米(A):ジョージア・サウスカロライナ・フロリダ
             └───┤
                 │   ┌──────── ブラジル(A)
                 └───┤
                     └──────── オマーン(I)
```

図 1.8 アカウミガメの産卵個体群の系統関係．Aは大西洋，Pは太平洋，Iはインド洋を示す(Bowen *et al.*, 1994 より作成)．

ロタイプは地理的にさまざまな産卵地に散らばっており，産卵地間の系統関係を論じるのはむずかしい状況にある (Dutton *et al.*, 1999)．これは，オサガメがもっとも回遊性の高いウミガメであり，隔離が生じにくいことを考えると納得できる．ただし，太平洋に限ってみるならば，マレー半島（マレーシア），ニューギニア島（インドネシア），メキシコ太平洋岸の3カ所の主要な産卵地での系統関係は，マレー半島とニューギニア島がメキシコの系群とは別な系群であることを示している．

　以上のように，DNAを用いたウミガメ類の種内の系統関係の推定は貴重な知見をもたらしているが，多くの矛盾を含み，すべて順調に行われているわけではない．これはこの動物群の歴史の長さ，強力な移動能力を考えると当然かもしれない．将来，試料の増加や分析手法の発達によって，どのような議論がなされていくか楽しみである．

引用文献

Barber, R.C., C.T. Fontaine, J.P. Flanagan and E.E. Louis. 2003. Natural hybridization between a Kemp's ridley (*Lepidochelys kempii*) and loggerhead sea turtle (*Caretta caretta*) confirmed by molecular analysis. Chelonian Conservation and Biology, 4(3): 701–704.

Bickham, J.W., K.A. Bjorndal, M.W. Haiduk and W.E. Rainey. 1980. The karyotype and chromosomal banding patterns of the green turtle (*Chelonia mydas*). Copeia, 1980(3): 540–543.

Bickham, J.W. and J.L. Carr. 1983. Taxonomy and phylogeny of the higher categories of cryptodiran turtles based on a cladistic analysis of chromosomal data. Copeia, 1983: 918-932.

Bocourt, M. 1868. Description de quelques cheloniens nouveaux appartenant a la faune Mexicaine. Annales des Sciences Naturelles Zoologie et Biologie Animale, 10: 121-122.

Bowen, B.W. 1997. Population genetics, phylogeography and molecular evolution. *In* (Lutz, P.L. and J.A. Musick, eds.) The Biology of Sea Turtles. pp.29-50. CRC Press, Boca Raton.

Bowen, B.W., F.A. Abreu-Grobois, G.H. Balazs, N. Kamezaki, C.J. Limpus and R.J. Ferl. 1995. Trans-Pacific migrations of the loggerhead turtle (*Caretta caretta*) demonstrated with mitochondrial DNA markers. Proceedings of the National Academy of Science of the USA, 92: 3731-3734.

Bowen, B.W., N. Kamezaki, C.J. Limpus, G.R. Hughes, A.B. Maylan and J.C. Avise. 1994. Global phylogeography of the loggerhead turtle (*Caretta caretta*) as indicated by mitochondrial DNA haplotypes. Evolution, 48(6): 1820-1828.

Bowen, B.W. and S.A. Karl. 2000. Meeting report: taxonomic status of the east Pacific green turtle (*Chelonia agassizii*). Marine Turtle Newsletter, 89: 20-22.

Bowen, B.W., A.B. Meylan, J.P. Ross, C.J. Limpus, G.H. Balazs and J.C. Avise. 1992. Global population structure and natural history of the green turtle (*Chelonia mydas*) in terms of matriarchal phylogeny. Evolution, 46(4): 865-881.

Bowen, B.W., W.S. Nelson and J.C. Avise. 1993. A molecular phylogeny for marine turtles: trait mapping, rate assessment, and conservation relevance. Proceedings of the National Academy of Science of the USA, 90: 5574-5577.

Chen, B.Y., S.H. Mao and Y.H. Ling. 1980. Evolutionary relationships of turtles suggested by immunological cross-reactivity of albumins. Comparative Biochemistry and Physiology, 66(3): 421-426.

De Queiroz, K. 2007. Species concepts and species delimitation. Systematic Biology, 56(6): 879-886.

Dutton, P.H., B.W. Bowen, D.W. Owen, A. Barragan and S.K. Davis. 1999. Global phylogeography of the leatherback turtle (*Dermochelys coriacea*). Journal of Zoology, 248(3): 397-409.

Dutton, P.H., S.K. Davis, T. Guerra and D.W. Owens. 1996. Molecular phylogeny for marine turtles based on sequences of the ND4-leucine tRNA and control regions of mitochondrial DNA. Molecular Phylogenetics and Evolution, 5(3): 511-521.

Frair, W. 1979. Taxionomic relations among sea turtle elucidated with serological tests. Herpetologica, 35: 239-244.

Frair, W. 1982. Serum electrophoresis and sea turtle classification. Comparative Biochemistry and Physiology B, 72: 1-4.

平手康市・亀崎直樹. 1994. アオウミガメとタイマイの雑種について. うみがめニュースレター, 20: 20.
Hirayama, R. 1998. Oldest known sea turtle. Nature, 392: 705-708.
平山廉. 2007. カメのきた道. 日本放送出版協会, 東京.
平山廉. 2009. 最古のカメ・オドントケリスを検証する. 遺伝, 63(5): 2-4.
Hirayama, R. and T. Chitoku. 1996. Family Dermochelyidae (Superfamily Chelonioidea) from the Upper Cretaceous of North Japan. Transactions and Proceedings of the Palaeontological Society of Japan, New Series, 184: 597-622.
Hodge, S.B. and L.L. Poling. 1999. A molecular phylogeny of reptiles. Science, 283: 998-1001.
Iwabe, N., Y. Hara, Y. Kumazawa, K. Shibamoto, Y. Saito, T. Miyata and K. Kato. 2005. Sister group relationship of turtles to the bird-crocodilian clade revealed by nuclear DNA coded proteins. Molecular Biology and Evolution, 22(4): 810-813.
James, M.C., K. Martin and P.H. Dutton. 2004. Hybridization between a green turtle, *Chelonia mydas* and a loggerhead turtle, *Caretta caretta* and the first record of a green turtle in Atlantic Canada. Canadian Field Naturalist, 118(4): 579-582.
亀崎直樹. 1985. アカウミガメとタイマイの雑種. エコロケーション(南知多ビーチランド), 6(1, 2): 3-4, 5-6.
Kamezaki, N. 1989. Karyotype of the loggerhead turtle, *Caretta caretta*, from Japan. Zoological Science, 6(2): 421-422.
Kamezaki, N. 1990. Karyotype of the hawksbill turtle, *Eretmochelys imbricata*, from Japan, with notes on a method for preparation of chromosomes from liver cells. Japanese Journal of Herpetology, 13(4): 111-113.
Kamezaki, N. and M. Matsui. 1995. Geographic variation in skull morphology of the green turtle, *Chelonia mydas*, with a taxonomic discussion. Journal of Herpetology, 29(1): 51-60.
亀崎直樹・中島義人・石井正敏. 1996. 宮崎県堀之内海岸で孵化したアカウミガメとアオウミガメの雑種. うみがめニュースレター, 30: 7-9.
亀崎直樹・大牟田一美・田中幸記. 1999. 屋久島前浜に上陸した種を判別できないウミガメについて. うみがめニュースレター, 41: 8-11.
Karl, S.A. and B.W. Bowen. 1999. Evolutionary significant units versus geopolitical taxonomy: molecular systematics of an endangered sea turtle (genus *Chelonia*). Conservation Biology, 13: 990-999.
Kumazawa, Y. and M. Nishida. 1999. Complete mitochondrial DNA sequences of the green turtle and blue-tailed mole skink: statistical evidence for archosaurian affinity of turtles. Molecular Biology and Evolution, 16: 784-792.
Lara-Ruiz, P., G.G. Lopez, F.R. Santos and L.S. Soares. 2006. Extensive hybridization in hawksbill turtles (*Eretmochelys imbricata*) nesting in Brazil revealed by mtDNA analyses. Conservation Genetics, 7: 773-781.
Lee, M.S.Y. 1997. Pareisaur phylogeny and the origin of turtle. Zoological Jour-

nal of the Linnean Society, 120: 197-280.
Li, C., X. Wu, O. Rieppel, L. Wang and L. Zhao. 2008. An ancestral turtle from the late Triassic of southwestern China. Nature, 456: 497-501.
MacFarland, C.G. and D. Green. 1984. Population ecology of the east Pacific green turtle (*Chelonia mydas agassizii*) in the Galapagos Islands. National Geographic Society Research Report, 16: 463-476.
Medrano, L., M. Dorizzi, F. Rimblot and C. Pieau. 1987. Karyotype of the sea turtle *Dermochelys coriacea* Vandelli 1761. Amphibia-Reptilia, 8(2): 171-178.
Mohanty-Hejmadi, P. 1988. A study of ecology, breeding patterns, development and karyotype patterns of the olive ridley, *Lepidochelys olivacea*, of Gahirmatha, Orissa. Pranikee, 9: 1-70.
Naito, Y., O. Abe, M. Yamaguchi and A. Goto. 2005. Genetic diversity of green turtles (*Chelonia mydas*) in Japan, with reference to its origin. Zoological Science, 22(12): 1511.
Palmer, D. (ed.). 1999. The Marshall Illustrated Encyclopedia of Dinosaurs and Prehistoric Animals. Marshall Editions, London.
Parham, J.F. and G.R. Zug. 1996. *Chelonia agassizii*-valid or not? Marine Turtle Newsletter, 72: 2-5.
Pritchard, P.C.H. 1997. Evolution, phylogeny, and current status. *In* (Lutz, P.L. and J.A. Musick, eds.) The Biology of Sea Turtles. pp.1-28. CRC Press, Boca Raton.
Rieppel, O. and M. de Braga. 1996. Turtles as diapsid reptiles. Nature, 384: 453-455.
Wood, J.R., F.E. Wood and K. Critchley. 1983. Hybridization of *Chelonia mydas* and *Eretmochelys imbricata*. Copeia, 1983(3): 839-842.
Zangerl, R. 1980. Patterns of phylogenetic differentiation in the toxochelyid and cheloniid sea turtle. American Zoologist, 20: 585-596.

2
形 態
機能と構造

亀崎直樹

　脊椎動物門，爬虫綱，カメ目に属するウミガメ類は独特な形態をもつことは序章で述べたとおりである．ここでは，海洋の生活に適応した形態について概説したい．なお，器官や部位を示す用語についてはWyneken (2001)，中村ほか (1988)，優谷・亀崎 (2011) を参考にした．

2.1 外部形態

(1) 甲羅

　ウミガメ類の外部形態の特徴は，甲羅をもつことである（図2.1）．この甲羅の内側から，頭部，四肢，尾部が突出している．背甲（carapace）は骨とそれを被う真皮と表皮からなっている．表皮はケラチンの発達した鱗板で被われている．背甲の鱗板は，背甲を縁どる項甲板（nuchal）と縁甲板（marginal），中心に並ぶ椎甲板（vertebral），椎甲板の両脇に並ぶ肋甲板（costal）からなる．縁甲板のもっとも後方にある鱗板を臀甲板（supracaudal）と別によぶこともある．また，腹甲（plastron）は6対の大きな鱗板からなり，前方から喉甲板（gular），肩甲板（humeral），胸甲板（pectral），腹甲板（abdominal），股甲板（femoral），肛甲板（anal scute）とよぶ．タ

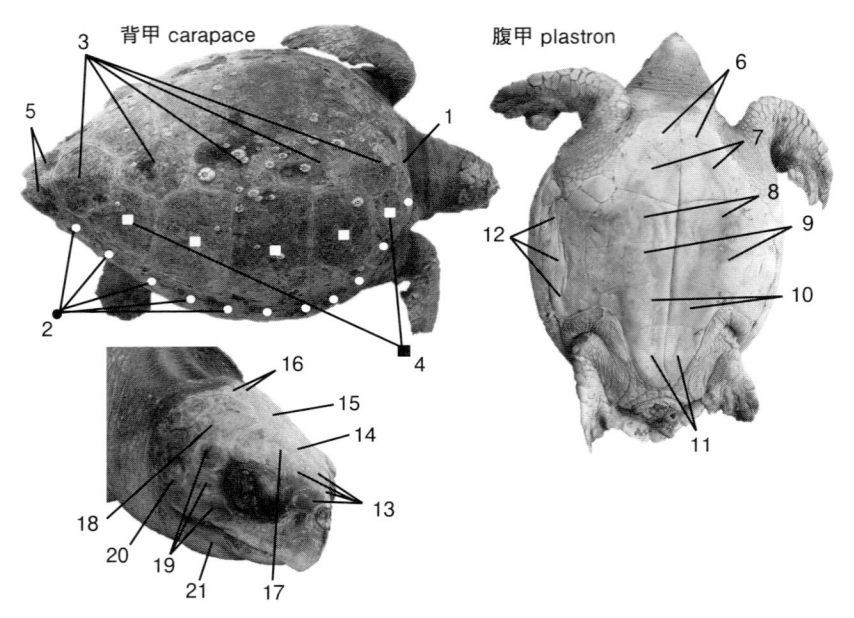

図 2.1 ウミガメ類の甲羅．1；項甲板 nuchal，2；縁甲板 marginal，3；椎甲板 vertebral，4；肋甲板 costal，5；臀甲板 supracaudal，6；喉甲板 gular，7；肩甲板 humeral，8；胸甲板 pectral，9；腹甲板 abdominal，10；股甲板 femoral，11；肛甲板 anal scute，12；亜縁甲板 inframarginal，13；前額板 prefrontal，14；額板 frontal，15；頂頭板 frontoparietal，16；後頭板 parietal，17；眼上板 pupraocular，18；側頭板 temporal，19；眼後板 postocular，20；鼓鱗板 tympanic，21；下顎鱗板 mandibl．

イマイやアオウミガメには喉甲板の前方に挟まるように間喉甲板（intergular）がある．胸甲板，腹甲板，股甲板と縁甲板をつなぐのが亜縁甲板（inframarginal）である．

　甲羅の鱗板のうち種によって変異があるのは肋甲板で，アオウミガメ，タイマイとヒラタウミガメは4対，アカウミガメとケンプヒメウミガメは5対，ヒメウミガメは6対以上で対をなさないことも多い．また，椎甲板はヒメウミガメで6枚以上になるが，ほかのウミガメ科では5枚で安定する．腹甲の6対の鱗板には変異はないが，アオウミガメやタイマイでめだつ間喉甲板は，ほかのウミガメ科の種では存在しないかめだたない．亜縁甲板はアカウミガメで3対であることが多いが，ほかのウミガメ科では4対で安定している．

甲羅の表面のなめらかさは種によって異なる．触ってなめらかなのは，アオウミガメ，ヒメウミガメ，ケンプヒメウミガメ，ヒラタウミガメで，アカウミガメとタイマイの甲羅の表面は粗い感触を受ける．とくに，タイマイの未成熟個体の鱗板は後方にせりだすように成長し，鱗板の後端が突出するようになる．アカウミガメの表皮のケラチン質の部分はところどころで剥離したように粗く，そのためか藻類が生えたり，それとともに泥が被ったような状態になることがある．背甲に密に生えた藻類の間に泥がたまり，そこにワレカラ類やヨコエビ類がすみつき，生物群集が形成されることもある．

（2） 四肢

四肢は遊泳に適したように，前肢，後肢ともに櫂状の形態をしている．前肢は遊泳時の推進力を得るのに重要な働きをもっているほか，成体の雌は産卵のために砂浜を匍匐する運動，また，成体の雄は交尾の際に雌を捕捉する役割もある．摂餌のときに，前肢を使って口に入らない餌をちぎるようにとるような行動も，とくに幼体のときにみられる．前肢の長さは成長とともに短くなる（Kamezaki and Matsui, 1997）．後肢も前肢を使わないときに遊泳に用いるが，前肢を用いて遊泳しているときは，遊泳方向を変化させる舵の役割や体を安定させる役割を果たしている．成体の雌は産卵巣を掘るときは，後肢を用いる．このとき，後肢は砂をすくいだして巣穴を掘るし，巣穴を埋め戻すときは，後肢に体重をかけながら揉み込むように埋めていくことから，後肢は前肢に比べると複雑な動きをする．

四肢の前縁部には爪がついている．この爪はアカウミガメでは2対あるが，ほかのウミガメ科は1対である．この爪（アカウミガメの場合は基部側の爪）は成熟した雄では鉤状に伸長してきて，交尾の際に雌を捕捉するのに役立つといわれている．四肢，とくに前肢は前縁部が厚く頑丈で，後縁部は薄くなっており，ちょうど飛行機の翼のような断面をしている．四肢は背面，腹面とも鱗板で被われているが，相対的に大きな鱗板は四肢を物理的衝撃から守っている．また，前肢は曲がりにくいが，力をかけるとしなり，それが遊泳の際の推進力になると思われる．鱗板が敷石状に並び前肢の表面を粗くしているが，これも推進力を向上させるのに役立っている可能性もある．

(3) 頭部

ウミガメは頭部をほかのカメ類のように甲羅に隠すことができない．それを補うためにウミガメの頭部は全体が強固な構造になっている．とくに，頭部の背面にある頭頂骨（parietal）はよく発達して，頭蓋骨全体を前頭骨（frontal）や前前頭骨（prefrontal）とともに構成し，さらに，鱗板が被うことで，上部からの衝撃に耐える構造になっている．

頭部は腹面の喉からオトガイにかけての部分を除いて，鱗板で被われている．まず，頭部の先端部は大きな嘴（beak）が上顎の前半部を被っている．背面は鼻部のほうから中心線に沿って前額板（prefrontal），額板（frontal），頂頭板（frontoparietal），後頭板（parietal），眼の上に眼上板（pupraocular），その後方に側頭板（temporal），また，眼の後ろには眼後板（postocular），さらにその後方には鼓鱗板（tympanic）が存在する．下顎も先端部は嘴が被っており，顎に沿って下顎鱗板（mandibl）がある．これら頭部の鱗板も種の識別に用いられることがある．とくに前額板はアオウミガメが1対であるが，それ以外のウミガメ科では2対となり，アカウミガメではその2対の前額板の中央にさらに1枚の鱗板が存在することが多い．下顎鱗板はアカウミガメでは何枚かの鱗板で構成されるが，タイマイやアオウミガメでは水平方向に長い大きな1枚の鱗板で構成される．

ウミガメの眼はほかのカメ類と比較すると大きく，視覚を重視した生活をうかがわせている．眼の上縁と下縁は肉質のまぶたがあり，休むときにはそれを閉じることもある．また，側頭部の後方には鼓鱗板があるが，ここの部分は触ると柔らかい．この部分の振動はその内側にある耳小柱（columella auris）を通じて内耳に伝わるしくみになっている．

2.2 骨格

(1) 背甲・腹甲

オサガメを除くウミガメ類の外部形態の一番の特徴は，背甲と腹甲からなる甲羅にある（図 2.2）．背甲の中心には脊椎骨（vertebra）が並んでいる．

2.2 骨格

それぞれの脊椎骨からは，左右に肋骨（rib）が伸びている．これらの骨は中胚葉の体節を起源とする骨だが，カメ類の場合，広がるように変化し，その間を骨板（bony plate；甲板ともよぶことがある）という皮骨（dermal bone）で埋められることによってつくられている．皮骨とは表皮の内側にある真皮より発生する骨で，この位置に皮骨が発生するのはカメ類に特有な形質である．骨板としては，脊椎骨に沿って項骨板（nuchal），椎骨板（neural），上尾骨板（suprapygal），尾骨板（pygal），肋骨の背面に肋骨板（coastal）が，また甲羅の縁辺部，縁甲板の下には縁骨板（peripheral）がある．

ウミガメ類の脊椎は7つの頸椎（cervical vertebrae），10の胸椎（thoracic vertebrae），2-3の仙椎（sacral vertebrae）と12以上の尾椎（coccygeal vertebrae）に分類される．雌の尾椎は短く，先にいくほどそのサイズは小さくなっていく．一方，成熟した雄は側面と背面に突起をもった丈夫で大きな尾椎をもっている．胸椎は肋骨と左右対称に関節結合している．肋骨板は肋骨の先端まで発達するわけではなく，先端部には肋骨板のない部分があり，その部分だけは背甲のなかで骨のない部分になっており，泉門（fontanel）とよばれている．本来，泉門とはヒトの胎児の未発達な頭骸骨のすきまを指す用語であるが，ウミガメ類のこの部分を指す適切な用語がないので，これを用語として用いた．

甲羅の縁は，甲の先端部にある項骨板から縁骨板というカメ類独特の骨が後端まで続いている．この縁骨板は縫合でつながれ，背甲の縁辺部を形成し，肋骨の先端と接している．しかし，縁骨板と肋骨は縫合によって結合しているわけではなく，縁骨板にある孔に肋骨の先端が差し込まれた状態になっており，骨格標本にすると容易にはずれる．これがウミガメ類の甲羅がほかの陸生のカメと異なるところであり，甲羅の体積を容易に調節しうる能力，すなわち，潜水能力に関係すると思われる．

腹甲は前骨板（epiplastron），内骨板（entoplastron），胸骨板（hyoplastron），腹骨板（hypoplastron），後骨板（xiphiplastron）とよばれる骨からできているが，左右で胸骨板と腹骨板は縫合で強固に結合されており，左右1対の大きな板状の骨を形成している．それ以外の前骨板と後骨板は左右の1対が中央部で結合している．これらの骨を真皮と表皮が被って腹甲を形成

A

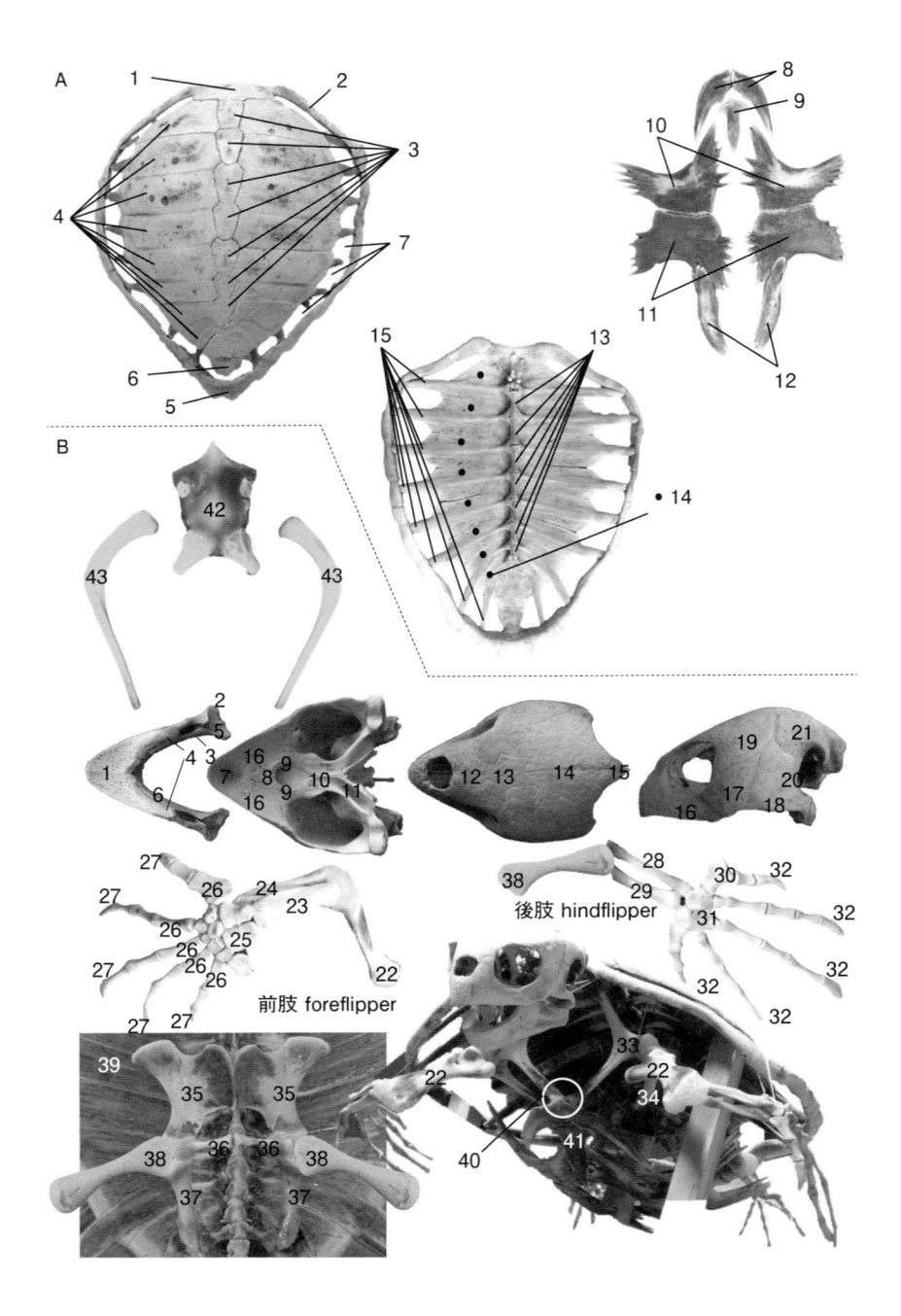

B

前肢 foreflipper

後肢 hindflipper

(2) 頭部

　頭部は脊椎骨から出た7つの頸椎の先についた頭蓋骨によって形成されている．8番目の頸椎は背甲に癒合し，そこから潜頸亜目の特徴であるS字状に頸椎が連なり，首を縦方向に縮めることができる．しかし，ウミガメ類の場合は背甲が十分発達していないために，ほかのカメ類のように頭部を甲のなかに隠すことはできない．オトガイ部から頸部にかけての皮膚は，頭部の可動性を維持するためか，鱗板はなく，柔らかい表皮に被われている．

　隠れない頭部を保護するため，頭蓋骨の背面を形成する骨は硬く屋根状に発達している．鼻から頭部の中心線に沿って前前頭骨（prefrontal），前頭骨（frontal），頭頂骨（parietal）が存在し，頭部背面を守り，上後頭骨（supraoccipital）が後方に伸びている．また，頭部側面は上顎骨（maxilla），後眼窩骨（postorbital），頬骨（jugal），方形頬骨（quadratojugal），方形骨（quadrate），鱗状骨（squamosal）で守られている．下顎の骨を除いて，頭蓋骨を腹面からみると，前上顎骨（premaxilla），鋤骨（vomer），口蓋骨（palatine），翼状骨（pterygoid），底後頭骨（basisphenoid）などをみること

図 2.2　ウミガメ類の骨格．
A：甲羅．左上と下は背甲，右上は腹甲．1；項骨板 nuchal，2；縁骨板 peripheral，3；椎骨板 neural，4；肋骨板 coastal，5；尾骨板 pygal，6；上尾骨板 suprapygal，7；泉門 fontanel，8；前骨板 epiplastron，9；内骨板 entoplastron，10；胸骨板 hyoplastron，11；腹骨板 hypoplastron，12；後骨板 xiphiplastron，13；脊椎骨 vertebra，14；皮骨 dermal bone，15；肋骨 rib．
B：全身骨格．1；歯骨 dentary，2；上角骨 surangular，3；角骨 angular，4；前関節骨 prearticular，5；関節骨 articular，6；夾板骨 splenial，7；前上顎骨 premaxilla，8；鋤骨 vomer，9；口蓋骨 palatine，10；翼状骨 pterygoid，11；底後頭骨 basisphenoid，12；前前頭骨 prefrontal，13；前頭骨 frontal，14；頭頂骨 parietal，15；上後頭骨 supraoccipital，16；上顎骨 maxilla，17；頬骨 jugal，18；方形頬骨 quadratojugal，19；後眼窩骨 postorbital，20；方形骨 quadrate，21；鱗状骨 squamosal，22；上腕骨 humerus，23；尺骨 ulna，24；橈骨 radius，25；手根骨 carpal，26；中手骨 metacarpal，27；指骨 phalanges，28；腓骨 fibula，29；頸骨 tibia，30；中足骨 metatarsal，31；足根骨 tarsal，32；指節骨 phalanges，33；肩甲骨 scapula，34；烏口骨 coracoid，35；恥骨 pubis，36；坐骨 ischium，37；腸骨 ilium，38；大腿骨 femur，39；骨盤 pelvis，40；肩峰 acromion process，41；内骨板 entoplastron，42；角舌骨 ceratohyal，43；角鰓骨 ceratobranchial．

ができる．

　ウミガメ類の下顎骨はほかの爬虫類と同じく歯骨（dentary）の後ろに角骨（angular），上角骨（surangular），関節骨（articular），前関節骨（prearticular），夾板骨（splenial）の6種類の骨から成り立つ．これは，哺乳類の下顎骨が1つの骨からなることを考えるときわめて多い．哺乳類の下顎骨は歯骨と相同であり，関節骨は哺乳類の耳骨の1つである槌骨（malleus）と相同である．下顎骨の間のオトガイ部には，ほかの骨から遊離した状態で角舌骨（ceratohyal）と，そこから伸びる2本の角鰓骨（ceratobranchial）が存在し，呼吸や嚥下を助けている．ウミガメ類には上顎，下顎ともに歯はなく，角質化した嘴が鋸状になり，歯の役割を果たしている．

（3）　四肢

　前肢の基部は肩帯（pectral girdle），後肢の基部は骨盤（pelvis）であり，いずれも背甲の内側に位置している．肩帯は背側に位置する肩甲骨（scapula）と腹側に位置する烏口骨（coracoid）が結合してできている．ただし，背甲の内側にあるためか，両方の骨とも比較的細い．両方の骨は中央で結合するが，その部分は関節窩を形成し，上腕骨とは関節でつながっている．肩甲骨は第一胸椎付近の背甲につながっており，肩峰（acromion process）とよばれる別の端は靭帯を介して内骨板（entoplastron）と接合している．烏口骨はヘラ状になって後方に伸びて，軟骨になって終了する．この軟骨は発達しており，前肢を腹側に下げたときは左右の烏口骨から伸びるこの軟骨が，交叉するようになる．この部分が骨化しないのは，交叉したときに摩擦が生じずに重なるためと考えられる．

　前肢は相対的に太く頑丈な上腕骨（humerus）に，橈骨（radius），尺骨（ulna），手根骨（carpal），中手骨（metacarpal），そして指骨（phalanges）から構成されている．上腕骨，橈骨，尺骨はヒトに比べると太く短く，頑丈である．橈骨と尺骨の先には細かい8個からなる手根骨がある．手根骨からは5本の中手骨が伸び，その先はそれぞれ2-3本の指骨が伸びている．ウミガメ類の前肢の特徴は，その前肢の大部分が中手骨と指骨で構成されていることである．

　一方，後肢は骨盤より出るが，骨盤は恥骨（pubis），坐骨（ischium），腸

骨（ilium）からなる．恥骨と坐骨は結合して骨盤の腹側を構成する．腸骨はその背側にあり，対をなして仙骨と関節を介して結合する．恥骨・坐骨・腸骨は若い時期にはそれぞれが軟骨によって結合しており，それぞれの骨は分離しやすいが，成長すると軟骨部は硬骨化し，融合し，成熟個体では1つの骨盤を形成する．しかし，オサガメの骨盤は一生を通して軟骨による結合が残っており，骨格にすると容易に分離する．

骨盤は大腿骨（femur）と関節でつながっており，その先には外側に脛骨（tibia），内側に腓骨（fibula）がある．脛骨と腓骨は足根骨（tarsal）と結合し，さらに中足骨（metatarsal），指節骨（phalanges）と続いている．中足骨と指節骨が後肢の先端を構成するが，前肢よりは平たく，また，可動性もある．

2.3　筋肉

筋肉には運動機能を司る役割以外に，ほかの筋肉の機能を修正する役割，あるいは関節を保護・安定させる役割もある．筋肉の付着部位が，その筋肉によって運動を生じさせる部位となるが，運動させる対象としては骨だけではなく，筋肉，皮膚，眼のこともあり，その特定部位につながっている．筋肉の運動は，運動神経と自律神経によって支配されている．

筋肉の運動は，屈曲，伸展，前突，外転，内転，回旋に分けることができ，それが筋肉の名称に用いられていることも多い．屈曲とは関節部位で曲げるように働くことであり，逆にその部位を伸ばすのが伸展である．前突とは四肢や頭部を突出させる，あるいは引っ込める運動である．また，内転とは下顎を閉めるときのように体の背側に向かって動かすことであり，外転とはその反対側に動かすことである．回旋は体を回転させる運動である．部位によっても筋肉は分類されており，腹筋，四肢の筋肉，呼吸筋，後筋などに分けることができる．ウミガメの主要な筋肉を図2.3に示した．

（1）　前肢に関連する筋肉

腹甲を取り除いて，最初にみられるのは三角筋（deltoideus），烏口上筋（supracoracoideus），大胸筋（pectoralis major），腹直筋（rectus abdomi-

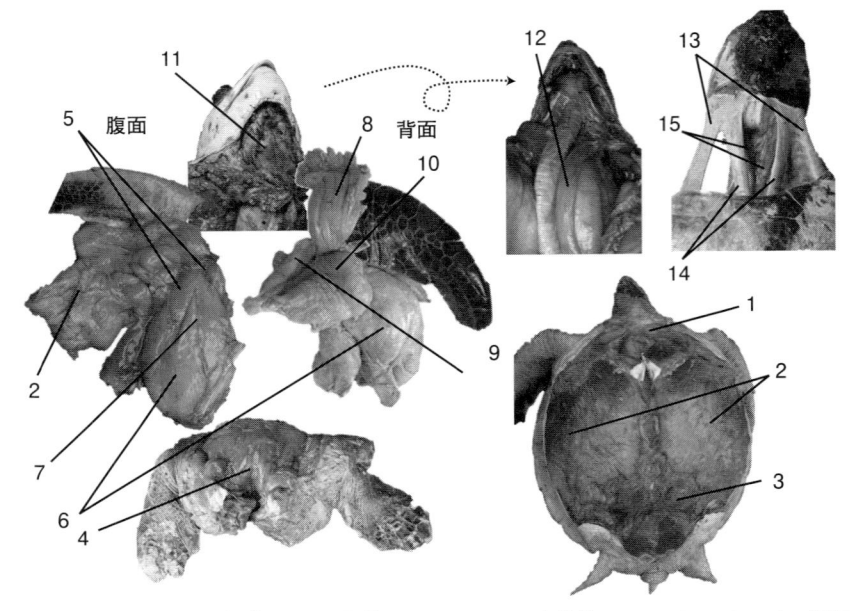

図 2.3 ウミガメ類の筋肉. 1；三角筋 deltoideus, 2；大胸筋 pectoralis major, 3；腹直筋 rectus abdominis, 4；大腿筋 tailor, 5；上腕二頭筋 biceps brachil superficialis, 6；烏口腕筋 coracobrachialis, 7；烏口上筋 supracoracoideus, 8；肩甲下筋 subscapularis, 9；広背筋 latissimus doesi, 10；大円筋 teres major, 11；咽頭収縮筋 constricter colli, 12；烏口舌筋 coracohyoideus muscle, 13；頸横筋 transverse cervical muscle, 14；二腹頸筋 biventer cervical muscle, 15；頸長筋 musculus longus colli.

nis）である．三角筋はヒトにおいては肩にある筋肉であるが，ウミガメ類の場合は喉甲板の下にみられ，肩甲骨の肩峰，前骨板に結合している．ヒトのように発達していない．ウミガメ類の烏口上筋は分断されたようになっているが，この筋肉も肩甲骨の肩峰につながっている．腹甲を取り除いたときにもっとも大きくてめだつ筋肉は大胸筋である．この筋肉は鎖骨や上腕骨につながっており，前肢の運動にもっとも影響を与えている．

　大胸筋をとりはずすと，その深部にも運動筋肉がみられる．そのなかでも大きい筋肉は上腕二頭筋（biceps brachil superficialis）である．上腕二頭筋はヒトの場合，上腕部の力こぶを形成する筋肉であるが，ウミガメ類の場合，甲羅の内側に入り込み，橈骨，尺骨，上腕骨につながっている．上腕二頭筋

に平行するように，烏口腕筋（coracobrachialis）がある．この筋肉は肩甲骨の烏口突起と上腕骨をつないでいる．また，上腕二頭筋や烏口腕筋を剝がすと，下には烏口上筋（supracoracoideus）がある．この筋肉は烏口骨に始まり，上腕骨につながる．

　上腕部を切り取ると，背甲に隠れた前肢の運動に関係する筋肉をみることができる．まず，目につくのは肩甲下筋（subscapularis）と前述した烏口腕筋の2つの筋肉である．その2つの筋肉の前方には広背筋（latissimus doesi）がある．これらの筋肉は背甲や肩甲骨に生じて，上腕骨につながっており，前肢の運動，とくに前肢を背甲方向に引き上げる運動を司っている．また，肩甲下筋と烏口腕筋を取り除くと，その腹側には大円筋（teres major）がある．

（2）　後肢に関連する筋肉

　腹甲をはずし，腹直筋（rectus abdominis）や膜構造を取り除くと骨盤から後肢をつなぐ筋肉を観察することができる．もっともめだつのは大腿筋（tailor）であるが，これは複数の筋肉の総称であり，結合する骨盤の骨や四肢の骨によっていくつにも区別されている．とくに，恥骨と坐骨につながる大腿筋はウミガメ科においては大きな筋肉である．腹直筋はヒトでは上体を折り曲げるのに重要な筋肉であるが，ウミガメ類の場合，恥骨に始まり，腹甲につながり，骨盤を安定させ，呼吸時に腹甲を動かす役割を果たしている．

（3）　頭部に関連する筋肉

　頸部を腹側のオトガイ下部から解剖すると，まず，表皮の下に薄い膜状の筋肉がみられる．これは咽頭収縮筋（constricter colli）とよばれる．それを剝ぐと烏口舌筋（coracohyoideus muscle）とよばれる筋肉が気管と平行して走っている．また，頭蓋骨の内部には大きな筋肉がある．外側に位置する頸横筋（transverse cervical muscle）と背側に位置する頭板状筋（splenius capitus muscle）である．これらの筋肉は頭蓋骨の後部の突起と下顎に付着し，下顎を閉めるのに用いられる．

　背部から頸部を解剖すると，頭部の可動にかかわる筋肉をみることができる．頸横筋と二腹頸筋（biventer cervical muscle）である．頸椎を取り囲む

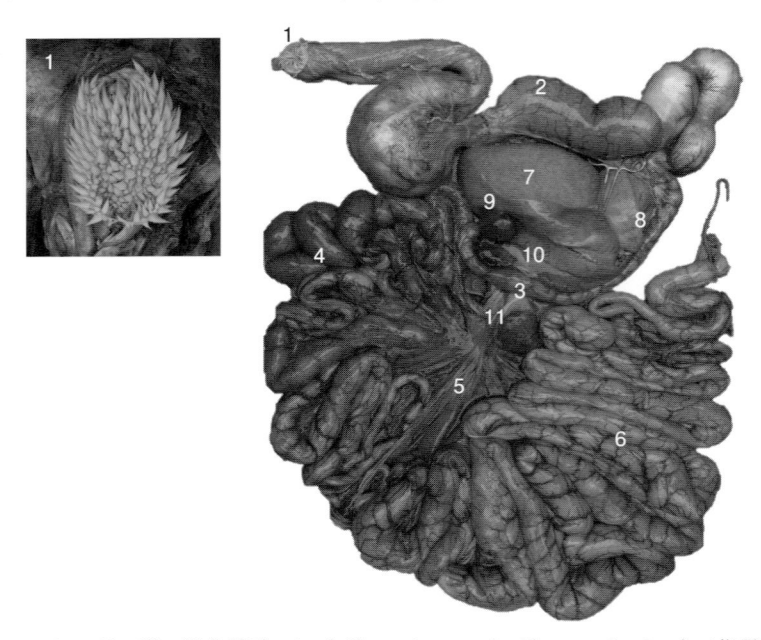

図 2.4 ウミガメ類の消化器系．1；食道 esophagus，2；胃 stomach，3；十二指腸 duodenum，4；小腸 small intestine，5；腸間膜 mesentery，6；大腸 large intestine，7；肝臓 liver, 右葉 right lobe of liver，8；肝臓 liver, 左葉 left lobe of liver，9；胆嚢 gallbladder，10；膵臓 pancreas，11；脾臓 spleen.

ように存在する筋肉が頸長筋（musculus longus colli）で，頸椎の間を斜めにつないでいる．頸収縮筋（retrahens colli）という筋肉が頸椎の周囲で生じ，背甲の椎骨周辺につながっている．この筋肉で頭部を引き込む力を生じる．

2.4 消化器系

消化器系とは外部から摂取した餌を消化し，栄養分を体内に吸収する器官系である（図 2.4）．消化管とそれに消化酵素を供給する肝臓（liver），胆嚢（gallbladder），膵臓（pancreas）からなる．消化管は口腔（oral cavity）から食道（esophagus），胃（stomach），十二指腸（duodenum），小腸（small intestine），大腸（large intestine）を経由して総排泄腔（cloaca）までつながる管である．また，栄養分を吸収するのは小腸につながる毛細血管（capillary）とリンパ管（lymphatic vessel）である．

（1） 口

　口腔は角質化した表皮よりなる嘴，口蓋（palatal），下顎側にある舌（tongue）よりなっている．上顎と下顎を被う嘴の表面は，ケラチンというタンパク質よりできており，硬い餌を噛んでも破損しないように厚くなっている．嘴は上顎のかなりの部分を被っており，上顎側の二次口蓋もこの嘴で被われている．

　下顎側には舌があるが，舌の筋肉は発達しておらず，その運動性は乏しい．しかし，舌の中央部に声門（glottis）が存在し，そこから気管（trachea）が伸びて肺（lung）につながっている．声門は弁状になっており，空気の送排出の調節を行っている．二次口蓋の部分には，鼻孔につながる後鼻孔（choanae）があり，声門と後鼻孔を介して呼吸が行われている．口腔の奥の咽頭部（pharynx）には耳管（eustachian tube）につながる口がある．耳管は，哺乳類と同じように中耳腔（middle ear cavity）につながり，中耳腔の気圧調節を行っている．

　口腔は物理的消化，すなわち咀嚼が行われる場所ではあるが，咀嚼運動はさほど複雑なものではない．口腔内での咀嚼は，貝や甲殻類など硬い餌を食べるアカウミガメで顕著にみられる．タイマイではサンゴ礁の岩に付着したカイメンを口腔に入れ，それを噛み砕いて岩の部分を外に出し，カイメンのみを食べる．嘴の形態も餌を食べるのに重要であり，アオウミガメでは海草や藻類をはみとるために，タイマイは岩の隙間に付着している海綿動物をはみとるために，その形態が適応している．オサガメのその鉤状の構造はクラゲなどを捕捉しやすくするためと考えられる．

（2） 食道

　ウミガメ類の食道は舌の基部から始まり，胃につながる筋肉の管である．頸部では気管の右背側を通り体に入っていく．食道から胃にかけては，オサガメ科とウミガメ科で異なっている．ウミガメ科ではS字曲線をとりながら左に曲がって胃に入っていくが，オサガメの食道はウミガメ科に比べると長く，いったん体の中央部まで降りて，その後，折れ曲がり胃につながる．

ウミガメ類の食道の内側の上皮組織は非常に特徴的な構造をしており，角質化した棘状の突起が密に存在し，それが胃に向かって並んでいる．この構造は，潜水と浮上を繰り返すため，胃の内部と外部との気圧差が激しく変化するウミガメ類でとくに進化した形質で，食物の逆流を防ぎながら胃に運び，余分な水分をはきだすのに役立っていると考えられる．

（3） 胃・十二指腸

食道を胃の方向に向かうと，棘状突起がなくなり胃となる．胃は体の左側にあり，ヒトと同じように右にややカーブしている．胃は肝臓の左葉と左肺に，それぞれ胃肝間膜と胃肺間膜を介して，接している．胃の出口は幽門（pylorus）で十二指腸につながっている．幽門部は胃の筋肉構造とも，また十二指腸の筋肉構造とも異なっていることで識別することができる．十二指腸の内側は蜂の巣のようにみえる構造がある．この構造は動物食性のアカウミガメより植物食性のアオウミガメに顕著であり，食性に関係するものと考えられている．さらに，十二指腸にはファーター膨大部（Vater's ampulla）という膨らんだ部分があり，そこにファーター乳頭（Vater's papilla）という開口部があるが，肝臓でつくられた胆汁が流れる胆管はそこに開口している．開口部は胆汁の色によって容易に確認することができる．また，膵臓でつくられたトリプシンやリパーゼなどの消化酵素もこの部分に膵管を通じて入るが，確認することはむずかしい．膵臓は十二指腸に沿うように細長く存在する．

（4） 小腸・大腸

十二指腸には腸間膜が結合していないが，腸間膜が結合している部分から小腸になる．小腸は空腸（jejunum）と回腸（ileum）からなるが，その境界は組織学的なものであり，外観からは明瞭ではない．空腸は内側のひだや絨毛が密で，運動にかかわる平滑筋や毛細血管も回腸に比べると発達している．そのため，運動性が高い空腸には内容物が入っていないことが多く，この名前がついている．回腸はその空腸に続く腸で，絨毛や平滑筋も少なくなるが，前述したとおり，肉眼でその区別がつくものではない．回腸から大腸の一部である結腸（colon）につながるが，回腸の終わりは括約筋からなる回盲弁

(ileocecal valve）があるので，回腸と結腸の境界は比較的明瞭である．結腸の回盲弁側の端は盲腸（cecum）であり，盲腸はその後続く結腸より膨らみをもった形態をしている．アオウミガメではほかの種より，盲腸が膨らんでいる．結腸はだんだん細くなり，管壁の筋肉層は厚くなり直腸（rectum）となる．直腸は総排泄腔につながっている．機能的には，小腸（空腸と回腸）ではアミノ酸やグルコースなどの吸収，大腸（結腸）では水分の吸収を行っている．

2.5　循環器系

　循環器系とは体液を循環させる器官系であり，心臓（heart）と動脈（artery），静脈（vein），そしてリンパ管（lymphatic vessel）で構成される（図2.5）．心臓はポンプの役割をしており，押し出した血液は大動脈を流れ，毛細血管に分岐し，体全体に酸素や栄養分を送る．動脈は弾力性のある繊維からできており，分厚い血管壁よりなっている．血液は静脈を通り再び心臓に戻ってくる．肺動脈に流れた血液は肺に行き，酸素を取り込んで，再び心臓に戻ってくる．静脈は血管壁が薄く，漂着死体では壊れていることが多い．また，静脈の内部には弁が存在している．ウミガメ類の場合，この体循環と肺循環は哺乳類や鳥類のように完全に分離されていない．これは，心臓の左右の心室の隔離が完全でないことによって，両方の循環の血液が混じり合うためである．

　このような肺循環と体循環の不完全な分離の程度は，オサガメとウミガメ科のものとで少し異なっている．オサガメの心臓ではほぼ完全に肺循環と体循環が分離されているのに対し，ウミガメ科の両循環は分離されていない．

（1）　心臓

　心臓は心膜（pericardium）に被われており，背側は肺と，右側方向は肝臓と心膜を介して接している．心膜の内側は心膜液で満たされ，そのなかに心臓が存在する．心膜液は無色からやや黄色がかった液体である．心臓は外観から4つの部分に分かれている（図2.5）．すなわち，大静脈が流れ込む静脈洞，2つの心房（atrium），そして1つの心室（ventricle）である．心

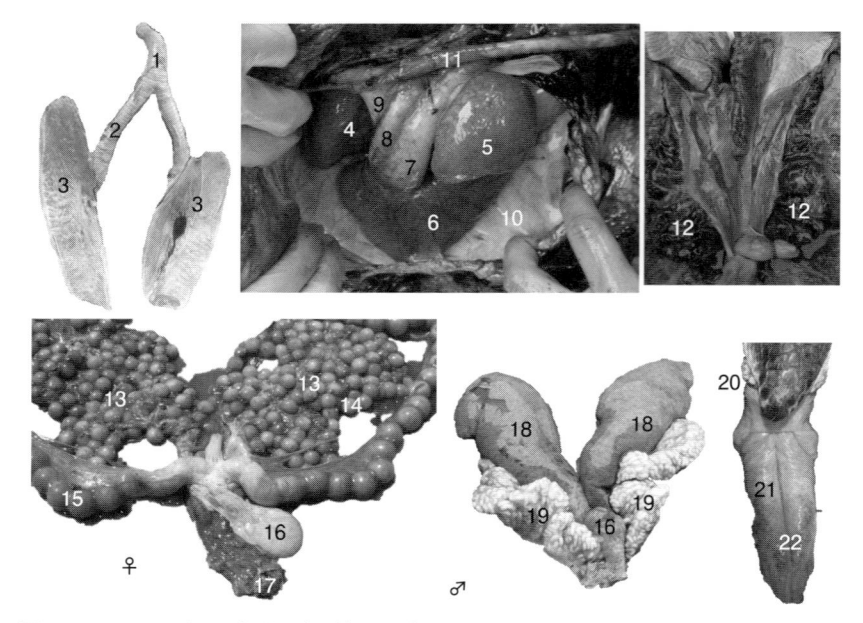

図 2.5 ウミガメ類の呼吸器系・循環器系・泌尿生殖器系．1：気管 trachea，2：気管支 primary bronchi，3：肺 lung，4：右心房 right atrium，5：左心房 left atrium，6：心室 ventricle，7：肺動脈(幹) pulmonary artery，8：左大動脈 left aorta，9：右大動脈 right aorta，10：心膜 pericardium，11：腕頭動脈 brachiocephalic trunk，12：腎臓 kidney，13：卵巣 ovary，14：卵胞 follicle，15：卵管 oviduct，16：膀胱 urinary bladder，17：総排泄腔 cloaca，18：精巣 testis，19：精巣上体 epididymis，20：陰茎 penis，21：陰茎海綿体 corpus cavernosum penis，22：尿道溝 urethral groove．

室は厚い心筋の壁によってできており，心室の内部は隔壁で仕切られているが，この仕切りの程度は，カメ類のなかでも多様性に富んでおり，なかでもオサガメはほかのウミガメ科よりも仕切りの程度が発達しており，哺乳類の二心室に近い構造をもち，その隔壁に弁のついた孔が存在している．

（2） 動脈

　心臓の腹側と上方から左右大動脈と肺動脈幹が出ている．右大動脈はさらに分かれて，頭部，前肢，そして下半身に血液を送り込んでいる．一方，左大動脈は小腸，大腸などの消化器官，あるいは肝臓，腎臓といった内臓に血液を送っている．肺動脈幹は左右の肺動脈に分岐し，左右の肺にそれぞれ血

液を送り込んでいる．したがって，右大動脈は体腔以外の四肢，頭部への酸素・栄養分の供給，左大動脈は内臓部への酸素の供給と小腸での栄養分の吸収，腎臓での老廃物の排出，肺動脈は肺での酸素吸収を担う血液を送っている．

　解剖の際，主要な血管が分岐した先をたどっていくと，特定の器官の場所を知る目印にもなる．右大動脈は分かれて，腕頭動脈と下半身に血液を送る大動脈に分かれる．腕頭動脈は何本かの血管肢に分かれているが，甲状腺動脈や胸腺動脈をたどっていくと通常はわかりにくい甲状腺や胸腺の位置を知ることができる．頸動脈は血液を頭部に送る役割を果たす．左大動脈は背部に流れていき，3本の動脈に分かれる．つまり，胃動脈・上腸管動脈・腹腔動脈である．胃動脈はすぐに分岐し，胃の毛細血管につながる．腹腔動脈は左大動脈を出た後，すぐに2つに分岐し，それぞれ膵臓・十二指腸・胃と膵臓・十二指腸・肝臓・胆嚢に血液を送っている．上腸管膜動脈は多くの血管枝を発生させ，それらは腸管膜内部で扇形に広がり，小腸にも血液を供給している．肺動脈幹は心臓を出るとすぐに分岐し，左右肺動脈となり，肺につながっている．

（3）　静脈

　肺から出た静脈は肺静脈であり，唯一，肺で取り込んだ酸素を多く含む血液（動脈血）が流れる静脈であり，気管支の腹側表面に沿って流れ，左心房に入っていく．

　体静脈とは，肺を除く体の各器官から心臓の静脈洞に流れる血管である．主要な静脈は4つあり，前大静脈・右大静脈・左肝静脈・後大静脈である．

2.6　呼吸器系

　呼吸器系は声門，気管，気管支（primary bronchi），そして左右の肺で構成されている（図2.5）．声門は舌の後部の中央に位置するところで，咽頭と気管をつないでいる．声門はそれにつながる筋肉によって開閉するが，その筋肉は角舌骨によって支えられている．声門は空気を肺に取り込んだり，排出したりする際は開いているが，潜水中は閉まっている．気管は，ほかの

脊椎動物と同じように白いホースのような構造で，軟骨の輪によって支持されている．軟骨の輪はたいてい白色をしている．気管は長く，気管支で分岐し，左右の肺につながる．

肺は背部の背甲にへばりつくように存在している．左肺は膜を介して胃と接している．右肺は肝臓の右葉と接している．肺の後方は腎臓と副腎を被っている腹膜と接しており，生殖器（gonad）も肺のすぐ近くに存在する．ウミガメにおける肺組織は多孔質でゴム状のものである．肺の換気は哺乳類とは異なり，横隔膜の助けなしに行われている．ウミガメは骨盤につながる腹側の筋肉や，腹甲に接している筋肉の動きによって換気を行っている．また，前肢に運動に関する筋肉の運動によっても換気を行っている．ウミガメの1回の換気量は多く，換気効率は高い．

2.7 泌尿生殖器系

泌尿生殖器系は腎臓（kidney），尿管（ureter），生殖腺・生殖器管（genitals），膀胱（urinary bladder），総排泄腔（cloaca）から構成されている（図2.5）．腎臓の働きはおもにアンモニア，尿素，尿酸などの窒素排出物の血液からの除去，浸透圧調節，電解質の調節である．尿管は窒素排出物を総排泄腔へ輸送する役割がある．卵巣や精巣は配偶子，すなわち卵および精子を生産し，生殖管によって卵や精子を排出する．膀胱は水分や尿の貯留のために機能している．総排泄腔は尿管・生殖器管・直腸が開口する共通の腔である．

（1） 排泄機能

腎臓は体の後部の背甲に付着するように存在する1対の器官である．ウミガメ類の腎臓は，哺乳類のように明瞭に独立した形態をもった器官ではなく，赤色の不明瞭な器官である．腎臓で血液からつくられた尿は尿管を通り，総排泄腔へ排出される．尿管は尿酸，尿素，アンモニア，水分を総排泄腔へ排出する機能をもっている．

ウミガメ類の腎臓は哺乳類の腎臓のように髄質と皮質がない．哺乳類の腎臓の場合，皮質にはマルピーギ小体が，髄質には集合管が集まり，ネフロン

2.7 泌尿生殖器系

(腎単位) が異なる2つの組織に分かれて存在する．それに対して，ウミガメ類のネフロンでは集合管は独立しておらず，マルピーギ小体と集合管が混在している．

膀胱は高い弾力性をもった袋状の構造をしており，骨盤の中央線に沿って位置する．膀胱は総排泄腔のもっとも奥の腹側に位置し，総排泄腔とは連続したつらなりである．哺乳類の膀胱は本来，尿をためるところであるが，ウミガメ類だけでなくカメ類の膀胱はとくにそのような機能をもつかどうか疑わしい．総排泄腔と弁のようなもので仕切られることなくつながっていることから，直腸から出た排泄物が入ることも，水が入ってくることもあると予想される．カメ類は2つの副膀胱を備えており，総排泄腔の入口近くにそれぞれ開口する．Wyneken (2001) によれば，ウミガメにも同様な器官が存在するが，消失している個体が存在するとしている．少なくとも筆者は確認したことはない．

(2) 生殖器

生殖器は体の後方，背部の体腔に存在しており，腎臓の腹側に位置している．

雌

雌の生殖器は卵巣 (ovary) と卵管 (oviduct) よりなる．卵巣や卵管の形態や大きさは成長とともに変化する．繁殖期になると卵巣は肥大し，卵管も太くなる．卵巣の頭部側は肺のすぐ後ろ側に位置している．卵管は卵巣の側面にあり，先端の孔はじょうごのような構造をしている．この孔は卵管間膜によって支持されており，卵巣から排卵された卵を取り込む．

孵化直後の幼体の場合，卵巣を精巣と区別するのは，切片を切って組織を観察しない限り，むずかしい．成熟個体では，卵巣はピンク色に変化し，卵胞 (follicle) がより明瞭になり，粒子状の卵胞がみえるようになる．成熟するにつれて，いくつかの卵胞は大きくなり黄色の卵黄を蓄え始める．そして成熟すると，いくつかの成熟卵胞は卵巣前方に集まり，未成熟卵胞は卵巣の後方に集まる．産卵を経験した個体は，直径 2-3 cm の卵胞をもっており，以前排卵された卵胞の痕跡や白体も認められることがある．排卵されてまも

ない卵胞は，黄体（corpus luteum）に変化する．黄体はホルモンであるプロゲステロンを放出すると白体（corpus albicans）に変化する．白体が生じた時期を判定することは困難であるが，一般的に大きい白体のほうが小さい白体より最近生じたと考えられる．ウミガメの産卵履歴を白体から得ることも，ある程度は可能である．

　未成熟個体の卵管の壁は薄いが，雌が成熟するにつれて，この卵管の壁はよりいっそう薄くなり，管の内腔の直径が増大する．卵管はその機能から，漏斗部，卵白分泌部，狭部，子宮部，移行部，膣部の6つに区分することが可能である．

　産卵前になると，卵細胞に卵黄が蓄積され，排卵が行われる．卵は卵管孔に入れば，漏斗部を抜け，卵白分泌部に移動する．卵白分泌部では卵のまわりにアルブミン層，つまり白身が形成される．約3日後，卵は卵殻を形成する子宮部に移動するが，その殻をつくるには6-7日かかる．卵はその後，膣部に移動し7日以上もそこでとどまる．その後，総排泄腔へ移動し，外部へ出ていき，産卵が行われる．

雄

　雄の生殖器は精巣（testis），精巣上体（epididymis），精管（seminal duct），陰茎（penis）から構成されている．精巣は紡錘状をしており，肺の後方から総排泄腔にかけて，腎臓に付着するように存在している．精巣は種によって色彩が異なり，タイマイではオレンジ色，アオウミガメやアカウミガメでは灰色をしている．表面は卵巣に比較するとなめらかである．精子は精巣で生成され，精巣上体を経由して精管に送られる．精管は陰茎の基部につながっている．精巣，精巣上体，精管は成長とともに大きさを変化させる．繁殖期の成熟個体の精巣は肥大し，白色の液体で満たされている．成熟すると，生殖器の突起が陰茎に変化し，長くなる．陰茎は総排泄腔の腹側に存在し，陰茎海綿体（corpus cavernosum penis）と尿道溝（urethral groove）で構成されている．交尾するときには，陰茎海綿体は静脈から血液が供給され，勃起する．勃起すると，尿道溝は背部で接触して管状になり，精液を通す機能をもつようになる．

（3） 性的二形

　雌の成熟個体は外部形態において未成熟な個体と違いはない．雌の尾長は短く，総排泄腔の口は尾の先と腹甲とのおよそ真中に位置する．総排泄腔内では生殖器乳頭は陰核として小さく残っている．

　成熟個体の雄は尾先端付近の総排泄腔の口と長い尾長によって特徴づけられる．そして，大きく強靭な曲がった爪も特徴的である．繁殖期になると，腹甲が柔らかくなる現象がみられる．これは交尾に適応したものと考えられている．

引用文献

Kamezaki, N. and M. Matsui. 1997. Allometry in the loggerhead turtle, *Caretta caretta*. Chelonian Conservation and Biology, 2(3): 421–425.

中村健児・疋田努・松井正文．1988．動物系統分類学9　脊椎動物　爬虫類Ⅰ．中山書店，東京．

Wyneken, J. 2001. The Anatomy of Sea Turtles. U.S. Department of Commerce NOAA Technical Memorandum NMFS-SEFSC-470.

優谷真理・亀崎直樹．2011．外部形態の体表部位の名称の提案．うみがめニュースレター，87: 10–13.

3
生活史
成長と生活場所

石原 孝

　ウミガメ類の一生は砂のなかから始まる．卵から孵化し，地表へと出てきた子ガメたちは一目散に海へと向かう．暗く静かな砂浜から大海原での生活が始まるのはウミガメ類であればどの種でも変わらない．しかし，その後の生活史を追っていくと，それぞれ独自に適応進化していることがみえてくる．海に入った後のウミガメに出会う機会は限られており，どこでどのような生活をしているのかについてはまだわからないことも多いが，本章では1980年代以降増えてきた，沿岸や外洋域での研究事例を中心に紹介し，それぞれの種がどこに暮らし，なにを食べ，いかに成長していくのか，その一端に触れてみたい．

3.1　幼体の分散

　孵化後の幼体は沿岸から沖合へと泳ぎ出ていく．沿岸域では河川をはじめとする陸域からの有機物供給や栄養塩を含んだ深層水が湧き上がる湧昇域の存在によって生産力が高くなり，生態系も豊かになるものの，その一方で捕食生物に遭遇する危険性も増す．ウミガメ類の甲羅は陸生や淡水生のカメ類に比べて簡素で柔らかく，内部のスペースに手足や頭部を引き込む余裕もないため，襲われたときに十分な防御力は発揮できない．成長した後であれば

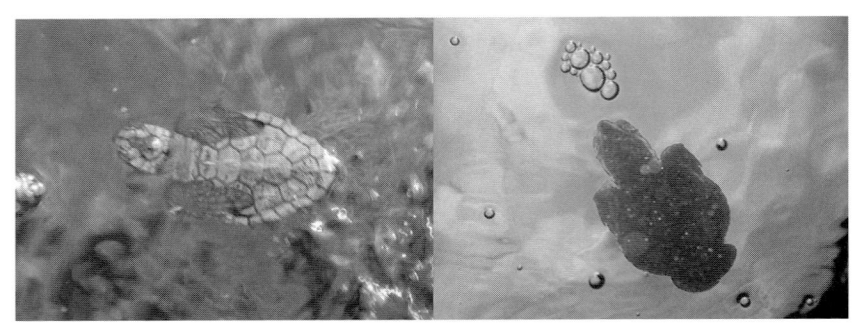

図 3.1 海面に浮くアカウミガメの孵化幼体．外洋に出た後の孵化幼体は捕食者から隠れるように両前肢を背甲に乗せ，捕食者にみつからないようあまり動かない．

比較的大型の生きものとなるため，捕食者はイタチザメ *Galeocerda cuvieri* やシャチ *Orcinus orca* などに限られてくるが，体サイズの小さな時期には中‒大型の魚や海鳥などに襲われる危険性も大きい．そのため捕食者の多い幼体の期間は外洋で生活することで，危険な沿岸を避けているともいえる．沿岸域ではとくに水深 10 m 以下や急激に深くなるリーフエッジで捕食されることが多く（Witherington and Salmon, 1992; Pilcher *et al.*, 2000; Whelan and Wyneken, 2007），「フレンジー」とよばれる興奮期が砂表に出てからおよそ 1 日の間続くのは，沿岸域を早く離れるための適応であると考えられている．また，産卵巣の密度が高くなるような孵化場の周辺では捕食率が増加する（Glenn, 1996; Wyneken and Salmon, 1996; Pilcher *et al.*, 2000）．これは散らばっていた産卵巣を孵化場に集めた結果，孵化場の場所から海へと入る孵化幼体が多くなり，捕食者も子ガメを求めて集まってくるためである．

沿岸域を抜け外洋に泳ぎ出てきた後，孵化幼体は流れ藻に寄り添って捕食者の目から隠れる．アカウミガメの場合，寒冷地へ向けた海流にできる潮目でホンダワラ属の海藻をはじめとした海面に浮いているものに寄り添っているところを発見されている（Witherington, 2002）．この時期の幼体はフレンジーの時期とは対照的に，じっとして両前肢を背甲の上に乗せて浮かんでいる（図 3.1）．生きものの目は動くものに対して敏感に反応するので，捕食者から隠れるときにはじっと動かないことは理にかなっている．つまり，フレンジーの時期は沿岸域をできるだけ早く抜けることが重要であるのに対し

て，外洋で海流に乗った後は捕食者にいかにみつからないように隠れているかが重要となるのである．例外的にオーストラリア北部でのみ産卵するヒラタウミガメは沿岸性が非常に強く，幼体の時期も沿岸域で過ごすが，孵化幼体のサイズを大きくすることで捕食されにくいように適応しているといわれている．

外洋を生息域とする時期の情報は乏しく，外洋域での生態はどの種でもあまりよくわかっていない．孵化幼体はうまく潜ることができず，主として海面に浮いている．日が経つにつれて徐々に潜れるようになっていくが，数十-数百 m の深さまで潜ることができるとは考えにくい．そのため，外洋を生活域とする幼体が餌にできるのは海面に浮いている浮遊性の生物であり，アカウミガメやアオウミガメの幼体の胃のなかからは漂流物に付着する外洋性の軟体動物，甲殻類，ヒドロ虫，ホンダワラ属の海藻，魚卵といったものがみつかっている（Reich *et al*., 2007; Boyle and Limpus, 2008）．外洋では餌となりうる生物も限られており，アカウミガメやアオウミガメ以外でも食性に大きな違いはなく，おもな餌は浮遊性の動物や漂流物に付着する生物であろう．

（1） アカウミガメ（英名：loggerhead turtle, 学名：*Caretta caretta*）

アカウミガメは幼体の生態が比較的わかっている種である．幼体は孵化後外洋へ泳ぎ出た後，北太平洋では黒潮，北大西洋ではメキシコ湾流といった高緯度海域へ向けて流れる暖流に乗る（Carr, 1986, 1987; Bowen *et al*., 1995; Witherington, 2002）．その後いくつもの海流によって構成される環流を利用しながら大洋を大きく回遊することとなる（図3.2）．このとき，アカウミガメの幼体はただ海流に流されているわけではなく，海流を利用しながらも地磁気の向きを感知して自らが進むべき方角へと進んでいる（Lohmann and Lohmann, 2006）．

孵化後の幼体が高緯度海域へと回遊していくのは，寒冷な海域のほうが餌となるものが多いことが大きな理由であろう．寒冷な海域では冷たい空気によって冷やされて重くなった海水が海底へと沈み，その代わりに栄養塩を豊富に含んだ深層の海水が表層まで上昇していく．この鉛直混合とよばれる作用によって栄養塩が光の届く有光層に供給され，植物プランクトンが活発に

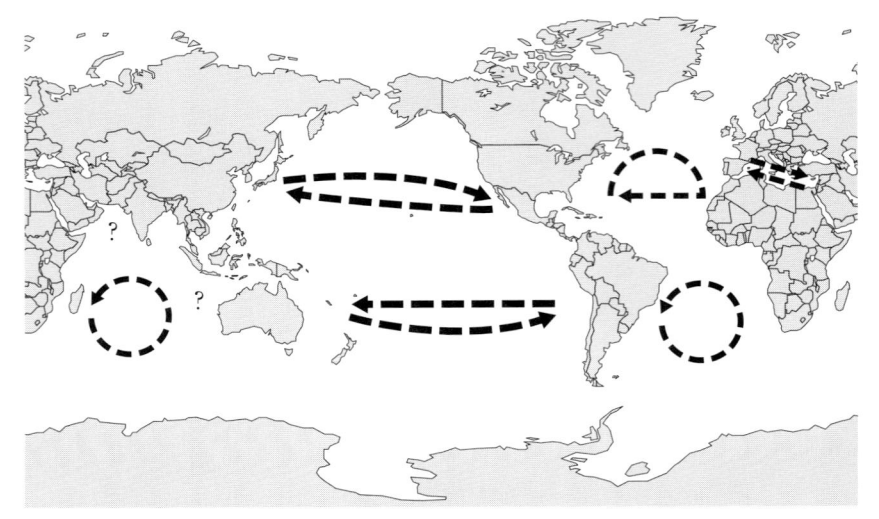

図 3.2 アカウミガメの幼体から亜成体時期の回遊経路．アカウミガメは孵化幼体が外洋に分散した後，海流などを利用して大きく回遊し，亜成体の時期に繁殖地周辺の沿岸へと戻ってくる(Bowen *et al.*, 1995; Bolten *et al.*, 1998; Lohmann *et al.*, 2001; Boyle *et al.*, 2009より改変)．

増殖し，動物プランクトンやより高次の消費者も増えることで，結果としてアカウミガメが餌とする生物も多くなる．また，海流を利用することで移動に必要なエネルギーを節約でき，潮目には餌となる浮遊性の生物も集められてくるという利点もある．

(2) アオウミガメ（英名：green turtle, 学名：*Chelonia mydas*）

アオウミガメは孵化してから甲長25-30 cm未満の幼体はみつかることがきわめてまれで，まずないといってもよい．そのため，どこに生息し，どのような生態をもっているのかわからない．このような時期をウミガメ類ではロストイヤー（lost year）とよぶ．数少ない記録と状況証拠から，この時期のアオウミガメは外洋の浮遊性生物を食べて，アカウミガメとよく似た浮遊生活をしていると考えられている．ただし，外洋でみつかるアオウミガメの幼体は流れ藻と一緒のことが多いものの（Carr and Meylan, 1980），室内実験ではアカウミガメやタイマイの幼体に比べて流れ藻を避ける傾向が強く

(Mellgren and Mann, 1996), 浮遊生活時代でも生存戦略は種ごとに異なるのかもしれない.

(3) タイマイ （英名：hawksbill turtle, 学名：*Eretmochelys imbricata*）

幼体は浮いている海藻に引き寄せられ, ほとんど動かずに多くの時間を過ごす. 外洋での幼体の生態についてはよくわかっていないが, 外洋から沿岸へと生息域を変える甲長はアカウミガメやアオウミガメよりも小さい. また, 生まれた浜の近くのリーフにとどまっている孵化幼体もいくらかみられることから (Witzell, 1983), アカウミガメやアオウミガメよりも外洋での生活時間は短く, より沿岸性が強いと考えられる.

(4) ヒメウミガメ
　　（英名：olive ridley turtle, 学名：*Lepidochelys olivacea*）

孵化後の成長海域についての知見はないものの, 沿岸で孵化幼体がみつからないことから, やはり外洋で生活していると考えられている (Musick and Limpus, 1997). また, 成熟した後でさえ, 非繁殖期には外洋に現れることもヒメウミガメの外洋生活説を支持している (Plotkin *et al.*, 1996; Pinedo and Polacheck, 2004).

(5) ケンプヒメウミガメ
　　（英名：Kemp's ridley turtle, 学名：*Lepidochelys kempii*）

直甲長が 20-25 cm より小さな個体は沿岸ではみつからないため, やはり孵化後は沖合へと旅立っていると考えられる. ケンプヒメウミガメはメキシコ合衆国東海岸でのみ産卵し, 「アリバダ」とよばれる集団産卵が行われるのはタマウリパス (Tamaulipas) 州ランチョ・ヌエボ (Rancho Nuevo) にある約 17 km の砂浜だけである. ここはメキシコ湾の西奥に位置しており, 孵化幼体はまずメキシコ湾西部にある流れに乗る (Collard, 1990a, 1990b). その後, あるものはメキシコ湾内に残り湾内で成長し, またあるものはユカタン海峡を通るフロリダ海流に乗って大西洋へと出ていき, メキシコ湾流によってさらに北に向かう (Musick and Limpus, 1997).

（6） ヒラタウミガメ（英名：flatback turtle, 学名：*Natator depressus*）

　ヒラタウミガメは全7種のウミガメ類のなかでもとくに沿岸性の強い種であり，孵化幼体ですら沿岸を離れない．とはいえフレンジーの時期もあり，浅瀬は離れ，水深の深い場所へと泳いでいく（Wyneken *et al.*, 2008）．ヒラタウミガメは，ウミガメ科のなかではもっとも大きな卵を産み，卵と孵化幼体のサイズは現生爬虫類で最大級の大きさを誇るオサガメ科のオサガメに匹敵する（van Buskirk and Crowder, 1994）．その代わり1つの産卵巣に産み落とされる卵の数はほかのウミガメ科のウミガメ類に比べて少なくなるが，孵化幼体のサイズを大きくすることによって捕食者となる生物を少なくし，沿岸での生存率を上げているのだろう．

（7） オサガメ（英名：leatherback turtle, 学名：*Dermochelys coriacea*）

　もっとも外洋性の性質が強いオサガメは沿岸での観察例も少なく，情報は非常に限られている．とくに外洋に出た後の幼体のことはわかっておらず，甲長100 cm以下では情報がほとんどない．日本沿岸でもオサガメが発見されることがまれにあるが，甲長100 cmを超える個体ばかりである（日本ウミガメ協議会，未発表）．オサガメは孵化幼体も外洋性が強い．フレンジーの時期が過ぎた後，アカウミガメやアオウミガメの孵化幼体がフレンジー後はおもに昼間にしか泳がないのに対して，オサガメの孵化幼体は夜間も15-45％の時間は沖を目指して泳ぐのである（Wyneken and Salmon, 1992）．

3.2　未成熟期の生息域

　ある程度外洋で成長した幼体がその生息域を沿岸域へと変える種も多く，こうした種にはアカウミガメ，アオウミガメ，タイマイ，ケンプヒメウミガメ，西部太平洋およびオーストラリアのヒメウミガメがある．沿岸に来遊する大きさは同種内でも地域によって異なっている．詳細は後述するが，たとえばアカウミガメでは沿岸に現れる甲長は南太平洋，北太平洋，大西洋の順により大きい（Musick and Limpus, 1997; Bolten, 2003）．また，アカウミガメよりアオウミガメ，アオウミガメよりタイマイやケンプヒメウミガメのほ

3.2 未成熟期の生息域

うが，沿岸に現れるサイズは小さいことも知られている．

（1） 沿岸への加入

多くのウミガメ類では，ある程度成長した幼体は沿岸へと姿を現し始める．沿岸へ加入するときのサイズや年齢は種や個体群によって異なっている．アカウミガメでは成熟する前の段階で産卵地の周辺に再び戻ってくる．そのときのサイズは南太平洋，北太平洋，大西洋でそれぞれおよそ曲甲長 70 cm，直甲長 60–70 cm，曲甲長 50–60 cm であり（Limpus and Limpus, 2003; Ishihara et al., 2011; Bjorndal et al., 2000），このときの年齢は北太平洋で 16–17 歳以降であると推定されている（石原，2011）．ただし，産卵地へ戻る前にも生息域を沿岸域へとシフトする個体もあり，日本の砂浜を唯一の産卵地とする北太平洋のアカウミガメは太平洋の反対側，メキシコ合衆国のバハ・カリフォルニア半島沿岸に，日本沿岸よりも小さな直甲長 50–60 cm 台の個体を中心に，20–30 cm 台の個体も生息している（Gardner and Nichols, 2001）．ここでは成熟した個体はいっさいみつからないこと，湧昇流が沸き上がる世界有数の豊かな海であること，アカウミガメが高密度に生息していることから，北太平洋のアカウミガメにとって重要な生育場所であることはまちがいない．ハワイ諸島の沖合の外洋域にもバハ・カリフォルニア半島沿岸と同じような大きさの個体が生息しており（Wetherall et al., 1993; Polovina et al., 2004），すべての個体がバハ・カリフォルニア半島の沿岸で育つわけではないだろうが，詳細はよくわかっていない．

沿岸に生活の場を移す甲長については，ほかのウミガメでもいくらか調べられている．たとえば，アオウミガメやタイマイはアカウミガメに比べてより小さな段階で沿岸に姿を現すようになる．ここで興味深いことに，この 3 種は沿岸への出現甲長が太平洋の個体群より大西洋の個体群で小さいことは，種を超えて共通している．つまり，アオウミガメでは太平洋の日本（直甲長 40 cm 以上）やハワイ諸島（直甲長 35 cm 以上；Balazs, 1980），オーストラリア（曲甲長 39 cm 以上；Limpus et al., 1994）に比べて大西洋・カリブ海のバハマ（直甲長 20–25 cm 以上；Bjorndal and Bolten, 1988a）などではより小さな個体が沿岸でみつかっており，タイマイも沿岸のサンゴ礁に加入しだすのは太平洋の日本（八重山諸島，直甲長 29 cm 以上；Kamezaki and

Hirate, 1992) やオーストラリア北部（曲甲長 35 cm 以上；Limpus, 1992）よりも大西洋・カリブ海のヴァージン諸島（直甲長 20-25 cm 以上；Boulon, 1994）のほうが小さいのである．こうした大洋規模での種を超えた共通性はなにに起因しているのかわかっておらず，その適応的意義も未知である．

　また，生息域がカリブ海にほぼ限定されるケンプヒメウミガメの沿岸加入甲長は，大西洋・カリブ海のアオウミガメやタイマイとほぼ変わらず，直甲長 20-25 cm である（Musick and Limpus, 1997）．このとき，沿岸に加入する年齢はタイマイで 1-3 歳程度，ケンプヒメウミガメで 2 歳以上と推定されている（Kamezaki and Hirate, 1992; Boulon, 1994; Zug et al., 1997）．いずれもアカウミガメよりも甲長が小さな段階で沿岸に姿を現しており，サイズもおおむね似通っている．ウミガメにとって甲長 20-40 cm になれば，襲われる危険のある捕食者がずいぶんと限定されるのかもしれない．

　ヒメウミガメは孵化後の幼体だけでなく，未成熟期全般の生態についてあまりよくわかっていない．西部大西洋やオーストラリアの個体群は未成熟個体が沿岸へと来遊するが，東太平洋の個体群は繁殖期以外のおもな生息地は外洋であると考えられている（Bolten, 2003）．ただし，東部太平洋でもメキシコ沿岸にはヒメウミガメの幼体が生息しており，まだまだ彼らの生活史の理解は不十分である．オサガメも沿岸でみられるのは繁殖の時期にほぼ限られており，まれに未成熟の個体が海岸に打ち上げられたり（漂着あるいはストランディング），沿岸漁業で意図せず偶発的に漁獲されたり（混獲）することもあるが，基本的には外洋が生涯の生息域である．

（2）　低水温・高水温に適応したオサガメ

　外洋を生涯の生息域とするオサガメは沿岸に加入することはないものの，成長するにつれて生息域とする範囲は拡大する．オサガメは低水温にもっとも適応したウミガメであり，大きな個体ほど寒冷で餌の豊富な高緯度海域へと回遊できるようになる．甲長が 100 cm を超えるまでは緯度 30 度，水温 26 ℃ の海域を越えないが（Eckert, 2002），成長したオサガメでは，ときとして水温 0 ℃ の高緯度地域にまで回遊するのである（Goff and Lien, 1988）．こうした低水温への適応は，大きな体によって体内でつくられた代謝熱が体温として保持しやすく，体表面を断熱性が高く厚い真皮層で被うことで可能

になった．一方で，産卵地は水温30℃にもなる熱帯域にあり，体内の熱を逃がさないとオーバーヒートしてしまう．そこで，オサガメは熱帯域では巨大な前ヒレの血液量を増やして放熱板とし，深く冷たい水深まで潜り，動きを少なくすることで熱の発生を抑え，オーバーヒートを避けるのである（Bostrom and Jones, 2007; Bostrom *et al*., 2010）．

3.3 食性

　生息域を変えるとともに食性，すなわち食べものの選好性も変化する．そのころになると種ごとの食性の違いが顕著になり，生息域の違いによるすみわけと合わせ，食いわけによって種間競争が避けられている．一般に生物の世界で競争が起こると，敗れた種の存続は危うい．現生のウミガメ類はそれぞれの生態的地位（ニッチ）のなかで適応進化し，生き残ってきた種ばかりであることがよく理解できる．

　アカウミガメでは沿岸に姿を現すようになると甲殻類や巻貝，二枚貝などの底生無脊椎動物を餌とするようになるが，亜成体や成体の個体であっても浮遊性の動物や流れ藻を摂食していることがある（Dodd, 1988; Bjorndal, 1997）．確かに，筆者らが調査地としている高知県室戸岬や三重県の熊野灘沿岸でアカウミガメの胃のなかから多く検出されるのは，浮遊性のヒカリボヤや漂流物に付着していたであろうエボシガイ類の殻である．ここは地形が急激に落ち込む海域であり，遠浅の遠州灘沿岸では底生の貝類などを食べていたことから，環境によって餌が異なり，水深の深い場所では浮遊性の餌を，海底まで潜れるところでは底生の餌を摂食していると考えられる（岩本ほか，2005，2006）．

　沿岸に現れた後のアオウミガメは植物食者であり，海草や海藻を主食としている．海草や海藻は海底まで光が届く場所でのみ生息可能であるため，アオウミガメも必然的に海岸線近くまでやってくることとなる．そのため，ダイビングをしてもっともよく出会うウミガメでもあり，世界的にも身近なウミガメである．海草と海藻のあるところでは海草を優先的に食べるといわれているが（Mortimer, 1982），基本的には構成されている植生に依存するようである．日本では九州以北や小笠原諸島では海藻，南西諸島では海草と海

藻を摂食している（亀田・石原，2009）．筆者らが調査した本州沿岸では，胃や腸のなかは海藻で満たされており，餌の量的な問題はなさそうである．アオウミガメは海藻や海草以外にもときおりクラゲやサルパ，海綿動物，魚卵などの動物も食べており（Mortimer, 1982; Bjorndal, 1997），日本の水族館では配合飼料やアジなどの魚類，イカ類を与えている場所も多い．飼育個体では魚やイカを好んで食べる様子が観察されており，必ずしも海藻や海草でなければ食べないわけではない．植物食より肉食を好んでいるようにも感じられることもある．自然界では魚やイカのほうがウミガメ類よりも小回りが利き，すばやく動けるために単純に捕獲できないだけなのだろう．

タイマイは海綿動物をほぼ専食する特殊な食性をもっており，日本でもタイマイの胃のなかはほとんどが海綿動物である（日本ウミガメ協議会，未発表）．海綿動物のなかでも食べる種を選択しているようだが，詳細はわかっていない．野生のタイマイでは痩せている個体のめだつ地域もあり，そこでは餌の量が十分ではなく，個体数が環境収容力の上限に近いのかもしれない．過去，装飾用のべっ甲細工の材料として乱獲された歴史をもつタイマイであるが，乱獲の収まった現在では，生息できる環境の有無や規模が重要となっている．

ケンプヒメウミガメもまた専食家である．水深50m以浅で採食しており，軟体動物やエビ類なども胃のなかからはみつかるものの，量的にはカニの仲間が95%を占める（Shaver, 1991）．同属のヒメウミガメの食性はあまりよくわかっていないが，餌の選択範囲は広いようだ．外洋ではクラゲや有櫛動物などをおもに摂食し（Kopitsky *et al.*, 2004），繁殖期に沿岸で捕獲された個体はサルパや魚，軟体動物，甲殻類，海藻などを日和見的に摂食しているようだが，おもな餌場である外洋域でなにを食べているのかはよくわかっていない（Bjorndal, 1997）．ヒメウミガメの食性はアカウミガメとよく似ているが，この2種が共存できているのはアカウミガメの生息域が温帯であるのに対して，ヒメウミガメは熱帯に生息し，すみわけができているためである．

沿岸性のヒラタウミガメは水深6-40mほどの濁った浅瀬で餌を食べているようで，ウミエラやソフトコーラル（軟質サンゴ），ナマコなどの柔らかな底生無脊椎動物やクラゲを食べている（Limpus, 2007）．

オサガメのおもな餌はクラゲやサルパといったゼラチン質の生物である

図 3.3 オサガメの嘴．オサガメの嘴は鋭利で鋭く，上顎の先端は割れて牙のようになっている．アオウミガメやアカウミガメなどのような，嘴の内側に盛り上がった二次口蓋はみられず，食べたものをしっかりとくわえたり嚙み砕いたりするよりも，ハサミのように切り取るように進化している．

(Bjorndal, 1997)．クラゲから得られる質量あたりのエネルギーはたいへん小さく，オサガメは大量に摂食する必要がある．海面近くでクラゲを摂食しているのが観察されているが，オサガメは潜水能力が高いことでも知られており，数百 m の潜水を繰り返すのは深層や中層にできた水温躍層に集まるクラゲを狙っているからだとされる（Houghton *et al.*, 2008）．

　こうした食性の違いは形態，すなわち体の形にも影響を与える．とくに嘴は食べものや食べ方と深い関係があり，アカウミガメは硬い貝殻などを嚙み砕けるよう大きく頑丈に，アオウミガメは海草や海藻を嚙み切れるよう縁が鋸状に，タイマイはサンゴの隙間に突っ込めるよう細長くなっている．カメのなかでもオサガメの嘴は非常に特徴的で，上顎の嘴は牙のようで，触ると刺さりそうなほど鋭利である（図 3.3）．これはクラゲをひっかけ，嚙み切るためとの意見もあるが，筆者にはそれだけではないように思えて仕方がない．柔らかいクラゲを嚙み切るためには鋭すぎるし，牙のような形になる必

要もなさそうである．まだ明らかにされていない生態と深くかかわっているのではないかと思うのである．

3.4 成長と成熟

　子孫を残せる状態が性的に成熟した状態であり，ウミガメ類の場合，雌は産卵が，雄は交尾をして卵に精子を受精させることができる個体が成熟した個体といえる．個体や個体群，種として成功するかどうかは残すことのできる子孫の数によって測ることもでき，当然ながらより多くの子孫を残したものほど成功しているといえる．一般的に成熟するまでにかかる期間が長ければ繁殖を開始するまでに死亡する確率は増え，早く成熟すれば体サイズも小さくなるため一度の繁殖活動で残せる卵の数が減少する．そのため成熟年齢や成熟甲長は生涯に残せる子孫の数に直接影響する．

　成熟するサイズや年齢には大きな個体差があることが知られており，サイズと年齢の相関もはっきりしない．たとえば，同じアカウミガメでも20歳で成熟する個体もいれば60歳になっても成熟していない個体がいたり，甲長が70 cmで産卵している個体もいれば90 cmになっても産卵をしたことのない個体がいたりする．ウミガメ類の成熟甲長や成熟年齢とは「平均的な」値にすぎないのである．また，成長する速度も個体ごとに異なっており，同じ産卵巣から生まれた兄弟でもその後の成長に差がみられることはよく知られている．

　とはいえ，それでは具体的なところはみえてこない．そこで，ここからは平均的な値をもとにウミガメ類がどのように成長し成熟に至るのか述べることとする．

（1）　成熟個体の特徴

　性的に成熟していない個体では雌雄の外部形態に違いはみられず，見た目から性別を判断することはできない．雌では成熟しても外部形態に変化はみられないが，雄は成熟するにしたがって尾部が著しく伸長し前肢の爪も大きくなり強く湾曲する（Hughes, 1974; Kamezaki, 2003）．こうした特徴から，性成熟の始まった雄に関しては外部形態から性別を判断できるようになる．

図 3.4 腹腔鏡による性判別．腹腔鏡を腹腔内に挿入し生殖腺を観察することで，卵巣なら雌，精巣なら雄と，非致死的に性の判別ができる．ウミガメ類の生殖腺は腹腔内の背側で，肺のすぐ後ろの位置にぶら下がっており，頭を下げた状態で検査することで腸を生殖腺から離し，観察しやすくしている．

アカウミガメでは尾部の伸長が始まってから，およそ 10 cm 程度甲長が大きくなったころに成熟を迎える（Casale *et al.*, 2005; Ishihara and Kamezaki, 2011）．外部形態から雌雄の判別がつかないとき，成熟しているかどうか判断できないときには生殖腺が精巣なのか卵巣なのかを確認することが性判別に有効である．死亡している個体であれば解剖によって生殖腺を直接観察することが可能であるが，生きている個体では解剖するわけにはいかない．そこで，径の小さい腹腔鏡を腹腔内に挿入して生殖腺を観察する方法（Wood *et al.*, 1983）が用いられるようになった（図 3.4）．産卵を控えた雌であれば，より非侵襲的な超音波（エコー）検査によって卵の発達の程度を観察することもできる．ただし，成熟した雌を調査あるいは観察したい場合，もっとも簡単な方法は産卵個体を砂浜で待つことである．

（2） 成熟甲長

　ウミガメ類の成熟甲長は産卵雌の甲長で代表される場合が多い．これは産卵のために砂浜へ上陸した雌は比較的観察や計測がしやすいのに対し，雄は生涯を海のなかで過ごすために捕獲することもむずかしいためである．産卵雌の甲長はオサガメがもっとも大きく，アオウミガメ，アカウミガメまたはヒラタウミガメ，タイマイ，ヒメウミガメまたはケンプヒメウミガメの順に続く（表3.1）．また，同種のなかでも個体群によってその大きさは異なっている．全般的に大西洋やインド洋で大きく，地中海で小さい傾向があり，太平洋では北半球より南半球で大きい．

　オサガメ科のオサガメでは，産卵雌の平均直甲長は東部太平洋メキシコの143 cm から西部大西洋フランス領ギアナの 167 cm まで幅がある．大きな個体では直甲長170-190 cm に達し（Zug and Parham, 1996），もっとも大きな個体は1988年9月にウェールズに漂着した雄で全長291 cm（甲長ではない），体重が916 kg というものであった（Morgan, 1990）．

　ウミガメ科のなかではアオウミガメがもっとも大きくなり，なかでも大きなものは大西洋の直甲長99-111.8 cm，小さなものは地中海の曲甲長92-96 cm である（Hirth, 1997）．メキシコ西海岸やガラパゴス諸島にはさらに甲長の小さな個体群が生息しており，背甲および腹甲が灰黒色を呈することからクロウミガメ（black turtle）ともよばれる．第1章にくわしいが，クロウミガメは形態的にもほかの個体群とは異なっており，背甲の後端がすぼんで全体的にハート型となり，頭部の丸みが強く，背甲はもろく剝げやすく，体高が高いことを特徴としている（図3.5）．

　温帯域を産卵地とするアカウミガメの成熟甲長は大西洋やインド洋がそれぞれ直甲長87.7-105.3 cm，87.6-93.6 cm と大きく，地中海が直甲長65.4-79.4 cm ともっとも小さい（Kamezaki, 2003）．太平洋のアカウミガメは北半球と南半球でそれぞれ直甲長83.2-85.6 cm，88.7 cm と中間的な大きさであることがわかる．成熟甲長の大きな北大西洋と小さな地中海はジブラルタル海峡でつながっており，一部のアカウミガメは地中海と北大西洋を行き来している．遺伝子型を調べた研究から，地中海のなかでは北大西洋産のアカウミガメはアフリカ北部の沿岸域に集中し，地中海産のアカウミガメはヨー

表 3.1 ウミガメ類の成熟甲長．各地域の平均値と個体数から求めた．曲甲長(CCL)で示されていたものは Teas (1993) の変換式を用いて直甲長(SCL)に変換した．ただし*印のものは変換式がないため CCL のままとした．

海域	SCL(cm)			個体数 (n)	延べ地域数	出典
	平均	最小	最大			
オサガメ (leatherback turtle; *Dermochelys coriacea*)						Zug and Parham (1996)
西部大西洋	164	135	189	1031	5	
	158*	125	185	228	3	
インド洋	154	147	165	8	1	
	161*	134	178	126	2	
西部太平洋	161*	145	178	110	2	
東部太平洋	143	120	188	662	5	
アオウミガメ (green turtle; *Chelonia mydas*)						Hirth (1997)
太平洋						
オセアニア	99	75	116	2192	14	
北太平洋西部および中央部	92	80.8	110.5	393	2	
東部太平洋(クロウミガメ)	82	60	102	879	3	
大西洋						
南米	110	83.8	123.5	2677	8	
北中米	102	83.2	118.9	187	10	
アフリカ	88	87	102	41	3	
インド洋						
アフリカ	107	91	125	658	10	
アラビア半島	95	77	114	551	6	
アカウミガメ (loggerhead turtle; *Caretta caretta*)						Kamezaki (2003)
大西洋	91	70	110	1096	11	
インド洋	90	76	107	520	2	
南太平洋	89	73.2	106.9	2207	1	
北太平洋	85	69.2	101.5	1154	1	
地中海	74	—	—	52	3	
ヒラタウミガメ (flatback turtle; *Natator depressus*)						Limpus (2007)
オーストラリア	89.4*	67.0	100	1437	12	
タイマイ (hawksbill turtle; *Eretmochelys imbricata*)						Hirth (1980)
大西洋	83.1–84.1	74.9	91.4	—	2	
太平洋	80.5	68	93	—	1	
インド洋	66–85.5	53.3	87.5	—	3	
ヒメウミガメ (olive ridley turtle; *Lepidochelys olivacea*)						Hirth (1980)
大西洋・カリブ海	68.5–66.6	63	75	—	2	
インド洋	67	59	71	—	1	
東部太平洋	62.9–65.2	52.5	72.5	—	3	
ケンプヒメウミガメ (Kemp's ridley turtle; *Lepidochelys kempii*)						Hirth (1980)
カリブ海	64.6	59.5	75	—	1	

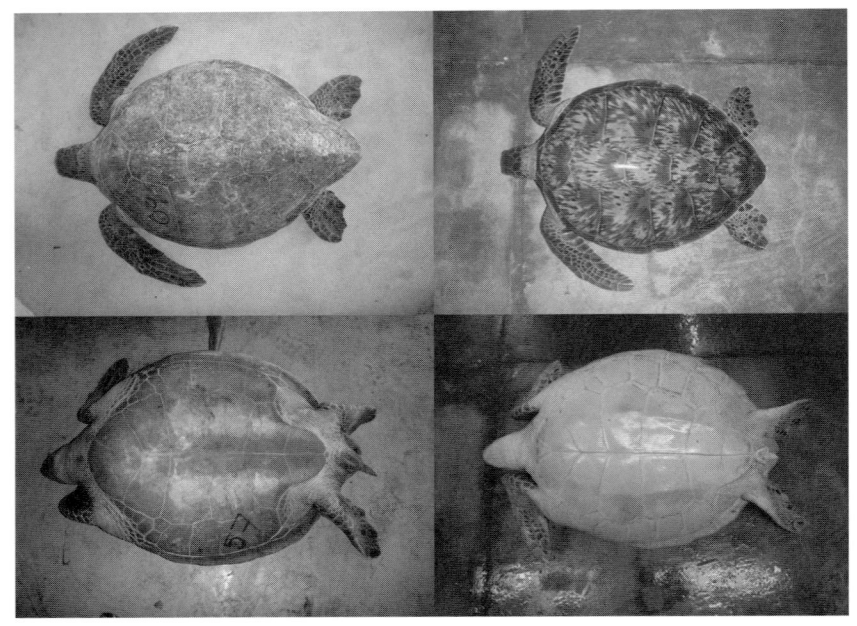

図 3.5 クロウミガメの外部形態.左:クロウミガメ(2011 年メキシコ合衆国ゲレロネグロにて),右:アオウミガメ(2010 年八重山諸島黒島にて).クロウミガメはアオウミガメの亜種とされるが,腹面が白からクリーム色のアオウミガメに対し,クロウミガメでは腹面を含めた全身が灰黒色である.また,クロウミガメの外部形態には,背甲後端がすぼみ,頭部の丸みが強く,背甲はもろく剝げやすく,体高が高い,といった特徴的な点もあり,アオウミガメとは別種であるとの意見も根強い(写真提供:岡本慶).

ロッパ沿岸域に集中することが示唆されている (Carreras *et al.*, 2006).地理的な分布域がある程度異なるとはいえ,いくらかの交流・交配は起こっているであろうし,成熟甲長が 20 cm ほども異なることは不思議といわざるをえない.

ヒラタウミガメの産卵場はオーストラリア北部のみで,西オーストラリア州からクイーンズランド州西部のカーペンタリア湾では曲甲長 85.5-89.3 cm,クイーンズランド州東部では曲甲長 93.2-94.0 cm の雌が産卵する (Limpus, 2007).タイマイは直甲長 66-85.5 cm の雌が産卵し,イエメンやスーダンの産卵地で小さく,セーシェル諸島で大きい (Hirth, 1980).ヒメウミガメは世界中に分布しているものの,産卵雌は直甲長 63.3-68.6 cm と

ほかのウミガメ類ほど個体群間に差はみられず，同じヒメウミガメ属で成熟甲長が 64.6 cm のケンプヒメウミガメともほとんど変わらない（Hirth, 1980）．

　ここまでは雌について述べてきた．雄については海面付近で交尾をしているペアや海岸にストランディングした漂着個体，漁具にかかった混獲個体などについて計測されるものの，十分な数を集めることがむずかしく，今もよくわかっていない．雌雄の甲長の比較はアカウミガメとアオウミガメで行われており，アカウミガメでは雌雄で違いがないのに対して（Limpus, 1985; Kamezaki, 2003; Ishihara and Kamezaki, 2011），アオウミガメでは雄は雌よりも小さい（Godley *et al.*, 2002）．こうした成熟甲長の性差はそれぞれの種の生態や生活史，繁殖戦略にもかかわってくることだが，その詳細の解明はこれからである．

（3）　成熟年齢

　飼育下のアカウミガメやアオウミガメでは 6-7 年で成熟するという報告がある（Caldwell, 1962; 内田, 1967）．しかし，ウミガメ類は周囲の水温や栄養状態などの生育条件によって成長速度や成熟年齢が大きく変わるため，野生の個体はより長い年月をかけて成熟している．野生個体の年齢は骨年代学（skeletochronology）によって骨などの硬組織に残された輪紋から推定されることが多い．輪紋は成長が抑制される時期に形成されることから LAG（成長停止線 Lines of Arrested Growth）などとよばれ，LAG が 1 本で 1 年として年齢が推定される（図 3.6）．ウミガメ科では上腕骨が使われることがほとんどであるが，オサガメ科では眼球の強膜にあるリング状の小骨が使われることもある．骨年代学的手法の問題点は LAG がほんとうに 1 年に 1 本の割合でできるものかどうかの検証が完全ではない点，および骨の中心部が再吸収されているために消失した LAG の数は推定値にすぎない点にある．現在のところ年輪であることを支持する結果はあっても否定する結果は出されていないことから，年齢を推定するには最善の方法であると認識されている．また，上腕骨の長さや幅は甲長と正の相関を示すため，LAG 間の幅を計測できれば甲長の年間成長量が計算できる．年齢を推定する方法は骨年代学的手法以外にも，標識再捕獲法によって実測した年間成長量を von Berta-

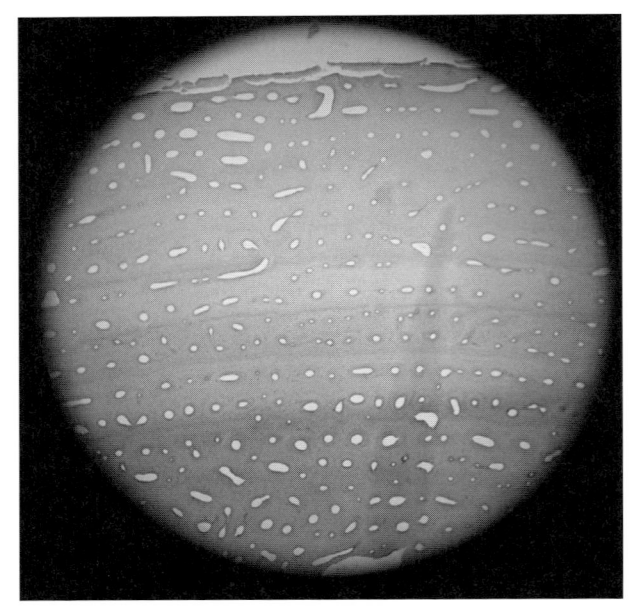

図 3.6 上腕骨に記された年輪．ウミガメ類の年齢推定には上腕骨が用いられることが多く，LAG（成長停止線 Lines of Arrested Growth）とよばれる暗色帯を年輪とみなす．上腕骨の中心部は成長とともに吸収されていくため，そこにあった LAG は失われている．そのため，残された LAG から成長式をつくることで，年齢を推定する．写真はヒメウミガメの上腕骨断面とそこに残された LAG．表面にみえる穴は血管の通っていた跡．

lanffy などの成長曲線にあてはめる方法や，年級群ごとに甲長サイズが異なることを利用するコホート解析を用いた方法などがある．いずれの方法も誤差を少なくするためにはサンプル数をできる限り多くすることが重要となる．

　ウミガメ科では成熟甲長が大きい種ほど成熟年齢も高い傾向がみられる．アオウミガメとアカウミガメの成熟年齢はそれぞれ 19-40 歳以上，13-47 歳とされ（Zug *et al.*, 2002; Klinger and Musick, 1995; Parham and Zug, 1997; 石原，2011），タイマイがそれに続いておよそ 20-30 歳，ヒメウミガメとケンプヒメウミガメがそれぞれ 13 歳前後，11-16 歳で成熟すると推定されている（Zug *et al.*, 1997, 2006）．一方，オサガメ科であるオサガメの成熟年齢は成熟甲長の割には若く，早ければ 5-6 歳，おおむね 13-14 歳で成熟する

(Zug and Parham, 1996). オサガメの成熟年齢はウミガメ科のなかでもっとも小さなヒメウミガメやケンプヒメウミガメと同程度であり，アカウミガメやアオウミガメのおよそ半分の年齢で成熟することになる．これは成長速度とも関連しており，くわしくはつぎの項で述べる．

　ウミガメ類の寿命は何歳であるのか，何歳まで繁殖が可能なのかはわかっていないが，死ぬまで繁殖は可能であると考えられ，推定方法によっては年齢が100歳を超えることもある（Parham and Zug, 1997）．また，実年齢のわかっている個体でもっとも長寿なウミガメは徳島県美波町にある日和佐うみがめ博物館カレッタで飼育されている62歳になる雄のアカウミガメである．還暦を記念して浜太郎と名付けられたこのアカウミガメは，1950年に地元の日和佐中学校の近藤康男先生と科学クラブの生徒たちが孵化させた個体（近藤，1968）で，今でも雌を追いかけ回して交尾を迫っている．

（4）　成長速度

　生活史をひもとくうえで成熟甲長や成熟年齢とともに成長速度は基礎的なパラメータである．ウミガメ類の成長速度はほかの生物と同様に孵化直後がもっとも速く，アカウミガメでは太平洋で5.09 cm/年（直甲長），地中海で11.8 cm/年（曲甲長）との報告がある（Zug et al., 1995; Casale et al., 2009）．飼育下ではさらに速く，例外的ではあるが，アカウミガメが孵化後約1年半の間で甲長が約4 cmから56.5 cmまで成長したこともあったそうだ（Swingle et al., 1993）．種によっては甲長30-50 cm台で沿岸に生活の場を移し，そのころの成長速度はアカウミガメで3.0-15.7 cm/年，アオウミガメで0.75-8.8 cm/年とやや低下している（Limpus and Walter, 1980; Mendonca, 1981; Bjorndal and Bolten, 1988bほか）．これらの値はおもに標識再捕獲法によって成長量が実測されたものであり，地域によって同じ甲長でも年間成長量に差が出ているのは栄養条件や水温などが関係していると考えられている．成熟後の成長速度は非常に遅く，アカウミガメで0.25 cm/年，アオウミガメで0.1-1.1 cm/年，ヒラタウミガメで0.021-0.101 cm/年，オサガメで0.2 cm/年程度である（Green, 1983; Parmenter and Limpus, 1995; Hatase et al., 2004; Price et al., 2004）．雌の場合，1シーズンに数百個の卵を産むため，相当なエネルギーが必要となる．そのため，成熟後は自身

の成長のためにエネルギーを費やすことをほとんどしないのだろう．雄の成長量についての情報は少なく，成熟後の成長速度についてはほとんど明らかになっていない．

　オサガメは現生のカメ類で最大の種であるにもかかわらず，成熟年齢が若い．ウミガメ科のウミガメに比べて成長速度が著しく速いためである．甲長が約 6 cm の孵化幼体は，野生下でも 1 年間に 35 cm ほども成長する．成長速度は体が大きくなるとともに低下していくが，約 4 年で曲甲長は 100 cm に達し，その後も年間 8.6 cm のペースで成長する（Zug and Parham, 1996）．このようなオサガメの急激な成長には，軟骨部分の特異なしくみが関係している．オサガメの軟骨のなかには毛細血管が伸びており，軟骨の伸長を促すとともに，基部では軟骨の再吸収と石灰化が急速に進むことでウミガメ科をはるかにしのぐ成長が可能になったのである（Rhodin *et al.*, 1996）．このしくみは恐竜にも備わっていたと考えられ，大型化を支える大きな要因の 1 つであったのだろう．

（5）　繁殖と摂餌

　繁殖期になると成熟個体は産卵地周辺に姿を現す．産卵海域は摂餌に適した環境であるとは限らず，繁殖個体は絶食状態になる海域もある（Carr, 1986; 田中ほか，1995）．そのため，摂餌海域は繁殖海域とは異なることが多い．また，繁殖海域が同じであっても個体によって摂餌海域は異なっており，同様に摂餌海域が同じであろうと繁殖海域が同じとは限らない（Bjorndal *et al.*, 2005; Bowen *et al.*, 2007; Hamabata *et al.*, 2009 ほか）．以前は産卵期の雌は餌を食べないといわれていたが，どうやら餌があれば食べているようである．とはいえ，産卵期の雌は食べられる餌の量に限度があり，甲羅で被われたウミガメの体内が発達した卵によって占められることで餌の入る余地は少ないようである（図 3.7）．このように，産卵期はウミガメ類にとってけっして摂餌条件がよいとはいえず，逆に繁殖のために多大なエネルギーを消費することとなる．消費したエネルギーを回復させ，次回の繁殖期のための新たなエネルギーを蓄えるために，繁殖期の終わった個体は餌の豊富な摂餌域へと戻っていくのである．

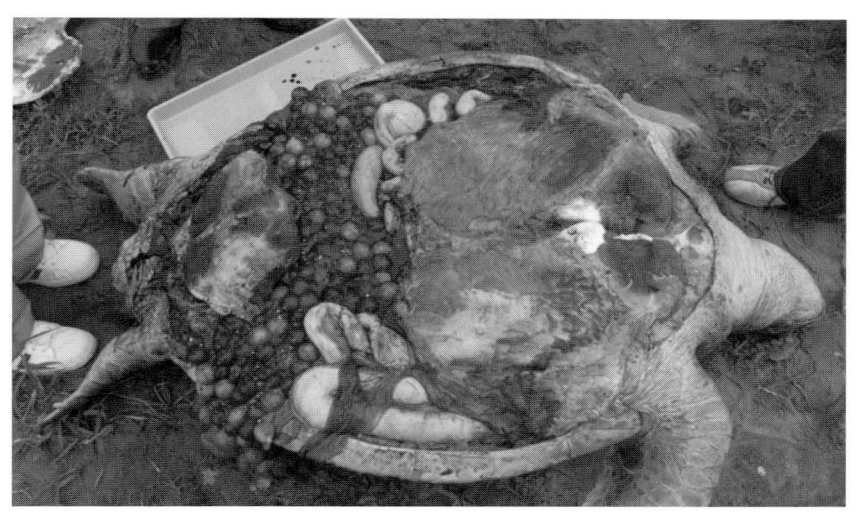

図 3.7 産卵期のアオウミガメの体内．産卵を控えた雌の腹腔内は卵巣の発達した卵胞によって満たされている．甲羅をもつウミガメ類の体内容積には限りがあるが，産卵間際には卵管内で卵白と殻がつくため，腹腔内はさらに卵で満たされていく．2007年6月18日撮影．

引用文献

Balazs, G.H. 1980. Synopsis of biological data on the green turtle in the Hawaiian Islands. NOAA Technical Memorandum NMFS-SWFC, 7: 1-141.

Bjorndal, K.A. 1997. Foraging ecology and nutrition of sea turtles. *In* (Lutz, P.L. and J.A. Musick, eds.) The Biology of Sea Turtles. pp.199-232. CRC Press, Boca Raton.

Bjorndal, K.A. and A.B. Bolten. 1988a. Growth rates of immature green turtle, *Chelonia mydas*, on feeding grounds in the Southern Bahamas. Copeia, 1988: 555-564.

Bjorndal, K.A. and A.B. Bolten. 1988b. Growth rates of juvenile loggerheads, *Caretta caretta*, in the Southern Bahamas. Journal of Herpetology, 22: 480-482.

Bjorndal, K.A., A.B. Bolten and H.R. Martins. 2000. Somatic growth model of juvenile loggerhead sea turtles *Caretta caretta*: duration of pelagic stage. Marine Ecology Progress Series, 202: 265-272.

Bjorndal, K.A., A.B. Bolten and S. Troëng. 2005. Population structure and genetic diversity in green turtles nesting at Tortuguero, Costa Rica, based on mitochondrial DNA control region sequences. Marine Biology, 147: 1449-1457.

Bolten, A.B. 2003. Variation in sea turtle life history patterns: neritic vs. oceanic developmental stages. *In* (Lutz, P., J.A. Musick and J. Wyneken, eds.) The Biology of Sea Turtles. Vol. II. pp.243-257. CRC Press, Boca Raton.

Bolten, A.B., K.A. Bjorndal, H.R. Martins, T. Dellinger, M.J. Biscoito, S.E. Encalada and B.W. Bowen. 1998. Transatlantic developmental migrations of loggerhead sea turtles demonstrated by mtDNA sequence analysis. Ecological Applications, 8: 1-7.

Bostrom, B.L. and D.R. Jones. 2007. Exercise warms adult leatherback turtles. Comparative Biochemistry and Physiology A-Molecular and Integrative Physiology, 147: 323-331.

Bostrom, B., T.T. Jones, M. Hastings and D. Jones. 2010. Behaviour and physiology: the thermal strategy of leatherback turtles. PLoS ONE, 5: 1-9.

Boulon, R.H., Jr. 1994. Growth rates of wild juvenile hawksbill turtles, *Eretmochelys imbricata*, in St. Thomas, United States Virgin Islands. Copeia, 1994: 811-814.

Bowen, B.W., F.A. Abreu-Grobois, G.H. Balazs, N. Kamezaki, C.J. Limpus and R.J. Ferl. 1995. Trans-Pacific migrations of the loggerhead turtle (*Caretta caretta*) demonstrated with mitochondrial DNA markers. Proceedings of the National Academy of Sciences of the USA, 92: 3731-3734.

Bowen, B.W., W.S. Grant, Z. Hillis-Starr, D.J. Shaver, K.A. Bjorndal, A.B. Bolten and A.L. Bass. 2007. Mixed-stock analysis reveals the migrations of juvenile hawksbill turtles (*Eretmochelys imbricata*) in the Caribbean Sea. Molecular Ecology, 16: 49-60.

Boyle, M.C., N.N. FitzSimmons, C.J. Limpus, S. Kelez, X. Velez-Zuazo and M. Waycott. 2009. Evidence for transoceanic migrations by loggerhead sea turtles in the southern Pacific Ocean. Proceedings of the Royal Society B, 276: 1993-1999.

Boyle, M.C. and C.J. Limpus. 2008. The stomach contents of post-hatchling green and loggerhead sea turtles in the southwest Pacific: an insight into habitat association. Marine Biology, 155: 233-241.

Caldwell, D.K. 1962. Carapace length-body weight relationship and size and sex ration of the northeastern Pacific green sea turtle, *Chelonia mydas carrinegra*. Los Angeles County Museum, Contributions to Science, 62: 3-10.

Carr, A. 1986. The Sea Turtle: So Exellent a Fish. A Natural History of Texas Press. University of Texas Press, Texas.

Carr, A. 1987. New perspectives on the pelagic stage of sea turtle development. Conservation Biology, 1: 103-121.

Carr, A. and A.B. Meylan. 1980. Evidence of passive migration of green turtle hatchlings in Sargassum. Copeia, 1980: 366-368.

Carreras, C., S. Pont, F. Maffucci, M. Pascual, A. Barceló, F. Bentivegna, L. Cardona, F. Alegre, M. SanFélix, G. Fernández and A. Aguilar. 2006. Genetic structuring of immature loggerhead sea turtles (*Caretta caretta*) in the

Mediterranean Sea reflects water circulation patterns. Marine Biology, 149: 1269-1279.

Casale, P., D. Freggi, R. Basso and R. Argano. 2005. Size at maturity, sexing methods and adult sex ratio in loggerhead turtles (*Caretta caretta*) from Italian waters investigated through tail measurements. Herpetological Journal, 15: 145-148.

Casale, P., P. Pino d'Astore and R. Argona. 2009. Age at size and growth rates of early juvenile loggerhead sea turtles (*Caretta caretta*) in the Mediterranean based on length frequency analysis. Herpetological Journal, 19: 29-33.

Collard, S.B. 1990a. Guest editorial: speculation on the distribution of oceanic-stage sea turtles, with emphasis on Kemp's ridley in the Gulf of Maxico. Marine Turtle Newsletter, 48: 6-8.

Collard, S.B. 1990b. The influence of oceanographic features on post-hatchling sea turtle distribution and dispersion in the pelagic environment. NOAA Technical Memorandum NMFS-SEFSC, 278: 111-114.

Dodd, C.K., Jr. 1988. Synopsis of the biological data on the loggerhead sea turtle *Caretta caretta* (Linnaeus, 1758). U.S. Department of the Interior, Fish and Wildlife Service, Biological Report 88.

Eckert, S.A. 2002. Distribution of juvenile leatherback sea turtle *Dermochelys coriacea* sightings. Marine Ecology Progress Series, 230: 289-293.

Gardner, S.C. and W.J. Nichols. 2001. Assessment of sea turtle mortality rates in the Bahia Magdalena region, Baja California Sur, Mexico. Chelonian Conservation and Biology, 4: 197-199.

Glenn, L. 1996. The orientation and survival of loggerhead sea turtle hatchlings (*Caretta caretta* L.). Master thesis. Florida Atlantic University, Florida.

Godley, B.J., A.C. Broderick, R. Frauenstein, F. Glen and G. Hays. 2002. Reproductive seasonality and sexual dimorphism in green turtles. Marine Ecology Progress Series, 226: 125-133.

Goff, G.P. and J. Lien. 1988. Atlantic leatherback turtles, *Dermochelys coriacea*, in cold water off Newfoundland and Labrador. Canadian Field Naturalist, 102: 1-5.

Green, D. 1983. Galapagos sea turtles. Noticias Galapagos, 38: 22-25.

Hamabata, T., S. Nishida, N. Kamezaki and H. Koike. 2009. Genetic structure of populations of the green turtle (*Cheonia mydas*) in Japan using mtDNA control region sequences. Bulletin of the Graduate School of Social and Cultural Studies, Kyushu University, 15: 35-50.

Hatase, H., Y. Matsuzawa, K. Sato, T. Bando and K. Goto. 2004. Remigration and growth of loggerhead turtles (*Caretta caretta*) nesting on Senri Beach in Minabe, Japan: life-history polymorphism in a sea turtle population. Marine Biology, 144: 807-811.

Hirth, H.F. 1980. Some aspects of the nesting behavior and reproductive biology of sea turtles. American Zoologist, 20: 507-523.

Hirth, H.F. 1997. Synopsis of biological data on the green turtle *Chelonia mydas* (Linnaeus, 1758). U.S. Department of the Interior, Fish and Wildlife Service, Biological Report 97.

Houghton, J.D.R., T.K. Doyle, J. Davenport, R.P. Wilson and G.C. Hays. 2008. The role of infrequent and extraordinary deep dives in leatherback turtles (*Dermochelys coriacea*). Journal of Experimental Biology, 211: 2566–2575.

Hughes, G.R. 1974. The Sea Turtles of South-East Africa. 1. Status, Morphology and Distributions. Oceanographic Research Institute, Durban.

石原孝. 2011. 北太平洋産アカウミガメの性成熟過程における生活史. 東京大学博士論文.

Ishihara, T. and N. Kamezaki. 2011. Size at maturity and tail elongation of loggerhead turtles (*Caretta caretta*) in the North Pacific. Chelonian Conservation and Biology, 10: 281–287.

Ishihara, T., N. Kamezaki, Y. Matsuzawa, F. Iwamoto, T. Oshika, Y. Miyagata, C. Ebisui and S. Yamashita. 2011. Reentery of juvenile and subadult loggerhead turtles into natal waters of Japan. Current Herpetology, 30: 63–68.

岩本太志・亀崎直樹・加藤弘・若月元樹・松沢慶将・日野明徳. 2005. 日本沿岸におけるアカウミガメ(*Caretta caretta*)の食性. 爬虫両棲類学会報, 2005: 75–76.

岩本太志・亀崎直樹・松沢慶将・石原孝・日野明徳. 2006. 室戸岬沿岸に来遊するアカウミガメ(*Caretta caretta*)の摂餌特性. 爬虫両棲類学会報, 2006: 53–54.

亀田和成・石原孝. 2009. 日本沿岸におけるアオウミガメの消化管内容物. うみがめニュースレター, 81: 17–23.

Kamezaki, N. 2003. What is a loggerhead turtle? The morphological perspective. *In* (Bolten, A.B. and B.E. Witherington, eds.) Loggerhead Sea Turtles. pp.28–43. Smithsonian Books, Washington, D.C.

Kamezaki, N. and K. Hirate. 1992. Size composition and migratory cases of hawksbill turtles, *Eretmochelys imbricata*, inhabiting the waters of the Yaeyama Islands, Ryukyu Archipelago. Japanese Journal of Herpetology, 14: 166–169.

Klinger, R.C. and J.A. Musick. 1995. Age and growth of loggerhead turtles (*Caretta caretta*) from Chesapeake Bay. Copeia, 1995: 204–209.

近藤康男. 1968. アカウミガメ. 海亀研究同人会, 徳島.

Kopitsky, K.L., R.L. Pitman and P.H. Dutton. 2004. Aspects of olive ridley feeding ecology in the eastern tropical Pacific. NOAA Technical Memorandum NMFS-SEFSC, 528: 217.

Limpus, C.J. 1985. A study of the loggerhead sea turtle, *Caretta caretta*, in Eastern Australia. Ph.D. dissertation, University of Queensland, Brisbane.

Limpus, C.J. 1992. The hawksbill turtle, *Eretmochelys imbricata*, in Queensland: population structure within a southern Great Barrier Reef feeding ground. Wildlife Research, 19: 489–505.

Limpus, C.J. 2007. A Biological Review of Australian Marine Turtle Species. 5. Flatback Turtle, *Natator depressus* (Garman). State of Queensland, Environmental Protection Agency, Queensland.

Limpus, C.J., P.J. Couper and M.A. Read. 1994. The green turtle, *Chelonia mydas*, in Queensland: population structure in a warm temperate feeding area. Memoirs of the Queensland Museum, 35: 139–154.

Limpus, C.J. and D.J. Limpus. 2003. Loggerhead turtles in the Equatorial and Southern Pacific Ocean. *In* (Bolten, A.B. and B.E. Witherington, eds.) Loggerhead Sea Turtles. pp.199–209. Smithsonian Books, Washington, D.C.

Limpus, C.J. and D.G. Walter. 1980. The growth of immature green turtles (*Chelonia mydas*) under natural conditions. Herpetologica, 36: 162–165.

Lohmann, K.J., S.D. Cain, S.A. Dodge and C.M.F. Lohmann. 2001. Regional magnetic fields as navigational markers for sea turtles. Science, 294: 364–366.

Lohmann, K.J. and C.M.F. Lohmann. 2006. Sea turtles, lobsters, and oceanic magnetic maps. Marine and Freshwater Behaviour and Physiology, 39: 49–64.

Mellgren, R.L. and M.A. Mann. 1996. Comparative behavior of hatchling sea turtles. NOAA Technical Memorandum NMFS-SEFSC, 387: 202–204.

Mendonca, M.T. 1981. Comparative growth rates of wild immature *Chelonia mydas* and *Caretta caretta* in Florida. Journal of Herpetology, 15: 447–451.

Morgan, P.J. 1990. The Leatherback Turtle: Sea Turtles and Their Conservation. National Museums and Galleries of Wales, Cardiff.

Mortimer, J.A. 1982. Feeding ecology of sea turtles. *In* (Bjorndal, K.A., ed.) Biology and Conservation of Sea Turtles. pp.103–109. Smithsonian Institution Press, Washington, D.C.

Musick, J.A. and C.J. Limpus. 1997. Habitat utilization and migration in juvenile sea turtles. *In* (Lutz, P.L. and J.A. Musick, eds.) The Biology of Sea Turtles. pp.137–163. CRC Press, Boca Raton.

Parham, J.F. and G.R. Zug. 1997. Age and growth of loggerhead sea turtles (*Caretta caretta*) of coastal Georgia: an assessment of skeletochronological age-estimates. Bulletin of Marine Science, 61: 287–394.

Parmenter, C.J. and C.J. Limpus. 1995. Female recruitment, reproductive longevity and inferred hatchling survivorship for the flatback turtle (*Natator depressus*) at a major eastern Australian rookery. Copeia, 1995: 474–477.

Pilcher, N.J., S. Enderby, T. Stringell and L. Bateman. 2000. Nearshore turtle hatchling distribution and predation in Sabah, Malaysia. NOAA Technical Memorandum NMFS-SEFSC, 443: 27–29.

Pinedo, M.C. and T. Polacheck. 2004. Sea turtle by-catch in pelagic longline sets off southern Brazil. Biological Conservation, 119: 335–339.

Plotkln, P.T., D.W. Owens, R.A. Byles and R. Patterson. 1996. Departure of male olive ridley turtles (*Lepidochelys olivacea*) from a nearshore breeding ground. Herpetologica, 52: 1–7.

Polovina, J.J., G.H. Balazs, E.A. Howell, D.M. Parker, M.P. Seki and P.H. Dutton. 2004. Forage and migration habitat of loggerhead (*Caretta caretta*) and olive ridley (*Lepidochelys olivacea*) sea turtles in the central North Pacific Ocean. Fisheries Oceanography, 13: 36-51.

Price, E.R., B.P. Wallace, R.D. Reina, J.R. Spotila, F.V. Paladino, R. Piedra and E. Vélez. 2004. Size, growth, and reproductive output of adult female leatherback turtles *Dermochelys coriacea*. Endangered Species Research, 5: 1-8.

Reich, K.J., K.A. Bjorndal and A.B. Bolten. 2007. The 'lost years' of green turtles: using stable isotopes to study cryptic lifestages. Biology Letters, 3: 712-714.

Rhodin, J.A.G., A.G.J. Rhodin and J.R. Spotila. 1996. Electron microscopic analysis of vascular cartilage canals in the humeral epiphysis of hatchling leatherback turtles, *Dermochelys coriacea*. Chelonian Conservation and Biology, 2: 250-260.

Shaver, D.J. 1991. Feeding ecology of wild and head-started Kemp's ridley sea turtles in south Texas waters. Journal of Herpetology, 25: 327-334.

Swingle, W.M., D.I. Warmolts, J.A. Keinath and J.A. Musick. 1993. Exceptional growth rates of captive loggerhead sea turtles, *Caretta caretta*. Zoo Biology, 12: 491-497.

田中秀二・佐藤克文・松沢慶将・坂本亘・内藤靖彦・黒柳賢治. 1995. 胃内温変化からみた産卵期アカウミガメの摂餌. 日本水産学会誌, 61: 339-345.

Teas, W.G. 1993. Species composition and size class distribution of marine turtle strandings on the Gulf of Mexico and Southeast United States coasts, 1985-1991. NOAA Technical Memorandum NMFS-SEFSC, 315: 1-43.

内田至. 1967. アカウミガメの成長について. 日本水産学会誌, 33: 497-507.

van Buskirk, J. and L.B. Crowder. 1994. Life-history variation in marine turtles. Copeia, 1994: 66-81.

Wetherall, J.A., G.H. Balazs, R.A. Tokunaga and M.Y.Y. Yong. 1993. Bycatch of marine turtles in north Pacific high-seas driftnet fisheries and impacts on the stocks. International North Pacific Fisheries Commission Bulletin, Vancouver, Canada, 53: 519-538.

Whelan, C.L. and J. Wyneken. 2007. Estimating predation levels and site-specific survival of hatchling loggerhead sea turtles (*Caretta caretta*) from south Florida beaches. Copeia, 2007: 745-754.

Witherington, B.E. 2002. Ecology of neonate loggerhead turtles inhabiting lines of downwelling near a Gulf Stream front. Marine Biology, 140: 843-853.

Witherington, B.E. and M. Salmon. 1992. Predation on loggerhead turtle hatchlings after entering the sea. Journal of Herpetology, 26: 226-228.

Witzell, W.N. 1983. Synopsis of Biological Data on the Hawksbill Turtle *Eretmochelys imbricata* (Linnaeus, 1766). FAO, Rome.

Wood, J.R., F.E. Wood, K.H. Critchley, D.E. Wildt and M. Bush. 1983. Laparoscopy of the green turtle, *Chelonia mydas*. British Journal of Herpetology, 6:

323-327.

Wyneken, J., M. Hamann, M. Salmon and C. Schauble. 2008. The frenzy and postfrenzy activity of the flatback sea turtle (*Natator depressus*) from Queensland. NOAA Technical Memorandum NMFS-SEFSC, 569: 69.

Wyneken, J. and M. Salmon. 1996. Aquatic predation, fish densities, and potential threats to sea turtle hatchlings from open-beach hatcheries: final report. Technical Report 96-04 for the Broward Country Board of County Commissioners, Department of Natural Resource Protection, Biological Resources Division; 1996.

Zug, G.R., G.H. Balazs and J.A. Wetherall. 1995. Growth in juvenile loggerhead sea turtles (*Caretta caretta*) in the North Pacific pelagic habitat. Copeia, 1995: 484-487.

Zug, G.R., G.H. Balazs, J.A. Wetherall, D.M. Parker and S.K.K. Murakawa. 2002. Age and growth of Hawaiian green seaturtles (*Chelonia mydas*): an analysis based on skeletochronology. Fishery Bulletin, 100: 117-127.

Zug, G.R., M. Chaloupka and G.H. Balazs. 2006. Age and growth in olive ridley seaturtles (*Lepidochelys olivacea*) from the north-central pacific: a skeletochronological analysis. Marine Ecology, 27: 263-270.

Zug, G.R., H. Kalb and S.J. Luzar. 1997. Age and growth in wild Kemp's ridley sea turtles *Lepidochelys kempii* from skeletochronological data. Biological Conservation, 80: 261-268.

Zug, G.R. and J.F. Parham. 1996. Age and growth in leatherback sea turtles, *Dermochelys coriacea* (Testudines, Dermochelyidae): a skeletochronological analysis. Chelonian Conservation and Biology, 2: 244-249.

4

発 生

卵から子ガメへ

松沢慶将

ウミガメの一生は砂のなかから始まる．卵殻に守られた胚は卵黄を代謝しながら約2カ月かけて子ガメになる．この間の巣穴内部の環境要因は，胚の生死ばかりか，個体の雌雄を決定する．

4.1 卵の構造

（1） 卵のつくりと中身

爬虫類のカメ目に属するウミガメ類の繁殖形態は卵生である．卵の基本構造はほかの羊膜類と同様で，卵殻によって外界と隔てられ，その内側には卵白，さらにその内側には卵黄があり，将来的に孵化幼体になる胚は，初めは卵黄膜の上にある（Miller, 1985; Packard and DeMarco, 1991）．発生が進むと，胚の成長のほかにも，胚膜の発達などにより構造に変化が生じる．胚の腹側の臍帯部を挟んで，羊膜に包まれた胚と卵黄囊が接続し，胚の後腸からは老廃物を蓄える尿膜が発達する．そして，それらすべてを漿膜が外側から包む．漿膜と尿膜は一部で癒合し，血管網を発達させて卵殻膜に接し，呼吸器の働きをするようになる（図4.1）．卵殻，卵白，卵黄に関しては，ウミガメ類に特徴的な性質がいくつか明らかになっているので，以下に述べる．

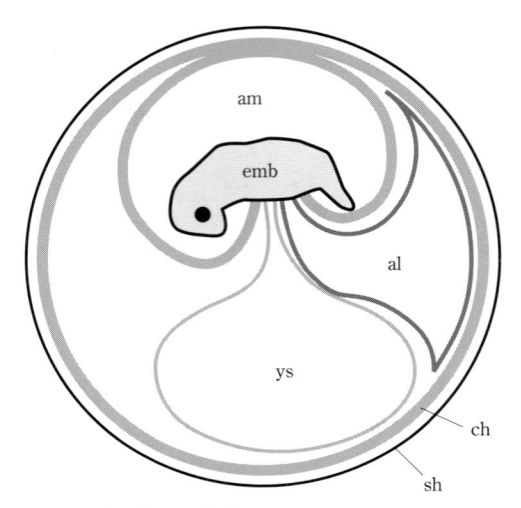

図 4.1 卵の構造の模式図.
al：尿膜, am：羊膜腔, ch：漿膜, emb：胚, ys：
卵黄嚢, sh：卵殻.

卵殻

　ウミガメ類の卵が産卵の際に落下の衝撃で破損することは，きわめてまれである．この性質は，卵殻の構造特性によるところが大きい．爬虫類・鳥類の卵殻は，繊維質の卵殻膜の外側に石灰層が固着することで形成され，石灰層の構成要素は，炭酸カルシウムの結晶である霰石である．鶏卵では卵殻の厚みの8割以上が石灰層で占められ，炭酸カルシウム結晶も高密度になるのに対して，ウミガメ類では逆に弾力性に富んだ卵殻膜が分厚く，しかも霰石の結晶が比較的に大きくて，隙間ができる（Packard and DeMarco, 1991）．そのために，しなやかな羊皮紙状になる．

　このような構造は，産卵の際の衝撃吸収に有利なだけでなく，卵殻を通じたガス交換や，周囲からの水分吸収をも容易にしている．たとえば，卵殻膜を含むアカウミガメの卵殻の酸素透過係数は 5×10^{-5} cm^3/秒/cm^2/kPa（Ackerman and Prange, 1972）で，これは同じ大きさの鳥類の卵の約2倍である．水蒸気透過能は2175 mg/日/kPaで（Ackerman et al., 1985），鶏卵に比べて3桁大きい．ただし，これは裏返せば，保湿性の低さをも意味

する．

卵殻は胚発生におけるカルシウムの供給源としての機能も担っている．オサガメでは孵化幼体を構成するカルシウムの約75％（Simkiss, 1962），アカウミガメで約62％（Bustard *et al.*, 1969），ヒメウミガメでは約60％（Sahoo *et al.*, 1998）が，それぞれ卵殻に由来する．カルシウムが吸収されるにしたがい，卵殻の酸素透過性はますます向上し，孵化直前に向けて増大する胚の呼吸量をまかなううえでも有利に働くと予想される（Miller, 1985）．

卵白

卵白には，外界の環境要因の緩衝材としての機能や，発生過程における水分の供給源などの機能に加えて，そのコロイド形態と繊維構造によって，微生物の侵入を防ぐ役割がある．ウミガメ類では，卵白は，卵全体の約半分を占めており（Tomita, 1929; 山内ほか，1984），ワニ類を除く爬虫類のなかでは，卵白の占める割合が比較的高い．また，ウミガメ類の卵は，鶏卵とは異なり熱してもなかなか凝固しないことで知られる．これは，主要タンパク質であるST-オボアルブミンの凝固点が鶏卵のアルブミンよりも高く熱変性しにくいことに加えて，水分含有量が多いためで，たとえば，アカウミガメの卵白では98％にもなる（山内ほか，1984）．

卵黄

卵黄は，発生に必要な栄養の貯蔵庫であり，かつ，いったん成長した胚の生命維持に必要なエネルギーの供給源でもある．ウミガメ類の場合，卵重に占める卵黄の割合は比較的少なく，卵白とほぼ同じ割合である．しかし，そのなかに含まれる脂質の含有量や熱量はカメ目のなかでは高いほうで，たとえばアカウミガメでは28.46 kJ/gある（Ar *et al.*, 2004）．

（2） 卵の形状と奇形

水生・陸生にかかわらず，カメ目では，体の小さな種の卵は楕円球形に，大きな種では球形になる傾向があり（Miller and Dinkelacker, 2007），もっとも大きな部類になるウミガメ類の卵は基本的に球形となる．ただし，例外もある．楕円球形はもっとも頻度の高い奇形の1つである．通常は，最初に

産卵される数個に限られるが（Miller, 1982），まれに1クラッチの半数近くを占めることもある．卵が楕円球形になるのは，卵殻形成の際に細くすぼまった輸卵管のなかで横方向に圧力を受けるためと考えられる（Miller, 1982）．このような歪んだ形の卵も，通常の卵と同じように発生が進行し，孵化に至ることが多い．

楕円球形についで頻度の高い奇形は，産卵の終わりごろにみつかる矮小な卵である（Hirth, 1980; Miller, 1982）．このなかに卵黄が含まれることはまれで，排卵の際の残屑や漏れた卵黄などが輸卵管に入り，そのまわりに卵白や卵殻膜，卵殻が順次形成されることで生じると考えられる（Miller, 1985）．従来は"yolkless egg"との呼称が一般的であったが，卵黄をもたないので，正確には「卵」ではなく，産卵数にも含めるべきではではない（Miller, 1999）．最近では，"SAGs（Shelled Albumen Gobs; 卵殻に包まれた卵白の塊）"とよばれる（Wallace et al., 2004）．オサガメでは，とくにSAGsが多く，1クラッチに10-40個程度が含まれる（Wallace et al., 2004）．これは，ほかの種に比べて卵白の分泌が多いことが原因の1つにあげられる．また，通常の卵の表面にSAGsが付着したものや，2つの卵黄を含むひょうたん型のものがみつかることもある（Miller, 1982）．ひょうたん型をさらに極端にしたものとして，卵が卵殻と同じ材質で数珠つなぎのようになる例もまれにみつかる（宮平・若月，2002）．このタイプの奇形は，輸卵管の卵殻膜・卵殻形成部における機能不全が起因していると考えられる（Miller, 1982）．

（3） 卵のサイズ

ウミガメ類は爬虫類のなかでは比較的大きな卵を産むグループである．種レベルで比較しても，やはり体の大きい種ほど卵径の大きい卵を産む傾向にあり（Hirth, 1980）．たとえば，オサガメは5.3 cm，アオウミガメは4.5 cm，アカウミガメは4.1 cmといった具合である（表4.1）．ただし，ヒラタウミガメは，ほかのウミガメとは異なり孵化幼体が沿岸部にそのままとどまる生活史戦略をとったことに関連して（Bolten, 2003），体の大きさの割に大きな卵を産む．大きな雌ほど大きな卵を産む傾向は，個体レベルでもみつかっている（Bjorndal and Carr, 1989; Hays et al., 1993）．同一個体が産卵する卵の大きさについては，同一クラッチ内で後から産卵されるものほど小さくなる

表 4.1 ウミガメ類の卵と孵化幼体のサイズの平均値の平均.

種	卵径 (mm)			卵重 (g)			孵化幼体甲長 (mm)			孵化幼体体重 (g)		
	平均	SD	N	平均	SD	N	平均	SD	N	平均	SD	N
Dc	53.4	1.6	9	76.0	8.5	4	60.1	3.7	10	44.4	9.3	5
Nd	51.5	0.7	6	71.7	6.7	3	60.0	2.2	4	39.4	4.2	3
Cm	44.9	3.0	17	46.1	5.1	10	50.1	2.1	17	24.6	3.1	11
Cc	41.0	1.6	14	32.7	7.5	7	43.8	2.2	13	20.0	1.8	7
Lo	39.3	1.1	6	35.7	—	1	43.2	2.7	7	17.0	—	1
Lk	38.9	—	1	30.0	—	1	42.0	—	1	17.3	—	1
Ei	37.9	1.9	11	26.2	2.4	5	41.3	1.0	11	14.8	1.4	5

平均は，van Buskirk and Crowder (1994) より，各個体群の平均値を平均した．SD は標準偏差，N は個体群の数．Dc：オサガメ，Nd：ヒラタウミガメ，Cm：アオウミガメ，Cc：アカウミガメ，Lo：ヒメウミガメ，Lk：ケンプヒメウミガメ，Ei：タイマイ．

傾向がみつかっている（Hays et al., 1993）．

4.2 発生

(1) 産卵前の胚発生

カメ類の発生ステージ区分については，カミツキガメ Chelydra serpentina について産卵から孵化までを 27 の発生ステージに区分にしたものがあり（Yntema, 1968），1980 年代前半まではウミガメ類においても，このステージ区分が用いられてきた．これに対して，Miller (1985) は受精から産卵までの輸卵管内における発生段階を含め，ケンプヒメウミガメを除く 6 種の胚発生過程を詳細に観察し，おもに形態的な変化にもとづき胚の発生ステージを 31 に区分している．ここでは，現在，ウミガメ類で広く用いられる Miller の発生ステージ区分に沿って概説する．

卵巣から排卵された卵は，卵管膨大部を通過する際に受精し，その後に卵白が分泌され，続いて卵殻膜が分泌され，子宮部に達するとそのまわりに炭酸カルシウムが分泌されるようになる（Solomon and Baird, 1979; Owens, 1980; Miller, 1982）．最初の卵割は受精から数時間内に起こる（Miller, 1982）．卵黄部分は分裂せずに動物極側だけが卵割する盤割であり，上部の胚域がさかんに細胞分裂を起こして胚盤を形成する．排卵から 9 日間までに原腸胚に

達し，そのころまでに卵殻の形成もほぼ完了する（Miller, 1982）．発生は原腸胚中期でいったん中止する（Miller, 1982）．

（2） 外見上の変化と胚の固着

原腸胚中期でいったん中止していた発生は，産卵後に再開される．これには輸卵管内での酸素欠乏と産卵後の酸素供給が関与していると考えられているが（たとえば，Miller, 1982），死亡した雌の輸卵管内から取り出した卵に落下の衝撃を加えた場合には発生が進み，そうでないと発生が進まなかったとの事例もある（Limpus, 私信）．胚発生の中止と再開のメカニズムについてはいまだ不明な点が多い．

発生の進行にともない，卵には外見上の変化も生じる．産卵の時点では，卵殻表面はクリーム色を帯びた白色を呈している．しかし，その後，卵殻を潤していた輸卵管粘液が内部に吸収されて乾いていき（Solomon and Watt, 1985），卵頂部に白亜色の領域（white spot）が生じてくる．この白亜色の領域は，時間の経過とともに卵頂部から下へ向かって拡大していき，最終的には卵全体が白亜色に変わる．温度によっても異なるが，10日程度を要する．胚が死亡している場合にはこのような変化はみられない．また，卵は周囲から水分を吸収していくために，産卵の衝撃で凹んでいた卵殻の多くは張りをもつようになる（Ackerman, 1997）．

卵殻が頂上部から白亜化していく際に，内部では胚の周囲の卵白の液化と胚の卵殻膜への固着が始まる．これにより，通気性が確保され，胚が窒息死する危険性が軽減される（Deeming and Thompson, 1991）．いったん，このような状態になってから，衝撃や振動を与えたり，転卵したりすると，胚膜が破損したり卵黄に胚や胚膜が圧迫されたりして，胚は容易に死亡する（Raj, 1976; Limpus et al., 1979）．しかし，発生が半分ほど進行し，胚と胚膜が十分に発達すると，転卵にも耐えられるようになる（Parmenter, 1980）．

（3） 産卵後の胚発生

産卵から孵化までの胚の形態的変化は，ステージ6から31までに区分される（Miller, 1985）．一定温度で孵卵した際の，孵化日数に対する各ステージまでの到達日数の割合と，大まかな形態的特徴を，図4.2にまとめる．よ

4.2 発生

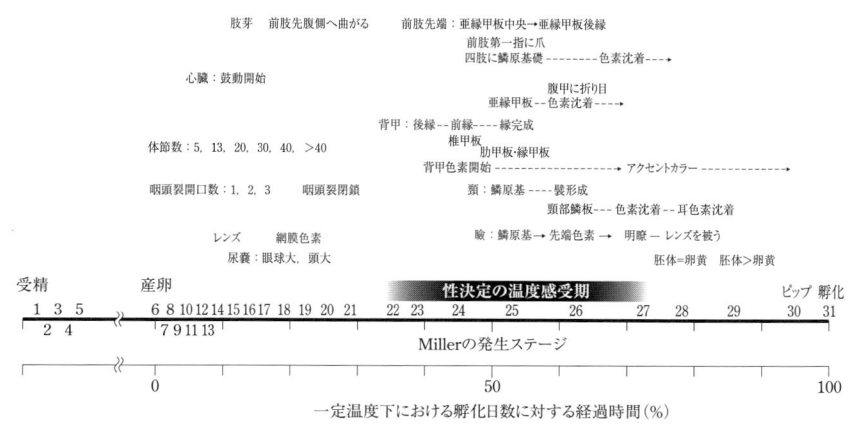

図 4.2 胚のおもな形態的特徴の経時変化（Miller, 1982, 1985 にもとづき作成）．

り詳細な発生過程については，Miller（1985）のほかに，藤本・宮山（1989）の図解も参照することをすすめる．

　発生が再開してからステージ 7 から 11 までの間には，神経溝と頭褶が形成され，羊膜褶が隆起して第一体節まで被うようになり，体節は 6 まで増える．ステージ 12 から 16 までの間には，体節が 8 から 27 まで増加し，第一咽頭裂が開口し，羊膜が胚全体を被うようになる．ステージ 14 までには，卵黄嚢上に血島が出現し，心臓が拍動を始める．ステージ 17 から 21 までの間には，咽頭裂が閉口していき，側面に肢芽が形成され，水かき状に伸張しながらねじれ，体軸と平行になる．さらに，背面の周囲が張り出すことで，背甲が形成され始める．

　ステージ 22 以降では，背甲が発達していくことにより，オサガメはほかのウミガメと異なった特徴を示すようになる．以下，鱗板・甲板を除き共通する特徴を概説する．背甲はステージ 23 までに後縁が明瞭になり，ステージ 25 で完成する（図 4.3）．ステージ 24 までには椎甲板が分化し始め，ステージ 25 までには肋甲板・縁甲板ともに明瞭になり，ステージ 26 までには頭部鱗板の輪郭も明瞭になる．またステージ 24 から徐々に色素沈着が始まり，ステージ 26 までには頸部と腋下を残しほぼ体全体が薄く着色する．

　ステージ 27 以降は，色素沈着や皮膚上の鱗の分化がさらに進行し，ステージ 30 のピップ（pip），ステージ 31 の孵化に向けて幼体が大きく成長する．

図 4.3 アカウミガメの胚(発生ステージ25).血管系形成の観察のためベルリン青を注入している.28日齢,体長25.6 mm(写真提供:河西達夫博士[弘前大学名誉教授]).

それにつれて,逆に卵黄は体積を減らしていき,ステージ28では胚体と卵黄がほぼ等しくなる.

(4) 奇形

孵化幼体や未孵化卵の胚を注意深く観察すると,先天的な奇形がみつかる.もっとも頻繁にみつかる奇形は背甲鱗板の配列奇形(欠落,過剰)で,アオウミガメ(菅沼ほか,1994)やアカウミガメ(Caldwell et al., 1959; McGehee, 1979)などで詳細な報告がある.これに次ぐ出現率のものには,四肢の欠損や矮小,眼球の欠損,咬合異常,頭部の奇形や矮小などがあるが(McGehee, 1979),そのほとんどは色素欠乏,すなわち「アルビノ」であり(Miller, 1982),逆にアルビノではこのような奇形をともなうことが多い.そのほかに,双子や結合双生児もまれにみつかる.奇形の胚は発生が進行する可能性もあるが,多くの場合は卵殻を破る直前で死亡する(Miller, 1985).

4.3　発生環境

（1）　胚発生と孵化幼体の形質への直接的な影響

ウミガメ類の胚は，4.1節で論じた羊膜類に特有の卵の構造により，閉鎖性の高い安定した環境に置かれる．しかし，呼吸に必要な酸素は卵殻を通じて外部から取り込み，逆に二酸化炭素は外部へと排出しなければならない．空気を透過させる卵殻は水蒸気も透過させるため，卵殻内外の状態に応じて水分も出入りすることになる．そして，胚発生の代謝は温度によって促進される．このようなことから，さまざまな環境要因のなかでも，とくにガス交換，水分，温度は以下に概説するように，胚発生に直接影響してくる．

ガス交換

発生のすべての過程において，胚は呼吸のために酸素を消費する．酸素消費量は胚の成長とともに増加し，孵化直前の胚は，1日に体重1gあたり標準状態の酸素を4-5 ml 消費するようになる（Ackerman, 1980）．砂や産卵巣のなかでは，対流か拡散によって酸素と二酸化炭素が移動する（Ackerman, 1997）．周囲の温度差や大気圧の変化のほかに，地下水位の変動で対流が促進される可能性もあるが（Maloney *et al.*, 1990），産卵巣内のガス交換はおもに緩やかな拡散に依存すると考えられる（Ackerman, 1997）．そのため，産卵の時点では大気中と同じであった産卵巣内の酸素分圧はしだいに低下していき，孵化までに半減してしまう（Ackerman, 1977; Maloney *et al.*, 1990）．

　ガス交換が制限されると成長速度と孵化率は低下する．たとえば，酸素5％，二酸化炭素15％，温度30℃に調整した孵卵器では，孵化日数は100日，孵化率は約30％となる（Ackerman, 1980）．さらに長時間にわたり酸素の供給が途絶えると，胚は窒息死する．高波や豪雨にともない長時間冠水した産卵巣で孵化率が著しく低下するのは，このためである（Ragotzkie, 1959; Maloney *et al.*, 1990）．度重なる冠水にもかかわらず無事に孵化する例も知られてはいるが（Foley *et al.*, 2006），冠水した巣から生まれた孵化幼体は，そうでない巣から生まれたものに比べてその後の死亡率が著しく高くなるこ

とが確認されている（Vaughan and Wyneken, 2008）．

水分

　砂のなかの水分は，周囲の状態によって水蒸気や結合水などに状態を変化させながら熱とともに移動するので，その動態を完全に理解するのは困難である（Ackerman, 1997）．水分の取り込みやすさを負の値で表す水ポテンシャルは，通常の産卵巣の深さの砂で-5 kPaから-50 kPa程度で，固着性を失いかけて崩れ始める砂で-50 kPaから-100 kPa程度，卵のなかが-900 kPa程度である（Ackerman, 1997）．したがって，極端に周囲の塩分濃度が高かったり，産卵時に比べて極度に乾燥していたりしない限り，卵が大幅に水分を失うことはない（Ackerman, 1997）．水分の増減は，産卵時の卵重の-10%から$+30\%$程度の範囲であれば孵化率にほとんど影響しないが，損失分が40%を超えると孵化できなくなる（Ackerman, 1997）．南大西洋のアセンション島では砂の粒径が大きい砂浜ほど孵化率が低くなることがみつかっているが，これは粒径が大きくなることで保水力が低下することに関係する（Mortimer, 1990）．また，卵黄の代謝は利用できる水分の量に影響されるので，水分交換がよい環境では大きな孵化幼体が生まれやすい（Carthy, 1996）．

温度

　卵や孵化幼体は幅広い温度にさらされる．たとえば，アカウミガメでは産卵から孵化・脱出までの間に18℃から33℃以上までの変化を経験する例もある（Matsuzawa et al., 2002）．これだけ大きく変化する温度は，生理全般にさまざまな影響をおよぼす．まず，温度は発生速度を左右し，26℃から32℃までの間では1℃の上昇で孵化日数が約5日短くなる（Mrosovsky, 1980）．一般的に孵化率は26℃から32℃の範囲では違いはみられないが，発生後期に22℃以下にさらされた卵や，一定期間以上にわたり33℃以上の高温にさらされた卵は，ほとんど孵化しない（McGehee, 1979; Miller, 1982; Limpus et al., 1985）．また，孵化後にこのような高温にさらされると，活動性が著しく低下したり（O'Hara, 1980），脱出できずに巣のなかで死亡したりする（Matsuzawa et al., 2002; 図4.4）．さらに，一部，正反対の結果も得

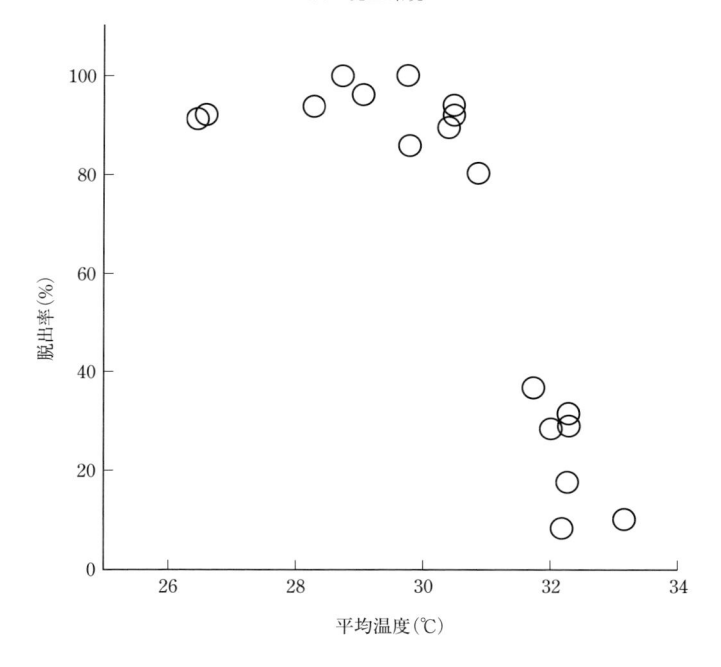

図 4.4 脱出率に対する温度の影響．横軸は初脱出前 4 日間の平均砂中温度，縦軸はアカウミガメの脱出率(孵化した個体に対する脱出した個体の割合)を示す．31-32℃ で急激に低下する(Matsuzawa et al., 2002 より改変)．

られているものの（黒柳・亀崎，1993），温度が低いほど生まれた孵化幼体は大きくて，卵黄の残りが少なく，その後の成長速度も速くなる傾向がある(Hewavisenthi and Parmenter, 2001; Reece et al., 2002; Glen et al., 2003; Stokes et al., 2006)．この特徴は，次節で紹介する「温度依存性決定」の進化生態学的意義を説き明かす鍵として注目されている．

（2） 胚発生と孵化幼体の形質を左右する環境要因の変動のしくみ

卵がさらされる環境の水分，温度，酸素および二酸化炭素の濃度は，たとえば，産卵巣の深さや卵室内における位置，砂の粒度組成，反射率，熱伝導率，波打ち際からの距離，その土地の気候などの影響を受けて複雑に変動す

る（Ackerman, 1997; Carthy et al., 2003）．すべてが理解できているわけではないが，その概略は以下のとおりである．

まず，日射量と媒体となる砂の反射率により地表が受け取る熱量が決まる．したがって，砂が白いと砂中温度は低くなる（Hays et al., 1995）．媒体となる砂は粒径が大きくなると，空隙率が増加してガス交換は促進される一方で，保水性が低下して（Ackerman, 1997），熱伝導率は低下する（Speakman et al., 1998）．保水性の低下は，孵化率の低下や後述するピップや孵化の際に卵室の天井部分の崩落にもつながる（Mortimer, 1990）．

卵は概して大潮の満潮線より陸側のめったに波を被らない十分な高さのところへ産卵されるが，波打ち際からの距離とともに同じ深さにおける温度は上昇し（Hays et al., 1992; Foley, 1998; Kaska et al., 1998），水分は低下し（Foley, 1998），塩分濃度も低下し（Bustard and Greenham, 1968），冠水や卵の流失の危険性は低下する．産卵巣の冠水は，ガス交換を妨げるほかに，その後の気象条件しだいで気化熱の放出による大幅な温度の低下を招くこともある（Carthy et al., 2003）．鉛直的には，深くなるにつれて周囲の水分が増し（Foley et al., 2006），温度の日周変動が小さくなる一方で（Maloney et al., 1990; 松沢ほか，1995; Foley et al., 2000），大気とのガス交換は制限される（Ackerman, 1980）．

産卵巣内の相対的位置すら卵の物理環境を左右する．卵室で直接周囲の砂と接する外側の卵は，ほかの卵に囲まれている卵に比べて吸収できる水分が多くなり（Carthy, 1996; Foley, 1998），より低い温度にさらされ（Maloney et al., 1990; Godfrey and Mrosovsky, 1997; Foley et al., 2000），周囲の空気の酸素分圧は高くなる（Ackerman, 1980）．

4.4 温度依存性決定（TSD）

（1） 温度依存性決定とは

ウミガメ類の発生過程においてもっとも高い関心が寄せられているのは，温度依存性決定（Temperature-dependent Sex Determination; TSD）とよばれる性質であろう．これは，個体の性が遺伝的に決まらずに，産卵後の発

4.4 温度依存性決定（TSD）

生途中の温度によって決まるという特徴である．爬虫類に広くみられる性決定様式で，1966年にキノボリトカゲ科のレインボウアガマ *Agama agama* でみつかって以来（Charnier, 1966），これまで調べられたうち，すべてのワニ，多くのカメやトカゲで確認されている．ウミガメ類では，アカウミガメで確認されたのを皮切りに（Yntema and Mrosovsky, 1980），アオウミガメ（Morreale *et al.*, 1982），タイマイ（Dalrymple *et al.*, 1985），ヒメウミガメ（McCoy *et al.*, 1983），ケンプヒメウミガメ（Shaver *et al.*, 1988），ヒラタウミガメ（Hewavisenthi and Parmenter, 2002），オサガメ（Mrosovsky *et al.*, 1984a）の7種すべてで確認されている．魚類などでは性転換する種が知られるが，爬虫類の温度依存性決定では生殖腺全体が卵巣か精巣のいずれかに分化するので，一度決まった性が変わることはない．温度依存性決定には，高温で雌が生まれるタイプ（Ia型またはMF型），低温で雌が生まれるタイプ（Ib型またはFM型），そして高温と低温で雌が生まれ中間で雄が生まれるタイプ（II型またはFMF型）が知られており，ウミガメ類ではすべての種がIa型となる．雄と雌が同じ割合で生まれる温度は，臨界温度とよばれる．臨界温度を挟みわずか数℃の範囲で，性比は100%雄から100%雌に逆転する．

温度依存性決定の発見は，さまざまな分野から注目を集め大きな議論を生んできた．とくに，種や個体群ごとの臨界温度と性比，地球温暖化の影響，卵の保護移植による人為的な性比操作の可能性とその是非，性決定のメカニズム，温度依存性決定の進化などについては，じつに多くの研究が行われてきている．いまだに解明されていないことが多いが，以下にかいつまんで紹介する．

（2） 生殖腺の分化と性判別

温度依存性決定の研究を進めるうえで根幹をなすのが個体の性判別であり，その対象はおもに孵化幼体である．しかし，孵化幼体では外部形態における性差がみつかっておらず，また少量の血液や卵の胚膜から抽出する性ホルモンのわずかな差を検出するのは技術的にも費用的にも困難であり（Merchant-Larios, 1999），以下にあげる生殖腺と付属器官の性差を組織切片標本の観察により判別するのが一般的な手法となっている（Yntema and Mros-

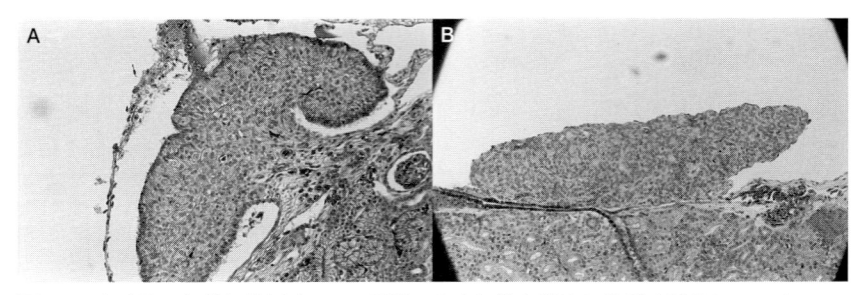

図 4.5 生殖腺の組織切片写真．A：卵巣．上皮組織が発達し髄質は退縮していく．B：精巣．上皮組織は扁平化し髄質に精細管が発達する．ヘマトキシリン-エオシン二重染色法，厚み 10 μm．

ovsky, 1980; Merchant-Larios, 1999)．すなわち，孵化幼体の卵巣では，柱状の細胞で構成される生殖上皮組織が発達してそのなかに始原生殖細胞が出現し，髄質は退縮していくのに対して（図4.5A），精巣では，上皮組織は退縮して扁平になり，髄質には精細管が発達する（図4.5B）．ミュラー管は，雌では将来的に輸卵管になるが，孵化の時点でも腎臓の腸間膜上に肉眼でも識別でき，横断切片を観察した場合には，明瞭な基底膜が存在するのに対して，雄ではミュラー管の組織がすでに一部消失し始めている．このような生殖腺の性差を生かしたまま観察することは困難とされてきたが，近年は，腹腔内に微小な腹腔鏡を挿入して生殖腺やミュラー管の形態観察から性判別する非侵襲的判別方法も開発されつつある（Wyneken *et al.*, 2007）．

（3）温度感受期

性決定における温度感受期は，「その前後では温度を調整しても性表現型にどのような影響も与えることができない胚発生上の期間やステージ」と定義される（Mrosovsky and Pieau, 1991）．実際には，卵をいくつものグループに分け，さまざまな発生ステージに雄を生じさせる温度と雌を生じさせる温度を経験させてみて，グループごとの孵化幼体の性比を調べることで特定する．アカウミガメ（Yntema and Mrosovsky, 1982）やオサガメ（Desvages *et al.*, 1993）では，いずれも Miller（1985）の発生ステージ22から27の間にあることが確認されている．これは，温度一定のもとではそれぞれ孵化日数の 34.5–72.6% の期間に相当し（Miller, 1985），一般的には "middle

表 4.2 各地域個体群の臨界温度.

種	地域	臨界温度（℃）	出典
アカウミガメ			
	豪州	27.7, 28.7	Limpus et al., 1985
	米国	29	Mrosovsky, 1988
	ブラジル	29.2	Marcovaldi et al., 1997
	ギリシャ	29.3	Mrosovsky et al., 2002
	南アフリカ	29.7	Maxwell et al., 1988
	日本	29.7	Matsuzawa et al., 1998
タイマイ			
	アンティグア	29.2	Mrosovsky et al., 1992
	ブラジル	29.6	Godfrey et al., 1999
ヒメウミガメ			
	コスタリカ	ca. 30	McCoy et al., 1983
		ca. 31	Wibbels et al., 1998
ケンプヒメウミガメ			
	メキシコ	30.2	Shaver et al., 1988
アオウミガメ			
	スリナム	28.8	Mrosovsky et al., 1984a
ヒラタウミガメ			
	豪州	29.5	Hewavisenthi and Parmenter, 2000
オサガメ			
	スリナム・仏領ギアナ	29.5	Rimblot et al., 1985
	コスタリカ Playa Grande	29.4	Binckley et al., 1998

third of incubation" と表現されることが多い．しかし，その後の研究で，温度によって温度感受期の発生ステージが前後したり狭くなったりすることが明らかになっており（Merchant-Larios et al., 1997; Hewavisenthi and Parmenter, 2002），今後は特定の発生ステージや日数ではなく，性決定のメカニズムに裏打ちされた新しい概念が必要とされている．

（4） 臨界温度と一次性比

　臨界温度は温度と性比の関係を示すさまざまな特徴の一要素にすぎないが，種や個体群を比較するうえで扱いやすい指標でもある．ウミガメ類について調べられてきた臨界温度を表4.2にまとめる．豪州のアカウミガメと，ヒメウミガメ，ケンプヒメウミガメが若干外れているが，おおむね29℃から30℃の範囲にまとまっており，産卵地の気候に対応するほどのばらつきはみられない．このように種や個体群を超えて狭い範囲に集中することに対する

表 4.3 各地域におけるアカウミガメの一次性比.

産卵地	性比推定（雌%）	出典
米国　サウスカロライナ　ジョージア	56.30	Mrosovsky et al., 1984b
米国　フロリダ	87.0-99.9	Mrosovsky and Provancha, 1992
ブラジル	82.50	Marcovaldi et al., 1997
キプロス　ギリシャ	雌＞雄	Kaska et al., 1998
ギリシャ　ザキントス	68-75	Zbinden et al., 2007
豪州　モンレポス	73.1-99.5	Chu et al., 2008

定まった説明はないが，ここで示す臨界温度が，多くのウミガメ類で卵が孵化可能な温度域のほぼ中央にあたることに関連して（Mrosovsky, 1980; Miller, 1985），生理的制約が働いているのかもしれない．

　温度依存性決定における，より一般的な興味は，実際の自然界で生まれる孵化幼体の性比，すなわち一次性比である．表4.3に，アカウミガメの一次性比の算定例をまとめる．一次性比の算定にはさまざまな方法があり，ここに示した結果もそれぞれの手法に特有の誤差を含むことには留意すべきだが（Wibbels, 2003），より重要なことは，すべての例において雌に偏っているという事実である．これを地球温暖化の影響ととらえる意見もあるが，多くの個体群において摂餌域での亜成体・成体の性比がすでに雌に偏っていることが明らかになっており（Hopkins-Murphy et al., 2003），むしろ偏った性比は本種を含めウミガメ類にとって普遍的な特徴ととらえる向きもある．しかし，いずれにせよ，すでに一次性比が雌に偏っている状況で，急激な地球温暖化が進行すれば，近い将来，健全な個体群の存続が困難になるほど性比が偏ることが危惧される．

（5）　温度性決定のメカニズム

　生理学的メカニズムに関しては，いまだ断片的にしか理解できていない．卵巣に分化する途中のオサガメの生殖腺内で，アンドロゲンからエストロゲンを誘導する酵素であるアロマターゼの活性が高くなることや（Desvages et al., 1993），ヒメウミガメの胚に外からエストロゲンを投与すると雄化する温度であっても雌化することなどから（Merchant-Larios et al., 1997），雌が生まれる温度ではエストロゲン産生が刺激され，そのエストロゲンが生殖

腺を刺激して卵巣に分化するものとの予想が趨勢である．生殖腺の分化に作用するエストロゲンは，従来は，生殖腺に由来すると考えられてきたが，ヒメウミガメを用いた実験では，温度感受期の生殖腺内のエストロゲンに明確な雌雄差が検出されない一方で，間脳-中脳領域ではエストロゲンの上昇が確認されたことから，生殖腺の分化には脳が関与している可能性も指摘されている（Salame-Mendez et al., 1998）．生殖腺の分化に働く遺伝子については，哺乳類の精巣化を決定する遺伝子 SRY に相当する SOX9 が，ヒメウミガメで，精巣への分化に関与したとの報告があるにすぎない（Torres-Maldonado et al., 2001）．遺伝子の発現を含め生殖腺の分化のメカニズムの全様が明らかになるまでには，しばらく後の研究を待たねばならない．

4.5 孵化から脱出

（1） 脱出までの過程の概要

　胚は十分に成長すると，鼻孔の下に卵角とよばれる突起が生じ，これを使い羊膜，漿尿膜，卵殻を破る（Miller, 1985）．いわゆる，「ピップ（pip）」である．これは，胚が卵殻の外に完全に出て孵化幼体となることを示す「孵化（hatch）」と混同しないよう注意が必要である（工藤・松沢，2002）．ピップにともない，胚はそれまで漿尿膜の血管網に依存していた呼吸を，肺呼吸に切り替えることになる．破れた卵殻のなかで背を丸めていた胚は，腹部に抱いた卵黄嚢から卵黄を吸収しながら，背を伸ばして卵殻の外に出て，孵化幼体となる（Miller, 1985）．胚膜が破れると羊水など卵内部に存在していた液体が下へこぼれ落ち，その分の空間には空気が入り込んでくるため，通常，孵化幼体が生き埋めになることはない（Kraemer and Richardson, 1979）．ただし，過度の乾燥などで卵室の天井部分が崩落して卵殻に砂の圧力が加わっている場合には，ピップの瞬間に押しつぶされてしまうこともある（Mortimer, 1990）．

　卵室のなかでさらに自由な空間を得た孵化幼体たちは，天井を掘り崩れてきた砂や卵殻を踏みながら周囲の空隙とともにしだいに地表へ向かって移動していく（Carr and Ogren, 1960）．その際に，海浜植物の根に行く手を遮

られる場合もある．地表下 10-15 cm 程度まで到達すると多くの場合はいったん待機して（Hays et al., 1992; Moran et al., 1999），夜になるのを待ちいっせいに地表へと出る（Witherington et al., 1990）．いわゆる「脱出（emergence）」である．孵化幼体の体重は，おおむね卵重の約半分である（表4.1）．

脱出が近づくと，その兆候として産卵巣の地表部にすり鉢上の窪みが生じることもある（Kraemer and Richardson, 1979; Moran et al., 1999）．これは孵化幼体の周囲の空間が地表近くの乾いた砂までおよび，砂が崩落することにより生じる．

初脱出から 10 日前後で産卵巣を掘り起こすと，体が歪んだ孵化幼体が生きたままみつかることがある．これには先天的な奇形も含まれるかもしれないが，むしろ巣内に取り残されて卵黄を消費したために生じた歪みと考えるべきであろう．

(2) 脱出日数

一般的に卵生の動物では産卵から孵化までの日数を「孵化日数（incubation period）」と定義するが，ウミガメの場合は砂のなかで起こる孵化を直接観察することが困難であるため，野外において孵化日数を直接知ることは原則的に不可能である．野外において調べられた「孵化日数」には孵化から最初の脱出が観察されるまでの日数も含まれていることに注意が必要であり（Matsuzawa et al., 2002），これを孵化日数と区別するために，別途，「脱出日数（incubation-to-emergence period）」とよぶことが提唱されている（紀伊半島ウミガメ情報交換会・日本ウミガメ協議会，1994; Miller et al., 2003）．孵化から脱出までの所要日数は，巣の深さや砂の状態に左右されるが，直接観察などによると 1-7 日である（Miller, 1982; Christens, 1990; Godfrey and Mrosovsky, 1997）．上述のとおり，孵化日数は砂中温度に大きく依存するため，必然的に脱出日数も砂中温度に依存することになり，地域や季節，年によっても変化する．アカウミガメの場合，卵塊と同じ深さの砂中温度の日平均から 17.6℃ を差し引いた値を，産卵日から毎日積算していき，それが 639.8℃・日に達したころが，脱出の目安となる（Matsuzawa et al., 2002）．野外において多くの巣は 45-75 日の範囲に収まるが，まれにこれを超えるこ

（3） 集団脱出と非集団脱出

　孵化幼体は，巣内から地表へ移動する過程においてたがいに刺激し合い活動を同調させ，多くの場合は集団となって脱出してくる（Carr and Ogren, 1960; Carr and Hirth, 1961; Balazs and Ross, 1974）．このような同調は，たんに酸素濃度や砂中温度などの環境要因から，集団全体が同様の生理的制約を受けるためとも考えられるが，そこに社会性と適応的意義を見出そうとする意見は少なくない．Carr and Hirth（1961）は，孵化幼体1個体では地表へ脱出が困難で，脱出しても海までたどり着く確率が低くなることを示したうえで，集団での脱出を「社会的促進（social facility）」であると指摘した．Moran et al.（1999）は，地表に孵化幼体の一部が露出してから脱出し終えるまでの時間と，集団内の個体数を調べ，大きい集団ほど1個体あたりの脱出に要する時間が短くなることを見出している．これらは集団脱出のメリットを示す一例ととらえることができるかもしれない．

　多くの孵化幼体がまとまって脱出することは事実であるが，すべてが一群となって脱出するとは限らない．むしろ，何日間にもわたり複数のグループや個体に分かれて脱出することのほうが一般的である（Witherington et al., 1990; Hays et al., 1992; Glen et al., 2003）．脱出個体数は初脱出のときがもっとも多く，その後は経過日数とともに指数関数的に減少していく（Hays et al., 1992）．鹿児島県長崎鼻では12日目まで脱出が確認された例がある（鮫島，1994）．このような脱出の分散は，産卵巣内における温度のばらつきが1つの原因であると考えられている（Houghton and Hays, 2001）．

（4） 生理的特性

　砂のなかから地表へ脱出してくることへの適応として，孵化幼体にはいくつか特別な生理的能力が備わっている．低酸素に対する強い耐性もその1つである．もともと砂のなかはガス交換が制限されるところ，胚発生の進行とともに卵の酸素消費速度が上昇していくため，孵化のころには巣内における酸素分圧は12-14 kPaくらいまで低下する（Ackerman, 1977）．そのような酸素が薄いなかを有酸素代謝だけで地表へ向かって移動するのは限界があり，

図 4.6 脱出したばかりのアカウミガメの孵化幼体．脱出する途中で水分を失う孵化幼体は，浸透圧調節のために塩類腺から過剰な塩類を排出しており，そのために眼のまわりが湿っている(写真提供：島田貴裕).

ある程度は無酸素代謝に依存している．たとえば，地表下 8.5 cm で採取されたアカウミガメの孵化幼体から，孵化直後の休止状態の 15 倍の乳酸の蓄積が検出された例がある (Dial, 1987)．砂のなかや脱出直前の孵化幼体の活動が断続的になるのは，1 つには，蓄積した乳酸を代謝して再び無酸素代謝を可能にするためだと考えられる．

　脱水に対する耐性も際立っている．アカウミガメの孵化幼体は脱出するまでの間に最大で体重の 12% の水分を失うが，その後，海水を飲み回復することができる (Bennett *et al.*, 1986)．これに関連して，体内の浸透圧調節を担う塩類腺はおそらく生涯でもっとも活発に機能する．地表に脱出してきた孵化幼体の眼が濡れて周囲に砂粒が付着していることが多いのはそのためである (図 4.6).

　捕食者の眼と灼熱にさらされる昼間の砂浜は，孵化幼体にとってきわめて危険であり，昼間の脱出を抑制するしくみも不可欠である．これに対応する

ように,孵化幼体には高温側で活動性が低下する生理的特性が備わっており,たとえばアカウミガメでは,30℃以上の高温になると遊泳速度が著しく低下し,33℃以上では協調運動が失われる(O'Hara, 1980).昼間であってもとくに激しい夕立の後には頻繁に脱出が観察されるが(Witherington, 1986),これは,地表付近の砂が冷やされて孵化幼体の活動性が高まるためである.

引用文献

Ackerman, R.A. 1977. The respiratory gas exchange of sea turtle nests (*Cheronia, Caretta*). Respiratory Physiology, 31: 19-38.

Ackerman, R.A. 1980. Physiological and ecological aspects of gas exchange by sea turtle eggs. American Zoologist, 20: 575-583.

Ackerman, R.A. 1997. The nest environment and the embryonic development of sea turtles. *In* (Lutz, P.L. and J.A. Musick, eds.) The Biology of Sea Turtles. pp.83-106. CRC Press, Boca Raton.

Ackerman, R.A. and H.D. Prange. 1972. Oxygen diffusion across a sea turtle (*Chelonia mydas*) egg shell. Comparative Biochemistry and Physiology Part A: Molecular & Integrative Physiology, 43: 905-909.

Ackerman, R.A., R.C. Seagrave and R. Dmi'el. 1985. Water and heat exchange between parchment-shelled reptile eggs and their surroundings. Copeia, 1985: 703-711.

Ar, A., A. Belinsky, R. Dmi'el and R.A. Ackerman. 2004. Energey provision and utilization. *In* (Deeming, D.C., ed.) Reptilian Incubation: Environment, Evolution and Behavior. pp.143-185. Nottingham University Press, Nottingham.

Balazs, G.H. and E. Ross. 1974. Observations on the preemergence behavior of the green turtle. Copeia, 1974: 986-988.

Bennett, J.M., L.E. Taplin and G.C. Grigg. 1986. Sea water drinking as a homeostatic response to dehydration in hatchling loggerhead turtles *Caretta caretta*. Comparative Biochemistry and Physiology Part A: Molecular & Integrative Physiology, 83: 507-513.

Binckley, C.A., J.R. Spotila, K.S. Wilson and F.V. Paladino. 1998. Sex determination and sex ratios of Pacific leatherback turtles, *Dermochelys coriacea*. Copeia, 1998: 291-300.

Bjorndal, K.A. and A. Carr. 1989. Variation in clutch size and egg size in the green turtle nesting population at Tortuguero, Costa Rica. Herpetologia, 45: 181-189.

Bolten, A.B. 2003. Variation in sea turtle life history patterns: neritic vs. oceanic developmental stages. *In* (Lutz, P.L., J.A. Musick and J. Wyneken, eds.) The Biology of Sea Turtles. Vol. II. pp.243-257. CRC Press, Boca Raton.

Bustard, H.R. and P.M. Greenham. 1968. Physical and chemical factors affecting

hatching in the green sea turtle, *Chelonia mydas* (L.). Ecology, 49: 269-276.
Bustard, H.R., K. Simkiss, N.K. Jenkins and J.H. Taylor. 1969. Some analyses of artificially incubated eggs and hatchlings of green and loggerhead sea turtles. Journal of Zoology, 158: 311-315.
Caldwell, D.K., A.F. Carr and L. Ogren. 1959. The Atlantic loggerhead sea turtle, *Caretta caretta* (L.), in America. I. Nesting and migration of the Atlantic loggerhead turtle. Bulletin of the Florida State Museum, 4: 295-308.
Carr, A. and H. Hirth. 1961. Social facilitation in green turtle siblings. Animal Behaviour, 9: 68-70.
Carr, A. and L. Ogren. 1960. The ecology and migrations of sea turtles. 4. The green turtle in the Caribbean Sea. Bulletin of the American Museum of Natural History, 121: 1-48.
Carthy, R.R. 1996. The role of the eggshell and nest chamber in loggerhead turtle (*Caretta caretta*) egg incubation. Ph.D. dissertation, University of Florida, Gainesville.
Carthy, R.R., A.M. Foley and Y. Matsuzawa. 2003. Incubation environment of loggerhead turtle nests: effects on hatching success and hatchling characteristics. *In* (Bolten, A.B. and B.E. Witherington, eds.) Loggerhead Sea Turtles. pp.144-153. Smithsonian Books, Washington, D.C.
Charnier, M. 1966. Action de la temperature sur la sex-ratio chez l'embryon d'*Agama agama* (Agamidaie, Lacertilien). Comptes Rendus des Séances de la Société de Biologie et de ses Filiales, 160: 620-622.
Christens, E. 1990. Nest emergence lag in loggerhead sea turtles. Journal of Herpetology, 24: 400-402.
Chu, C.T., D.T. Booth and C.J. Limpus. 2008. Estimating the sex ratio of loggerhead turtle hatchlings at Mon Repos rookery (Australia) from nest temperatures. Australian Journal of Zoology, 56: 57-64.
Dalrymple, G.H., J.C. Hampp and D.J. Wellins. 1985. Male-biased sex ratio in a cold nest of a hawksbill sea turtle (*Eretmochelys imbricata*). Journal of Herpetology, 19: 158-159.
Deeming, D.C. and M.B. Thompson. 1991. Gas exchange across reptilian egg shells. *In* (Deeming, D.C. and M.W.J. Ferguson, eds.) Egg Incubation: Its Effects on Embryonic Development in Birds and Reptile. pp.277-284. Cambridge University Press, Cambridge.
Desvages, G., M. Girondot and C. Pieau. 1993. Sensitive stages for the effects of temperature on gonadal aromatase activity in embryos of the marine turtle *Dermochelys coriacea*. General and Comparative Endocrinology, 92: 54-61.
Dial, B.E. 1987. Energetics and performance during nest emergence and the hatchling frenzy in loggerhead sea turtles (*Caretta caretta*). Herpetologica, 43: 307-315.
Foley, A.M. 1998. The nesting ecology of the loggerhead turtle (*Caretta caretta*)

in the Ten Thousand Islands, Florida (incubation environment, hatching success). Ph.D. dissertation, University of South Florida, Tampa.
Foley, A.M., S.A. Peck and G.R. Harman. 2006. Effects of sand characteristics and inundation on the hatching success of loggerhead sea turtle (*Caretta caretta*) clutches on low-relief mangrove islands in southwest Florida. Chelonian Conservation and Biology, 5: 32–41.
Foley, A.M., S.A. Peck, G.R. Harman and L.W. Richardson. 2000. Loggerhead turtle (*Caretta caretta*) nesting habitat on low-relief mangrove islands in southwest Florida and consequences to hatchling sex ratios. Herpetologica, 56: 433–445.
藤本十四秋・宮山幸彦. 1989. 爬虫類. (岡田節人, 編:脊椎動物の発生[上]) pp.375–390. 培風館, 東京.
Glen, F., A.C. Broderick, B.J. Godley and G.C. Hays. 2003. Incubation environment affects phenotype of naturally incubated green turtle hatchlings. Journal of the Marine Biological Association of the United Kingdom, 83: 1183–1186.
Godfrey, M. and N. Mrosovsky. 1997. Estimating the time between hatching of sea turtles and their emergence from the nest. Chelonian Conservation and Biology, 2: 581–585.
Godfrey, M.H., A.F. D'Amato, M.A. Marcovaldi and N. Mrosovsky. 1999. Pivotal temperature and predicted sex ratios for hatchling hawksbill turtles from Brazil. Canadian Journal of Zoology, 77: 1465–1473.
Hays, G.C., C.R. Adams, J.A. Mortimer and J.R. Speakman. 1995. Inter- and intra-beach thermal variation for green turtle nests on Ascension Island, South Atlantic. Journal of the Marine Biological Association of the United Kingdom, 75: 405–411.
Hays, G.C., C.R. Adams and J.R. Speakman. 1993. Reproductive investment by green turtles nesting on Ascension Island. Canadian Journal of Zoology, 71: 1098–1103.
Hays, G.C., J.R. Speakman and J.P. Hayes. 1992. The pattern of emergence by loggerhead turtle (*Caretta caretta*) hatchlings on Cephalonia, Greece. Herpetologica, 48: 396–401.
Hewavisenthi, S. and C.J. Parmenter. 2000. Hydric environment and sex determination in the flatback turtle (*Natator depressus* Garman) (Chelonia: Cheloniidae). Australian Journal of Zoology, 48: 653–659.
Hewavisenthi, S. and C.J. Parmenter. 2001. Influence of incubation environment on the development of the flatback turtle (*Natator depressus*). Copeia, 2001: 668–682.
Hewavisenthi, S. and C.J. Parmenter. 2002. Thermosensitive period for sexual differentiation of the gonads of the flatback turtle (*Natator depressus* Garman). Australian Journal of Zoology, 50: 521–527.
Hirth, H.F. 1980. Some aspects of the nesting behavior and reproductive biology

of sea turtles. American Zoologist, 20: 507-523.
Hopkins-Murphy, S.R., D.W. Owens and T.M. Murphy. 2003. Ecology of immature loggerheads on foraging grounds and adults in internesting habitat in the eastern United States. *In* (Bolten, A.B. and B.E. Witherington, eds.) Loggerhead Sea Turtles. pp.79-92. Smithsonian Books, Washington, D.C.
Houghton, J.D.R. and G.C. Hays. 2001. Asynchronous emergence by loggerhead turtle (*Caretta caretta*) hatchlings. Naturwissenschaften, 88: 133-136.
Kaska, Y., R. Downie, R. Tippett and R.W. Furness. 1998. Natural temperature regimes for loggerhead and green turtle nests in the eastern Mediterranean. Canadian Journal of Zoology, 76: 723-729.
紀伊半島ウミガメ情報交換会・日本ウミガメ協議会. 1994. ウミガメ用語辞典. (紀伊半島ウミガメ情報交換会・日本ウミガメ協議会, 編：ウミガメは減っているか――その保護と未来) p.112. 紀伊半島ウミガメ情報交換会, 和歌山.
Kraemer, J.E. and J.I. Richardson. 1979. Volumetric reduction in nest contents of loggerhead sea turtles (*Caretta caretta*) (Reptilia, Testudines, Cheloniidae) on the Georgia coast. Journal of Herpetology, 13: 255-260.
工藤宏美・松沢慶将. 2002. 孵化調査項目の標準化と用語の定義について. うみがめニュースレター, 52: 18-20.
黒柳賢治・亀崎直樹. 1993. 異なった温度環境で孵化したアカウミガメの成長. エコロケーション, 14: 5-6.
Limpus, C.J., V. Baker and J.D. Miller. 1979. Movement induced mortality of loggerhead eggs. Herpetoligica, 35: 335-338.
Limpus, C.J., P.C. Reed and J.D. Miller. 1985. Temperature dependent sex determination in Queensland sea turtles: interspecific variation in *Caretta caretta*. *In* (Grigg, G., R. Shine and H. Ehmann, eds.) Biology of Australasian Frogs and Reptiles. pp.343-351. Surry Beatty & Sons Pty & The Royal Zoological Society of New Southwales, Chipping Norton.
Maloney, J.E., C. Darian-Smith, Y. Takahashi and C.J. Limpus. 1990. The environment for development of the embryonic loggerhead turtle (*Caretta caretta*) in Queensland. Copeia, 1990: 378-387.
Marcovaldi, M., M.H. Godfrey and N. Mrosovsky. 1997. Estimating sex ratios of loggerhead turtles in Brazil from pivotal incubation durations. Canadian Journal of Zoology, 75: 755-770.
松沢慶将・坂東武治・坂本亘. 1995. 南部町千里浜におけるアカウミガメの産卵巣の深度分布と各深度ごとの砂中温度. うみがめニュースレター, 26: 3-7.
Matsuzawa, Y., K. Sato, W. Sakamoto and K.A. Bjorndal. 2002. Seasonal fluctuations in sand temperature: effects on the incubation period and mortality of loggerhead sea turtle (*Caretta caretta*) pre-emergent hatchlings in Minabe, Japan. Marine Biology, 140: 639-646.
Matsuzawa, Y., K. Sato, T. Tanaka, T. Bando, W. Sakamoto and K. Gotou. 1998. Estimation of sex ratio of loggerhead turtles hatching on the Senri-coast in

Japan. *In* (Byles, R. and Y. Fernandez, eds.) Proceedings of the Sixteenth Annual Symposium on Sea Turtle Biology and Conservation. pp.101-102. NOAA Technical Memorandum NMFS-SEFSC-412.

Maxwell, J.A., M.A. Motara and G.H. Frank. 1988. A micro-environmental study of the effect of temperature on the sex ratios of the loggerhead turtle, *Caretta caretta*, from Tongaland, Natal. South African Journal of Zoology, 23: 342-350.

McCoy, C.J., R.C. Vogt and E.J. Censky. 1983. Temperature-controlled sex determination in the sea turtle *Lepidochelys olivacea*. Journal of Herpetology, 17: 404-406.

McGehee, M.A. 1979. Factors affecting the hatching success of loggerhead sea turtle eggs (*Caretta caretta*). Master's thesis, University of Central Florida, Olando.

Merchant-Larios, H. 1999. Determining hatchling sex. *In* (Eckert, K.L., K.A. Bjorndal, F.A. Abreu-Grobois and M. Donnelly, eds.) Research and Management Techniques for the Conservation of Sea Turtles. pp.130-135. IUCN/SSC Marine Turtle Specialist Group Publication, 4.

Merchant-Larios, H., S. Ruiz-Ramirez and A. Marmolejo-Valencia. 1997. Correlation among thermosensitive period, estradiol response, and gonad differentiation in the sea turtle *Lepidochelys olivacea*. General and Comparative Endocrinology, 107: 373-385.

Miller, J.D. 1982. Embryology of Marine Turtles. Ph.D. dissertation, University of New England, Armidale.

Miller, J.D. 1985. Embryology of marine turtles. *In* (Gans, C., F. Billett and P.F.A. Maderson, eds.) Biology of the Reptilia Vol.14A. pp.269-328. Academic Press, New York.

Miller, J.D. 1999. Determining clutch size and hatching success. *In* (Eckert, K.L., K.A. Bjorndal, F.A. Abreu-Grobois and M. Donnelly, eds.) Research and Management Techniques for the Conservation of Sea Turtles. pp.124-129. IUCN/SSC Marine Turtle Specialist Group Publication, 4.

Miller, J.D. and S.A. Dinkelacker. 2007. Reproductive structures and strategies of turtles. *In* (Wyneken, J., M.H. Godfrey and V. Bels, eds.) Biology of Turtles. pp.225-278. CRC Press, Boca Raton.

Miller, J.D., C.J. Limpus and M.H. Godfrey. 2003. Nest site selection, oviposition, eggs, development, hatching, and emergence of loggerhead turtles. *In* (Bolten, A.B. and B.E. Witherington, eds.) Loggerhead Sea Turtles. pp.125-143. Smithsonian Books, Washington, D.C.

宮平秀幸・若月元樹. 2002. 座間味島イノー浜における奇形卵の記録. うみがめニュースレター, 53: 19.

Moran, K.L., K.A. Bjorndal and A.B. Bolten. 1999. Effects of the thermal environment on the temporal pattern of emergence of hatchling loggerhead turtles, *Caretta caretta*. Marine Ecology Progress Series, 189: 251-261.

Morreale, S.J., G.J. Ruiz, J.R. Spotila and E.A. Standora. 1982. Temperature dependent sex determination: current practices threaten conservation of sea turtles *Chelonia mydas*. Science, 216: 1245-1247.
Mortimer, J.A. 1990. The influence of beach sand characteristics on the nesting behavior and clutch survival of green turtles (*Chelonia mydas*). Copeia, 1990: 802-817.
Mrosovsky, N. 1980. Thermal biology of sea turtles. American Zoologist, 20: 531-547.
Mrosovsky, N. 1988. Pivotal temperatures for loggerhead turtles (*Caretta caretta*) from northern and southern nesting beaches. Canadian Journal of Zoology, 66: 661-669.
Mrosovsky, N., A. Bass, L. Corliss, J.I. Richardson and T.H. Richardson. 1992. Pivotal and beach temperatures for hawksbill turtles nesting in Antigua. Canadian Journal of Zoology, 70: 1920-1925.
Mrosovsky, N., P.H. Dutton and C.P. Whitmore. 1984a. Sex rations of two species of sea turtle nesting in Surinam. Canadian Journal of Zoology, 62: 2227-2239.
Mrosovsky, N., S.R. Hopkins-Murphy and J.I. Richardson. 1984b. Sex ratio of sea turtles: seasonal changes. Science, 225: 739-741.
Mrosovsky, N., S. Kamel, A.F. Rees and D. Margaritoulis. 2002. Pivotal temperature for loggerhead turtles (*Caretta caretta*) from Kyparissia Bay, Greece. Canadian Journal of Zoology, 80: 2118-2124.
Mrosovsky, N. and C. Pieau. 1991. Transitional range of temperature, pivotal temperatures and thermosensitive stages for sex determination in reptiles. Amphibia-Reptilia, 12: 169-179.
Mrosovsky, N. and J. Provancha. 1992. Sex ratio of hatchling loggerhead sea turtles: data and estimates from a 5-year study. Canadian Journal of Zoology, 70: 530-538.
O'Hara, J. 1980. Thermal influences on the swimming speed of loggerhead turtle hatchlings. Copeia, 1980: 773-780.
Owens, D.W. 1980. The comparative reproductive physiology of sea turtles. American Zoologist, 20: 549-563.
Packard, M.J. and V.G. DeMarco. 1991. Eggshell structure and formation in eggs of oviparous reptiles. *In* (Deeming, D.C. and M.W.J. Ferguson, eds.) Egg Incubation: Its Effects on Embryonic Development in Birds and Reptile. pp.53-70. Cambridge University Press, Cambridge.
Parmenter, C.J. 1980. Incubation the eggs of green sea turtle, *Chelonia mydas*, in Torres, Strait, Australia: the effect of movement on hatchability. Australian Wildlife Research, 7: 487-491.
Ragotzkie, R. 1959. Mortality of loggerhead turtle eggs from excessive rainfall. Ecology, 40: 303-305.
Raj, U. 1976. Incubation and hatching success in artificially incubated eggs of

the hawksbill turtle *Eretmochelys imbricata*. Journal of Experimental Marine Biology and Ecology, 22: 91-99.

Reece, S.E., A.C. Broderick, B.J. Godley and S.A. West. 2002. The effects of incubation environment, sex and pedigree on the hatchling phenotype in a natural population of loggerhead turtles. Evolutionary Ecology Research, 4: 737-748.

Rimblot, F., F. Jacques, N. Mrosovsky, J. Lescure and C. Pieau. 1985. Sexual differentiation as a function of the incubation temperature of eggs in the seaturtle *Dermochelys coriacea* (Vandelli, 1761). Amphibia-Reptilia, 6: 83-92.

Sahoo, G., R.K. Sahoo and P. Mohanty-Hejmadi. 1998. Calcium metabolism in olive ridley turtle eggs during embryonic development. Comparative Biochemistry and Physiology Part A: Molecular & Integrative Physiology, 121: 91-97.

Salame-Mendez, A., J. Herrea-Munoz, N. Moreno-Mendoza and H. Merchant-Larios. 1998. Response of diencephalon but not the gonad to female-promoting temperature with elevated estradiol levels in the sea turtle *Lepidochelys olivacea*. Journal of Experimental Zoology, 280: 304-313.

鮫島正道．1994．薩摩半島最南端長崎鼻のアカウミガメ．（亀崎直樹・薮田慎司・菅沼弘行，編：日本のウミガメの産卵地）pp.37-40．日本ウミガメ協議会，大阪．

Shaver, D.J., D.W. Owens, A.H. Chaney, C.W. Cailouet, Jr., P. Burchfield and R. Marquez. 1988. Styrofoam box and beach temperatures in relation to incubation and sex ratios of Kemp's ridley sea turtles. *In* (Schroeder, B.A., ed.) Proceedings of the Eighth Annual Workshop on Sea Turtle Conservation and Biology. pp.103-108. NOAA Technical Memorandum NMFS-SEFC-214.

Simkiss, K. 1962. Sources of calcium for the ossification of the embryos of the giant leathery turtle. Comparative Biochemistry and Physiology, 7: 71-79.

Solomon, S.E. and T. Baird. 1979. Aspects of the biology of *Chelonia mydas* L. Oceanography and Marine Biology Annual Review, 17: 347-361.

Solomon, S.E. and J.M. Watt. 1985. The structure of the eggshell of the leatherback turtle *Dermochelys coriacea*. Animimal Technology, 36: 19-27.

Speakman, J.R., G.C. Hays and E. Lindblad. 1998. Thermal conductivity of sand and its effect on the temperature of loggerhead sea turtle (*Caretta caretta*) nests. Journal of the Marine Biological Association of the United Kingdom, 78: 1337-1352.

Stokes, L.W., J. Wyneken, L.B. Crowder and J. Marsh. 2006. The influence of temporal and spatial origin on size and early growth rates in captive loggerhead sea turtles (*Caretta caretta*) in the United States. Herpetological Conservation and Biology, 1: 71-80.

菅沼弘行・立川浩之・山口真名美・木村ジョンソン．1994．1983-1990年の小笠原諸島・父島列島におけるアオウミガメ（*Chelonia mydas*）の産卵状況．（亀崎直樹・薮田慎司・菅沼弘行，編：日本のウミガメの産卵地）pp.95-111．

日本ウミガメ協議会，大阪．
Tomita, M. 1929. Beitrage zur Embryochemie der Reptilien (Chemical embryology of reptiles). Journal of Biochemistry (Tokyo), 10: 351-356.
Torres-Maldonado, L., N. Moreno-Mendoza, A. Landa and H. Merchant-Larious. 2001. Timing of SOX9 downregulation and female sex determination in gonads of the sea turtle *Lepidochelys olivacea*. Journal of Experimental Zoology, 290: 498-503.
van Buskirk, J. and L. Crowder. 1994. Life-history variation in marine turtles. Copeia, 1994: 66-81.
Vaughan, J. and J. Wyneken. 2008. Loggerhead hatchling mortality refining our understanding of hatchling quality and survivorship. *In* (InKalb, H.J., A. Rohde, K. Gayheart and K. Shanker, eds.) Proceedings of the Twenty-Fifth Annual Symposium on Sea Turtle Biology and Conservation. p.12. NOAA Technical Memorandum NMFS-SEFSC-582.
Wallace, B.P., P.R. Sotherland, J.R. Spotila, R.D. Reina, B.F. Franks and F.V. Paladino. 2004. Biotic and abiotic factors affect the nest environment of embryonic leatherback turtles, *Dermochelys coriacea*. Physiological Biochemistry and Zoology, 77: 423-432.
Wibbels, T. 2003. Critical approaches to sex determination in sea turtles. *In* (Lutz, P.L., J.A. Musick and J. Wyneken, eds.) The Biology of Sea Turtles. Vol. II. pp.103-134. CRC Press, Boca Raton.
Wibbels, T.R., D. Rostal and R. Byles. 1998. High pivotal temperature in the sex determination of the olive ridley sea turtle, *Lepidochelys olivacea*, from Playa Nancite, Costa Rica. Copeia, 1998: 1086-1088.
Witherington, B.E. 1986. Human and natural causes of marine turtle clutch and hatchling mortality and their relationship to hatchling production on an important Florida nesting beach. Master's thesis, Uiversity of Central Florida, Olando.
Witherington, B.E., K.A. Bjorndal and C.M. McCabe. 1990. Temporal pattern of nocturnal emergence of loggerhead turtle hatchlings from natural nests. Copeia, 1990: 1165-1168.
Wyneken, J., S.P. Epperly, L.B. Crowder, J. Vaughan and K.B. Esper. 2007. Determining sex in posthatchling loggerhead sea turtles using multiple gonadal and accessory duct characteristics. Herpetologica, 63: 19-30.
山内清・竹下完・出口智久・韓志朗・芳賀聖一・大橋登美男．1984．アカウミガメ(*Caretta caretta*)の卵の化学的成分について．宮崎大学農学部報，31: 155-159.
Yntema, C.L. 1968. A series of stages in the embryonic development of *Chelydra serpentina*. Journal of Morphology, 125: 219-251.
Yntema, C.L. and N. Mrosovsky. 1980. Sexual differentiation in hatchling loggerheads (*Caretta caretta*) incubated at different controlled temperatures. Herpetologica, 36: 33-36.

Yntema, C.L. and N. Mrosovsky. 1982. Critical periods and pivotal temperatures for sexual differentiation in loggerhead sea turtles. Canadian Journal of Zoology, 60: 1012–1016.

Zbinden, J.A., C. Davy, D. Margaritoulis and R. Arlettaz. 2007. Large spatial variation and female bias in the estimated sex ratio of loggerhead sea turtle hatchlings of a Mediterranean rookery. Endangered Species Research, 3: 305–312.

5 繁殖生態

交尾と産卵

松沢慶将

十分に餌を食べて繁殖の準備が整った雌は，餌場を離れ，途中で複数の雄と交尾をして精子を蓄えてから，産卵地の砂浜へ向かう．そして2-3週間おきに夜の砂浜に上陸しては，波が被らないところに穴を掘り，涙を流しながら100個ほどの卵を産み落とす．

5.1 産卵地の分布

本節では，ウミガメ7種の産卵地分布について概説する．

(1) アカウミガメ

アカウミガメは，大洋の西側の端を流れる強い暖流に面したところに産卵地を分布させ，ウミガメ類のなかでは例外的に温帯域に産卵地を広げた種である (Dodd, 1988; 図5.1A)．各大洋における海流と産卵地は，北大西洋のメキシコ湾流とフロリダ半島，南大西洋のブラジル海流とブラジル，北太平洋の黒潮と日本，南太平洋の東オーストラリア海流と豪州東海岸，南インド洋のモザンビーク海流と南アフリカである．しかし，強い暖流とは関係ない，オマーン，豪州西海岸，ギリシャやトルコ，ケープベルデ，アンゴラにも産卵地が分布しており，これに対する明確な説明はまだできていない．

A

B

図 5.1 ウミガメ類の主要な産卵地分布.
A：アカウミガメ，B：アオウミガメ，C：タイマイ，D：ヒメウミガメ，E：ケンプヒメ

C

D

ウミガメ，F：オサガメ，G：ヒラタウミガメ．

E

F

図 5.1 （続き）

5.1 産卵地の分布

G
図 5.1 （続き）

　北太平洋では，日本のほかに済州島で産卵が確認されたとの記録もあるものの，中国大陸や台湾での産卵は知られていない．日本の砂浜はアカウミガメにとって北太平洋で唯一の産卵地となっている（Kamezaki *et al.*, 2003）．国内においては，八重山諸島から太平洋側は宮城県山元町まで，日本海側は石川県能登半島北部までの広い範囲で産卵が確認されており，分布の中心は九州南部を中心とした西日本の太平洋側である（Kamezaki *et al.*, 2003）．

（2）アオウミガメ

　アオウミガメの産卵地は，世界中の亜熱帯と熱帯に広く分布する（Seminoff, 2002）．大陸のほかに，海洋島にも分布する．世界の主要な産卵地は，米国フロリダ，英領アセンション島，ブラジル，赤道ギニア，ギニアビサウ，コスタリカ，ガラパゴス諸島，フィリピン，豪州，インドネシア，マレーシア，ミャンマー，オマーン，サウジアラビア，セイシェル諸島，コモロ諸島，スリナムにある（Seminoff, 2002; 図 5.1B）．国内では小笠原諸島および種子島・屋久島以南の南西諸島に分布し（菅沼，1994; 竹下・亀崎，2008），これが太平洋における産卵の北限となっている．

（3）タイマイ

　タイマイの産卵地は，世界中の熱帯から一部，亜熱帯まで分布する（Witzell, 1983; Meylan and Donnelly, 1999；図 5.1C）．主要な産卵場としては，太平洋では，マレーシアのサバ州，パラオ，インドネシア，ソロモン諸島，豪州北部，大西洋では，カリブ海を囲む西インド諸島，メキシコのユカタン半島北部およびブラジル中部，インド洋では，セイシェル諸島，コモロ諸島，エリトリア，イラン，オマーン，モルジブ，豪州西海岸が，それぞれあげられる．わずかではあるが，日本でも南西諸島で産卵が確認されている（亀崎，1994）．

タイマイは，ほかの種と異なり，さまざまな砂浜に分散して産卵することで知られる（Hendrickson, 1980）．しかし，近年，長さ 1 km あたりの年間産卵回数が 100 回にもなる砂浜がいくつかみつかってきたことから（たとえば，Salm *et al.*, 1993; Dobbs *et al.*, 1999），現在広くみられるように散らばって産卵する傾向は，むしろ，激しい乱獲により大規模な産卵地が壊滅した結果だととらえられている（Limpus, 1995; Meylan and Donnelly, 1999）．

（4） ヒメウミガメ・ケンプヒメウミガメ

ヒメウミガメと，その近縁種でメキシコ湾・北西大西洋にのみ生息するケンプヒメウミガメは，どちらも特定の砂浜にいっせいに上陸して集団で産卵することで知られる．この現象は「アリバダ」とよばれ，多いときには数日の間に数万から数十万頭が現れる．ただし，単独で産卵する例も少なくない．Bernardo and Plotkin（2007）のまとめによると，これまでアリバダが記録された場所は，ヒメウミガメでは，中南米太平洋側の 8 カ所，ベンガル湾沿いのインド北中部に 3 カ所，およびスリナムの 1 カ所だけで，豪州北部やギニア湾沿いでは散発的な産卵に終始している（図 5.1D）．ケンプヒメウミガメでは，メキシコ北東部のランチョ・ヌエボ 1 カ所だけである（図 5.1E）．限られた数日間のうちの集団産卵という特殊な事情から，ケンプウミガメの産卵地はなかなか特定できず，研究者を悩ませてきた時期があった．

（5） オサガメ

オサガメは，熱帯性が強い．Spotila *et al.*（1996）の総説によると，オサガメの主要な産卵地は，太平洋東部ではメキシコとコスタリカ，太平洋西部ではインドネシア・イリアンジャヤ，マレーシア，パプアニューギニア，イ

ンド洋ではニコバル諸島，大西洋北西部では西インド諸島，仏領ガイアナ，トリニダート・トバゴ，ブラジルに，それぞれ分布している（図5.1F）．大規模な回遊をしていることに関係してか，ほかの種に比べると新しいコロニーが形成されやすい．たとえば，近年，産卵回数が伸びているフロリダ半島では，数十年前まではほとんどみられなかった．日本では，2002年に奄美大島で産卵した記録がある（Kamezaki et al., 2002）．

（6） ヒラタウミガメ

ヒラタウミガメの産卵地は，豪州北部だけに分布する（図5.1G）．ウミガメ類は一般的に生まれてからしばらくの間，外洋で生活する時期をもつが，本種だけは産卵地である豪州北部沿岸域を離れることはない．

5.2　交尾

産卵期が始まる数カ月前，十分に餌を食べて繁殖の準備ができた雄と雌は，摂餌海域から交尾海域へ向けて回遊を始める（Parmenter, 1983; Limpus et al., 1992; Limpus, 1993; Limpus and Limpus, 2003）．小笠原諸島やアセンション島など海洋島で産卵するアオウミガメや，特定の砂浜で集団産卵をするヒメウミガメでは産卵地の近くに交尾海域が形成されるが，アカウミガメでは産卵地から比較的離れている場合が多い（Limpus, 1985; Limpus and Limpus, 2003）．アオウミガメでは，雄が特定の交尾海域に固執する（Booth and Peters, 1972; Limpus, 1993）．

野外においてウミガメ類の交尾行動に関する報告はいくつかあるが，Limpus（1985）によるアカウミガメの観察例と，Hendrickson（1958）やBooth and Peters（1972），Bustard（1972）らによるアオウミガメの観察例がとくにくわしい．交尾海域で雄と雌が出会うと，交尾に先立ち，雄は雌に対して求愛行動をとる．初めに，雄は雌のまわりを旋回したり，雌に向き合い頭や肩に自分の鼻をこすりつけたり，ときどき軽く噛み付いたりして，それで雌が逃げなければ，雌の背後に回り込みマウントする（図5.2）．その際になって雌が身をよじってそれを拒むこともある．この一連の求愛行動中に，雄と雌がたがいに種を認識しているかどうかや，雌がどのような手段で

図 5.2 雌にマウントする飼育下の雄のアオウミガメ.

雄を選択しているかについては，いまだ未解明である．ただし，交尾期の雄が，ダイバーを含め適当なサイズの水中の物体に手あたりしだいマウントしようとするとの観察事例や（Ehrhart, 1982），アカウミガメ，アオウミガメ，タイマイが同所的に産卵するものの，繁殖期が微妙にずれる地域において 1% の巣から交雑種が確認されたとの事例に照らすと（吉岡・亀崎，1999），種認識はかりに行われていても厳密なものではないことが予想される．

雌にマウントする際に，雄は長く鉤状に曲がった四肢の第一指の爪を，雌の背甲の肩口および臀部の縁に引っ掛けて，体を固定する（図5.2）．この状態で，雄は遊泳能力を失い，以後は，呼吸のための浮上も遊泳も，雌のペースとなる．雌にマウントした雄は，尾を腹側前方に曲げて，自分の総排泄腔の出口を雌の総排泄腔へ押し付けて，ペニスを挿入する．ウミガメの場合，外部からの観察ではペニスの挿入までは確認できないので，通常は，マウント時間が交尾時間として計測されるが，少なくとも飼育下における交尾時間は長い．アオウミガメの観察例では，最長 119 時間のマウントが記録されている（Wood and Wood, 1980）．また，交尾時間は繁殖成功に重要な影響を

およぼすことが知られている．Wood and Wood (1980) は，交尾をしたすべての雌が産卵するわけではなく，交尾時間の積算値が長い雌ほど，産卵する確率が高くなり，さらに産卵した卵の孵化率も高くなる傾向を見出している．これは，受精させるのに十分なだけの精子を輸送するには，十分な時間が必要ということを示唆する．

1個体の雌に複数の雄が群がり，雄どうしで競争が生じることもまれではなく，交尾中の雄は，ほかの雄に後肢や尾に噛み付かれて交尾のじゃまをされたり，けがを負わされたりすることもある (Booth and Peters, 1972; Limpus, 1993)．このような観察からも予想されるように，ウミガメは，複雄複雌型の配偶システムをとる．雄が複数の雌と交尾することが直接確認されているほか (たとえば，Limpus, 1993)，種や地域によって頻度が異なるものの，同じ雌から生まれた孵化幼体には複数の父親がみつかることが，アロザイムや DNA の分析結果から明らかになっている (Harry and Briscoe, 1988; FitzSimmons, 1998; Moore and Ball, 2002)．

交尾行動はテストステロンに支配されているようである．とくに雌の場合は明確で，アオウミガメの飼育下での観察によると，雌が雄を受け入れる期間，すなわち発情期は長くても 10-15 日間程度で (Wood and Wood, 1980; Comuzzie and Owen, 1990)，このとき，雌のテストステロンレベルがその前後の時期に比べて著しく上昇している (Licht *et al.*, 1979)．同様のパターンは，飼育下のケンプヒメウミガメでも確認されている (Rostal *et al.*, 1998)．発情期を過ぎた雌は雄を拒絶して，受け入れなくなり (Booth and Peters, 1972; Rostal, 2007)，雄を避けるための待避場所もある (Booth and Peters, 1972)．発情期が終わったからなのか，それとも交尾前の積極的な選択によるものかは不明であるが，野外では，雄を拒絶する行動として，水中で雄に腹を向けて垂直になり，四肢を広げて拒絶する行動が観察されている (Booth and Peters, 1972)．

雌の発情期が比較的数日間と短いのに対して (Wood and Wood, 1980)，雄は性的に活発な状態が1カ月程度続く (Limpus, 1993)．交尾期間が終わると，雄は摂餌海域へ戻る (Limpus, 1993; Hays *et al.*, 2001)．飼育下の雌のアオウミガメは，交尾から 3-4 週間で最初の産卵を迎えることになる (Wood and Wood, 1980)．雌はその後，数回産卵するが，交尾は発情期に限

られることから，少なくともその年の繁殖期間中は輸卵管内に精子をためておき，それを用いて卵を受精させることが可能である．また，実際に，産卵期間中の雌を解剖して，輸卵管内上部の卵白を分泌する領域から精子がみつかっている（Solomon and Baird, 1979）．カメ類では雌が輸卵管内で精子を長期間貯蔵することが広く知られており，たとえば，カロリナハコガメ *Terrapene carolina* では，雄と隔離してから4年後に受精卵を産んだとの報告がある（Ewing, 1943）．飼育下で成熟卵胞をもった雌のアカウミガメが雄と交尾した場合にのみ産卵に至ったとの観察事例から，いくつかの哺乳類と同じように交尾によって排卵が誘発されている可能性を指摘する意見もあるが（Manire *et al.*, 2008），排卵に必ずしも交尾は必要ではなく，前シーズンの交尾で獲得した精子で受精卵を産むことは不可能ではないとする意見もある（Limpus，私信；Owens，私信）．

5.3　産卵行動

（1）　上陸産卵のタイミング

　産卵地の沿岸まで来遊してきた雌のウミガメは，原則的に，夜になるのを待って砂浜に上陸する（Ehrhart, 1982; 図5.3）．昼に上陸しないのは，体温が高くなりすぎて生存に危険な状態になることを避けるためだと説明される（Spotila and Standora, 1985）．例外的に，ケンプヒメウミガメが日中に上陸したり（Marquez, 1994），いくつかの産卵地でヒラタウミガメが昼間に上陸したり（Limpus *et al.*, 1983），「アリバダ」とよばれる集団産卵の際に一部のヒメウミガメが昼間にも上陸したりするのは（Marquez, 1990），それぞれ暑い季節や時間帯を避けたり，風が強い日を選んだりすることで，オーバーヒートしないようにしているからと考えられている（Miller, 1997）．

　上陸のタイミングを考えるうえで，もう1つ重要な関心事は，潮汐である．雌は，卵が波を被ったり流されたりしないように，満潮線よりも上に産卵をする．満潮に合わせて上陸すれば，陸上での移動にかかるエネルギーと時間の節約につながるはずである．しかし，実際に調べてみると，潮汐に合わせるように上陸してくる砂浜もあれば，潮汐との関係がみられない砂浜もあり

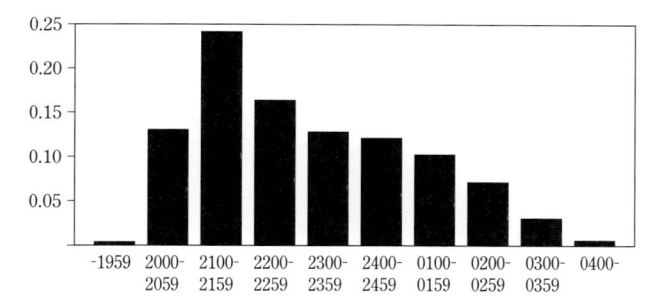

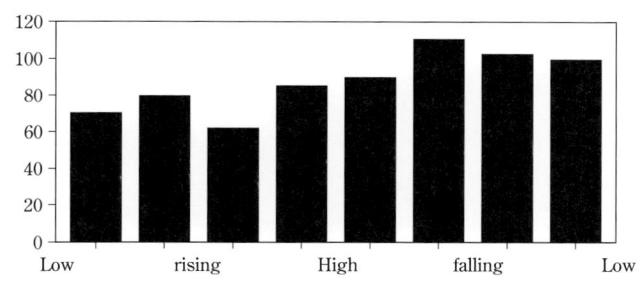

図 5.3 和歌山県みなべ町千里浜におけるアカウミガメの上陸頻度. 2002-2006 年の調査期間中に確認したアカウミガメの上陸のべ 703 回の,発見時間帯別相対頻度(上)と,干潮からつぎの干潮までを 8 等分した潮汐ステージごとの頻度(下).時間帯別では,21 時台が最頻となり,それ以降は時間とともに減少する.潮汐ステージ別では,上げ潮時や満潮時よりもむしろ下げ潮時に若干高いが,有意差はない($\chi^2 = 11.35$; $df = 7$; $P = 0.12$).

(Caldwell, 1959; Davis and Whiting, 1977),また,年によって状況が異なる砂浜も存在し (Talbert *et al.*, 1980),研究者の間で議論の対象となった.じつは,このような食い違いは,砂浜ごとに潮差が異なることに起因することが示されている (Frazer, 1983).平均潮差が 2.0 m もある砂浜では,干満での移動距離の差が著しく大きくなるので,ウミガメは満潮に合わせて上陸するのに対して,平均潮差が 1.1 m 程度の砂浜では,干満での移動距離の差はそれほど大きな違いにならないために,干満で上陸頻度に有意差はみられないのである.

ひるがえって,日本の砂浜ではどうであろうか.図 5.3 は,和歌山県みなべ町千里浜で,各潮汐ステージに上陸が確認されたアカウミガメののべ数を

示す。潮汐ステージは，干潮からつぎの干潮までの時間を8等分したもので，グラフ中央が満潮時，左右両脇が干潮時となる。満潮に合わせて上陸しているのであれば，グラフ中央部で頻度が高くなるはずだが，潮汐ステージによる顕著な違いはみられない。確かに，この付近の平均潮差は1.0mしかなく，しかも，日潮不等が顕著で，産卵期にあたる夏の間は，夜間は昼間の半分程度しか潮が引かない。つまり，ウミガメが上陸する時間帯に生じる実際の潮位変化は，平均潮差より小さくなる。なるほど，上記の説明に合致するようである。

日本の太平洋側では平均潮差は1.2-1.5m程度と，比較的小さい。また，概して大陸の浜に比べると砂が粗く，傾斜は急になるため，満潮に合わせて上陸することで省くことのできる距離は比較的に短い。このようなことを考慮すると，日本の砂浜では，千里浜に限らず，どこでも，満潮に合わせた上陸はないものと予想される。ただし，地先の発達したリーフが障壁となり満潮時以外はアクセスできないような砂浜においては，この限りではない。

（2） 行動区分

ウミガメの産卵行動は定型化しており，波打ち際に姿を現してから再びそこへ戻るまでの雌の一連の行動は，上陸，ボディーピット，穴掘り，産卵，穴埋め，カモフラージュ，帰海の7つの段階に区分される（Miller, 1997）。

これら7つの段階の概略は以下のとおりである。すなわち，上陸（ascent of the beach）は，波打ち際で浮力を失ってからボディーピットを始めるまでの移動を指す。ボディーピット（making the body pit）は，穴掘りに先立ち，四肢を動かして体が隠れる程度の穴を掘る行動である。穴掘り（digging the egg chamber）は後肢だけを使い卵室を掘る行為で，それに引き続き産卵（oviposition）が始まる。産卵が終わると穴埋め（filling the egg chamber）が始まり，後肢を使って卵室を埋める。引き続き前肢も使い前方の砂を後ろへ掃き飛ばし，漸進しながらボディーピットを埋めていく行動が，カモフラージュ（covering the body pit）である。カモフラージュをやめて歩き出してから海にたどり着き浮力を得るまでを，帰海（return to the surf）と区分する。

なお，研究者によって行動区分や呼称は若干異なる。上陸の後半を wandering on the high beach あるいは selecting nest site として区分したり (Hendrickson, 1958; Carr and Orgen, 1960; Hailman and Elowson, 1992), ボディーピットの初期段階に周囲の漂着物などをはらいどけるような行動を cleaning nest site として区分したり (Carr and Orgen, 1960), 逆に, 穴埋めとカモフラージュを合わせて covering the nest としたりする例もある (Hendrickson, 1958). また, 個々の段階において種ごとの特徴的な行動がみられることもあるが, それは本質的な違いではなく, 体の大きさや砂浜環境の違いに起因するものと考えられている (Miller, 1997).

(3) 産卵行動

以下に, これらの一連の産卵行動を, 筆者のおもにアカウミガメの観察にもとづき順を追って説明する. なお, より詳細な行動とパターンについては, Hailman and Elowson (1992) を参照されたし.

ウミガメの陸上での歩行パターンには大きく2通りある. 四肢を同時にそろえて動かすやり方と, 左前肢と右後肢, 右前肢と左後肢をそれぞれ組にして交互に動かし進むやり方である. 体の大きなオサガメ, アオウミガメ, ヒラタウミガメは前者, 比較的体の小さなアカウミガメ, タイマイ, ヒメウミガメ, ケンプヒメウミガメは後者の歩行パターンをとる (Bustard, 1972; Wyneken, 1997). ただし, ヒラタウミガメとアオウミガメは, あわてて逃げるときや斜面を移動するときなどに, 左右交互に動かして移動するとの観察事例もある (Bustard, 1972; Wyneken, 1997; 宮形, 2008).

雌のウミガメは, 波打ち際からほぼ直線的に陸側へ進み, 後述するとおり, 波を被りにくいところに止まってボディーピットを開始する. ボディーピットの際, 雌は左右の前肢を頭の前に伸ばし, 砂のなかにほぼ垂直に立てた状態で後方へ振り下ろす. 前肢が地表から離れることはまれで, 前肢の可動範囲前方にあった砂はかき集められて体の両脇に堆積する. 後肢は足元の砂を後方へ強くかき出すように動かすので, ボディーピットが進むにつれて, 腰の位置はもともとの地表面に比べて低くなっていく. 斜面下向きでボディーピットを行うと, ひとかきごとに腹甲が斜面を滑り落ちてしまい, ボディーピットが継続できないこともある. ボディーピットが完成しない場合は, その場所を放棄して海に戻るか, 別の場所でやりなおす. 一般的に, ヒメウミ

ガメ，アカウミガメ，タイマイ，ヒラタウミガメではボディーピットが比較的浅く，数回砂をかいたらすぐ穴掘りへ移行するものもあるのに対して，アオウミガメとオサガメでは，背甲がすべて隠れるほどにまで深くなる（Miller, 1997）．

　ボディーピットが終わると穴掘りが始まる．左右の後肢をスコップのようにして交互に動かす（図5.4）．左後肢を穴のなかに入れている間は，右後肢はボディーピットの底にあって体重を支えている．砂をつかんだ左後肢をもち上げたら，ひとまずその砂は左後肢の下に置く．そして今度は左後肢で踏ん張り，代わりに右後肢を少しもち上げる．そして，右後肢の下にある，さきほど掘り出してきた砂を右斜め前方へ向けて掃き飛ばしてから，右後肢を穴のなかに入れる．この行動を繰り返し，底に後肢が届かなくなるほど深くなったら穴掘りは終わり，両後肢を表面にそろえて産卵姿勢をとる．日本で調べられたアカウミガメの産卵巣の深さは平均54.4 cmである（松沢ほか，1995）．途中で穴が崩れると，その場は放棄して海へ戻るか，移動してボディーピットからやりなおす．足が穴の底に届かなくなることがつぎの産卵行動を引き起こしていることを利用して，後肢欠損などにより穴掘りがうまくできない個体については，背甲後縁部を静かにもち上げてやることで，産卵行動を介助してやることが可能である（増永ほか，2004）．

　産卵のとき，尾は前方腹側へ湾曲する．弛緩した総排泄腔の開口部から卵が数個ずつ卵室内へ産み落とされる際に，後肢は左右同時にかすかに上方へ反り返る（Hailman and Elowson, 1992）．なお，アカウミガメ，タイマイ，ヒメウミガメでは，卵が出てくる総排泄腔の開口部も巣穴も背甲の縁に隠れてしまうので，故意に産卵巣の後ろ側を掘らない限り，卵が産み落とされる様子を観察することは困難である（Bustard *et al.*, 1975）．

　産卵が終わると，左右の後肢を使って交互に周囲の湿った砂を卵塊の上にかけるようにして，つぎにその砂をこねたり，その上に脛を落として踏み固めたりする一連の動作を繰り返す（Hailman and Elowson, 1992）．

　穴埋めが落ち着くと，カモフラージュへ移行する．ボディーピットのときと同様に，前肢を頭の前に伸ばして地面と垂直に立てて，力強く振り下ろし，砂を後方へ飛ばしていく（図5.4）．勢い余ってか自分の背甲を打ち付ける場合もある．後肢は地表と平行に掃くように動かす．ボディーピットとカモ

図 5.4 穴掘りとカモフラージュ．上：後肢を使い穴掘り中のアカウミガメ．穴掘りに先立ち行ったボディーピットにより，頭部から両肩までの範囲にあった砂はかき集められて背甲の左右に尾根が形成される．下：カモフラージュ中のアカウミガメ(上の写真とは別個体)．カモフラージュの際には前肢は尾根を越えて後ろまで振り下ろされるため，背甲の左右に延びる尾根は消滅していることに注意．

フラージュの行動パターンは似通っており（Hailman and Elowson, 1992），とくに前肢の勢いが弱くなっている場合には，暗闇のなかでその場面を一瞥してどちらか判別するのはむずかしい．しかし，少なくともアカウミガメの場合は，背甲中央の左右に体軸と垂直方向に延びる砂山の有無で見分けることが可能である（図5.4）．これは，ボディーピットをした際にかき分けた砂がたまることで形成されたもので，産卵終了まで確実に残る．一方で，カモフラージュが始まると，前肢で背甲を打ち付けながら徐々に前進していくために，この砂山は崩れる．

雌は上陸してからここに至るあらゆる過程で，適宜，首をもち上げて呼吸をする．呼吸のために何度かカモフラージュを中断した後，雌は突然海に向かって歩き出す．帰海である．このとき，雌は視覚を手がかりに海の方向を認識する．かりに片方の目にライトを近づけて幻惑すると，しばらくは，ライトに向かって動く．ときおり，呼吸のために立ち止まる程度で，帰海の際には上陸時の慎重さはなく，人がゆっくり歩くほどの速さで進み，そして波間に消える．穴掘りに失敗しなければ，約1時間の行程である（Hailman and Elowson, 1992）．

（4） 産卵場所の選択

砂浜に上陸した雌のウミガメは，波を被りにくい高い位置へと上がっていき，適当なところで産卵する．アオウミガメでは植生帯や小さな窪地に達したところでボディーピットを始めるものが多い（Bustard and Greenham, 1969; Hays et al., 1995）．アカウミガメでは植物帯の際より少し海側が選ばれる（Hays and Speakman, 1993; Hays et al., 1995; 菅野・大牟田，2000）．

アカウミガメの砂浜内における産卵場所の選択に関しては，砂浜表面の温度が重要との説が提唱されたことがある（Stoneburner and Richardson, 1981）．これは，赤外線サーモグラフィーで地表の温度を観察しながらアカウミガメを追跡したところ，ボディーピットを始めた場所の地表温度が周囲よりもいくぶん高くなっていたとの観察による．しかし，Wood and Bjorndal（2000）がフロリダの海岸において，表面温度のほかに，傾斜，塩分濃度，水分も加えて産卵場所の選択について調べたところ，地表の温度は選択に効いていなかった．日没後の砂浜は表面から冷えていき，下層の砂のほう

が温かくなる傾向がある（たとえば，松沢ほか，1995）．Stoneburner and Richardson（1981）は，ボディーピットにより下から掘り起こされた温かい砂を観察して，それをもともと表面にあったものと取り違えた可能性が高い（Hays *et al.*, 1995; Wood and Bjorndal, 2000）．

　また，より大きな空間スケールでの産卵地選択の話になるが，上陸中の雌が嘴を砂にこすりつけるような行動が観察されることがあり，この行動はスメリング（sand nuzzling）とよばれる（Carr and Orgen, 1959）．Carr（1967）は，ウミガメの雌は特定の産卵地に固執することから，生まれた砂浜に戻り産卵するという，いわゆる「母浜回帰説（natal beach homing）」を提唱し，母浜回帰する際の手がかりは，嗅覚による刷り込みではなかと考えた．スメリングは，この説に対応する行動である．嗅覚による刷り込みを確認したとする報告例はあるものの（Grassman *et al.*, 1984; Grasman and Owens, 1987），スメリングが生まれた浜を確認するための行動だとすれば，違う浜であることに気づいて途中で引き返す個体がもっと多く観察されてもよいはずである．少なくとも今の段階では，この行動に特定の機能を期待して区分するのは控えるべきであろう．

5.4　多産と回帰

　平均的な雌が1年間あるいは一生のうちにいくつの卵を産むかは，繁殖生態学上のもっとも重大な関心事の1つであり，とりわけ絶滅の恐れがあるウミガメ類では，その生息数の動向を理解するためにも欠かせない情報である．ウミガメはカメ類のなかでは例外的な多産であり（Moll, 1979），一度の産卵で産む卵の数として定義される産卵数は，地域個体群によって異なるものの，もっとも多いタイマイでは平均で140個前後，少ないヒラタウミガメですら50個を上回る（表5.1）．同じ地域個体群のなかでは，概して体の大きな雌ほど産卵数が多くなる傾向がある（Hirth, 1980; Ehrhart, 1982; Frazer and Richardson, 1986; Bjorndal and Carr, 1989; Broderick *et al.*, 2003）．

　ウミガメはほかの多くのカメ類と同様に，1シーズン中に2-3週間の間隔をあけて何度も同じ砂浜を訪れて，繰り返し産卵する（表5.1）．最近では，フロリダ半島中西部の海岸において，シーズン内に8回産卵したアカウミガ

表 5.1 ウミガメ類の産卵数と産卵回数および回帰年数の平均.

種	産卵数（個）			産卵回数（回／年）			回帰年数（年）		
	平均	SD	N	平均	SD	N	平均	SD	N
Dc	79.2	13.5	8	6.2	0.9	4	2.3	0.2	4
Nd	53.2	2.3	5	2.8	—	1	2.7	—	1
Cm	108	18.8	17	3.1	0.9	8	2.9	0.7	8
Cc	112.7	9.3	18	3.5	0.4	4	2.6	0.3	5
Lo	111.7	4.7	6	2.2	1.1	2	1.7	0.4	2
Lk	110	—	1	1.8	—	1	1.5	—	1
Ei	138	26.4	11	3.1	0.9	5	2.9	0.1	2

平均は，van Buskirk and Crowder（1994）より．各個体群の平均値を平均した．SD は標準偏差，N は個体群の数．Dc：オサガメ，Nd：ヒラタウミガメ，Cm：アオウミガメ，Cc：アカウミガメ，Lo：ヒメウミガメ，Lk：ケンプヒメウミガメ，Ei：タイマイ．

メの例がある（Tucker, 2009）．ちなみに，産卵を終えた雌がつぎの産卵のために上陸してくるまでの日数は，経験水温に依存し，温度が高いほど短くなることが知られている（Sato et al., 1998）．1シーズン内の産卵回数は種や個体群，個体によって異なるものの，大きな雌ほど産む回数が増えるというわけではない（Frazer and Richardson, 1986; Johnson and Ehrhart, 1996; Broderick et al., 2003）.

産卵数は同一個体のシーズン内の連続する産卵でも変化することが知られており，たとえば，キプロスの産卵地で5回産卵したアカウミガメでは最後の産卵だけそれ以前の産卵に対して38％減少し，逆にアオウミガメでは回を重ねるごとに産卵数が増加したという報告がある（Broderick et al., 2003）.

カメ類の雌が何回かに分けて産卵するのは，硬い甲羅に被われた腹腔内ではこれだけの量の卵をいっせいに準備するためのスペースがとれないからであろう．スペースが制限要因になっていることは，産卵期間中の雌が摂餌を控えることからもうかがえる（田中ほか，1995）．しかし，何回かに分けて産卵することは，台風や大雨などの突発的なイベントにより卵が全滅するリスクを分散させることができるという点においても適応的だと考えられる（Miller and Dinkelacker, 2007）.

多産であるウミガメであるが，毎年繁殖するわけではない．産卵期からつぎの産卵期までの年数として定義される回帰年数（remigration interval）は，地域個体群や個体によっても異なるが，2-3年のものが多い（表5.1）．回帰

年数が摂餌条件を反映していることは想像に難くない．個体群レベルでは，たとえば豪州東海岸で産卵するアオウミガメや東太平洋のコスタリカで産卵するオサガメでは，エルニーニョ・南方振動に対応して産卵回数が増減することが知られている（Limpus and Nicholls, 1988; Saba *et al.*, 2007）．これらは，彼らのおもな餌料である海草・海藻やクラゲ類の資源量が水温や混合などの海況に強く影響されることに対応した現象である．なお，回帰年数については，Hatase and Tsukamoto（2008）が，繁殖に必要なエネルギーとそれを獲得するために必要な時間から概算した試みがあるので参照されたし．

5.5　ウミガメの涙

ウミガメの繁殖で1つアクセントとなっているのが，涙である（図5.5）．人間は，感情が高まった際に涙を流す動物であり，また周囲の仲間の心理を表情から読み取ろうとする動物でもあるため，涙を流しながら産卵する姿を

図 5.5　涙を流すアオウミガメ(撮影：石原孝)．

みると，同情したり特別な感情を抱いたりする．しかし，そのような人間の勝手な思いとは別のところで，ウミガメの涙には生理学的に重要な役割がある．

ウミガメは甲羅こそ透水性が低いβケラチンからなるが，頸部や四肢を被う鱗板は透水性の高いαケラチンでできているうえ，餌を通じて多量の塩分を摂取する．その一方で，腎臓には海水中に生活することで体内に取り込まれる多量の塩分を処理するだけの機能が備わっていない（Dunson, 1976）．そこで，浸透圧を調節するために，別途，塩類腺を発達させて，余計な塩分を濾し出している．ウミヘビは唾液腺，ワニは舌腺，トカゲは鼻腺をそれぞれ塩類腺として発達させたのに対して，ウミガメでは涙腺を発達させた（Dunson, 1976）．塩類腺の分泌管が後眼角に開口するために，その分泌物が涙のようにみえる．これが，ウミガメの涙の正体である．なお，このことを初めて明らかにしたのは，『ゾウの時間ネズミの時間――サイズの生物学』（本川，1992）のもととなった"Scaling: Why is Animal Size so Important?"の著者，Schmidt-Nielsenである．Schmidt-Nielsen and Fänge (1958) は，ウミガメに高濃度の食塩水を注射して涙が排出されるのを確認している．

ウミガメの涙は，血液の約6倍，海水の約2倍の浸透圧まで濃縮される（Nicholson and Lutz, 1989）．これは，海水1lを摂取した場合，涙を0.5l排出して，0.5lの真水が得られることを意味する．

塩類腺は，血管と結合組織で仕切られた約100の腺小葉からなり，腺小葉内の無数の分泌細管が集まり中心管となり，これが合流して太く短い導管に接続し，眼角に開口する（Schmidt-Nielsen and Fänge, 1958; Marshall and Saddlier, 1989）．頭蓋骨のなかでは，比較的大きな空間を占めており，たとえばオサガメの場合，塩類腺は脳の約2倍もの大きさにもなる（Hudson and Lutz, 1986）．また，とくに孵化幼体は相対的に大きな塩類腺をもち，体重40 kgのアオウミガメでは塩類腺の体重比は0.045%なのに対して，アオウミガメやオサガメの孵化幼体では0.3-0.4%に達する（Holmes and McBean, 1964）．これは，乾いた産卵巣から脱出する際に失った水分を補給するべく，海に入ってしばらくの間大量に海水を飲むためであると考えられる（第4章参照）．

引用文献

Bernardo, J. and P.T. Plotkin. 2007. An evolutionary perspective on the Arribada phenomenon and reproductive behavioral polymorphism of olive ridley sea turtles (*Lepidochelys olivacea*). *In* (Plotkin, P.R., ed.) Biology and Conservation of Ridley Sea Turtles. pp.59-87. The Johns Hopkins University Press, Baltimore.

Bjorndal, K.A. and A. Carr. 1989. Variation in clutch size and egg size in the green turtle nesting population at Tortuguero, Costa Rica. Herpetology, 45: 181-189.

Booth, J. and J.A. Peters. 1972. Behavioral study on the green turtle (*Chelonia mydas*) in the sea. Animal Behaviour, 20: 808-812.

Broderick, A.C., F. Glen, B.J. Godley and G.C. Hays. 2003. Variation in reproductive output of marine turtles. Journal of Experimental Marine Biology and Ecology, 288: 95-109.

Bustard, R. 1972. Sea Turtles: Their Natural History and Conservation. Collins, London.

Bustard, H.R. and P. Greenham. 1969. Nesting behavior of the green sea turtle on a great barrier reef island. Herpetologica, 25: 93-102.

Bustard, H.R., P. Greenham and C.J. Limpus. 1975. Nesting behavior of loggerhead and flatback turtles in Queensland, Australia. Proceedings of Konnkl Nederl Akadamie van Wetenschappen-Amsterdam Series C: Biological and Medical Science, 78: 111-122.

Caldwell, D.K. 1959. The loggerhead turtles of Cape Romain, South Carolina. Bulletin of the Florida State Museum Biological Sciences, 4: 319-348.

Carr, A.F. 1967. So Excellent a Fish: A Natural History of Sea Turtles. Scribner, New York.

Carr, A. and L. Orgen. 1959. The ecology and migrations of sea turtles. 3. *Dermochelys* in Costa Rica. American Museum Novitates, 1958: 1-29.

Carr, A. and L. Orgen. 1960. The ecology and migrations of sea turtles. 4. The green turtle in the Caribbean Sea. Bulletin of the American Museum of Natural History, 121: 1-48.

Comuzzie, D. and D.W. Owen. 1990. A quantitative analysis of courtship behavior in captive green sea turtles (*Chelonia mydas*). Herpetologica, 46: 195-202.

Davis, G.E. and M.C. Whiting. 1977. Loggerhead nesting in Everglades National Park, Florida, USA. Herpetologica, 33: 18-28.

Dobbs, K.A., J.D. Miller, C.J. Limpus and A.M. Landry, Jr. 1999. Hawksbill turtle, *Eretmochelys imbricata*, nesting at Milman Island, Northern Great Barrier Reef, Australia. Chelonian Conservation and Biology, 3: 344-361.

Dodd, C.K., Jr. 1988. Synopsis of the biological data on the loggerhead sea turtle *Caretta caretta* (Linnaeus, 1758). Fish and Wildlife Service. Biological Report, 88(14): 16-26.

Dunson, W.A. 1976. Salt glands in reptiles. *In* (Gans, C. and W.R. Dawson, eds.) Biology of the Reptilia. Vol. 5. pp.413-445. Academic Press, New York.

Ehrhart, L.M. 1982. A review of sea turtle reproduction. *In* (Bjorndal, K.A., ed.) Biology and Conservation of Sea Turtles. pp.29-38. Smithsonian Institution Press, Washington, D.C.

Ewing, H.E. 1943. Continued fertility in female box turtles following mating. Copeia, 1943: 112-114.

FitzSimmons, N.N. 1998. Single paternity of clutches and sperm storage in the promiscuous green turtle (*Chelonia mydas*). Molecular Ecology, 7: 575-584.

Frazer, N.B. 1983. Effect of tidal cycles on loggerhead sea turtles (*Caretta caretta*) emergence from the sea. Copeia, 1983: 516-519.

Frazer, N.B. and J.I. Richardson. 1986. The relationship of clutch size and frequency to body size in loggerhead turtles, *Caretta caretta*. Journal of Herpetology, 20: 81-84.

Grassman, M. and D. Owens. 1987. Chemosensory imprinting in juvenile green sea turtles, *Chelonia mydas*. Animal Behaviour, 35: 929-931.

Grassman, M.A., D.W. Owens, J.P. McVey and M.R. Marquez. 1984. Olfactory-based orientation in artificially imprinted sea turtles. Science, 224: 83-84.

Hailman, J.P. and A.M. Elowson. 1992. Ethogram of the nesting female loggerhead, *Caretta caretta*. Herpetologica, 48: 1-30.

Harry, J.L. and D.A. Briscoe. 1988. Multiple paternity in the loggerhead turtle (*Caretta caretta*). Journal of Herpetology, 79: 96-99.

Hatase, H. and K. Tsukamoto. 2008. Smaller longer, larger shorter: energy budget calculations explain intrapopulation variation in remigiration intervals for loggerhead sea turtles (*Caretta caretta*). Canadian Journal of Zoology, 86: 595-600.

Hays, G.C., A.C. Broderick, F. Glen, B.J. Godley and W.J. Nichols. 2001. The movements and submergence behavior of male green turtles at Ascension Island. Marine Biology, 139: 395-399.

Hays, G.C., A. Mackay, C.R. Adams, J.A. Mortimer, J.R. Speakman and M. Boerema. 1995. Nest site selection by sea turtles. Journal of the Marine Biological Association of the United Kingdom, 75: 667-674.

Hays, G.C. and J.R. Speakman. 1993. Nest placement by loggerhead turtles, *Caretta caretta*. Animal Behavior, 45: 47-53.

Hendrickson, J.R. 1958. The green sea turtle, *Chelonia mydas* (Linn.), in Malaysia and Sarawak. Proceedings of the Zoological Society of London, 130: 455-535.

Hendrickson, J.R. 1980. The ecological strategies of sea turtles. American Zoologist, 20: 597-608.

Hirth, H.F. 1980. Some aspects of the nesting behavior and reproductive biology of sea turtles. American Zoologist, 20: 507-523.

Holmes, W.N. and R.L. McBean. 1964. Some aspects of electrolyte excertion in the green turtle, *Chelonia mydas mydas*. Journal of Experimental Biology, 41: 81-90.

Hudson, H.D. and P.L. Lutz. 1986. Salt gland function in the leather back sea turtle *Dermochelys coriacea*. Copeia, 1986: 247-249.

Johnson, S.A. and L.M. Ehrhart. 1996. Reproductive ecology of the Florida green turtle: clutch frequency. Journal of Herpetology, 30: 407-410.

亀崎直樹．1994．タイマイ．（水産庁，編：日本の希少な野生水生生物に関する基礎資料Ⅰ）pp.479-491．水産資源保護協会，東京．

Kamezaki, N., Y. Matsuzawa, *et al*. 2003. Loggerhead turtles nesting in Japan. *In* (Bolten, A.B. and B.E. Witherington, eds.) Loggerhead Sea Turtles. pp.210-217. Smithsonian Books, Washington, D.C.

Kamezaki, N., K. Oki, K. Mizuno, T. Toji and O. Doi. 2002. First nesting record of the leatherback turtle, *Dermochelys coriacea*, in Japan. Current Herpetology, 21: 95-97.

菅野健夫・大牟田幸久．2000．屋久島「いなか浜」におけるウミガメの産卵行動――主に産卵上陸距離について．千葉生物誌，50: 34-44.

Limpus, C.L. 1985. A study of the loggerhead sea turtle, *Caretta caretta*, in eastern Australia. Ph. D. dissertation. University of Queensland, St. Lucia.

Limpus, C.L. 1993. The green turtle, *Chelonia mydas*, in Queensland: breeding males in the southern Great Barrier Reef. Wildlife Research, 20: 513-523.

Limpus, C.J. 1995. Global overview of the status of marine turtles: a 1995 viewpoint. *In* (Bjorndal, K.A., ed.) Biology and Conservation of Sea Turtles (Revised Edition). pp.605-609. Smithsonian Institution Press, Washington, D.C.

Limpus, C.J. and D.J. Limpus. 2003. Biology of the loggerhead turtle in western south Pacific Ocean foraging areas. *In* (Bolten, A.B. and B.E. Witherington, eds.) Loggerhead Sea Turtles. pp.93-113. Smithsonian Books, Washington, D.C.

Limpus, C.L., J.D. Miller, C.J. Parmenter, D. Reimer, N. McLachlan and R. Webb. 1992. Migration of green (*Chelonia mydas*) and loggerhead (*Caretta caretta*) turtles to and from eastern Australian rookeries. Wildlife Research, 19: 347-358.

Limpus, C.L. and N. Nicholls. 1988. The Southern Oscillation regulates the annual numbers of green turtle (*Chelonia mydas*) breeding around north Australia. Australian Wildlife Research, 15: 157-161.

Limpus, C.L., C.J. Parmenter, V. Baker and A. Fleay. 1983. The flatback turtle *Chelonia depressa*, in Queensland: post-nesting migration and feeding ground distribution. Australian Wildlife Research, 10: 557-561.

Licht, P., J. Wood, D.W. Owens and F. Wood. 1979. Serum gonadotropins and steroids associated with breeding activities in the green sea turtle, *Chelonia mydas*. I. Captive animals. General and Comparative Endocrinology, 39:

274-289.

Manire, C.A., L. Byrd, C.L. Therrien and K. Martin. 2008. Mating-induced ovulation in loggerhead sea turtles, *Caretta caretta*. Zoo Biology, 27: 213-225.

Marquez, M.R. 1990. Sea Turtles of the World: An Annotated and Illustrated Catalogue of Sea Turtle Species Known to Date. FAO Species Catalogue, FAO Fisheries Synopsis 11(125). FAO, Rome.

Marquez, M.R. 1994. Synopsis of biological data on the Kemp's ridley turtle, *Lepidochelys kempii* (Garman, 1880). NOAA Technical Memorandum NMFS-SEFSC-343.

Marshall, A.T. and S.R. Saddlier. 1989. The duct system of the lachrymal gland of the green sea turtle, *Chelonia mydas*. Cell and Tissue Research, 257: 399-404.

増永望美・大牟田一美・中島實．2004．O・N式ウミガメ産卵補助器具(仮称)の紹介．第13回日本ウミガメ会議講演要旨集．うみがめニュースレター，59: 11-12.

松沢慶将・坂東武治・坂本亘．1995．南部町千里浜におけるアカウミガメ産卵巣の深度分布と各深度ごとの砂中温度．うみがめニュースレター，26: 3-7.

Meylan, A.B. and M. Donnelly. 1999. Status justification for listing the hawksbill turtle (*Eretmochelys imbricata*) as critically endangered on the 1996 IUCN Red List of Threatened Animals. Chelonian Conservation and Biology, 3: 200-224.

Miller, J.D. 1997. Reproduction in sea turtles. *In* (Lutz, P.L. and J.A. Musick, eds.) Biology of Sea Turtles. pp.51-81. CRC Press, Boca Raton.

Miller, J.D. and S.A. Dinkelacker. 2007. Reproductive structures and strategies of turtles. *In* (Wyneken, J., M.H. Godfrey and V. Bels, eds.) Biology of Turtles. pp.225-278. CRC Press, Boca Raton.

宮形佳孝．2008．屋久島前浜で観察されたアオウミガメの「ギャロップ」．うみがめニュースレター，79: 2-3.

Moll, E.O. 1979. Reproductive cycle and adaptations. *In* (Harless, M. and H. Morlock, eds.) Turtles: Perspectives and Research. pp.305-331. Wiley Interscience, New York.

Moore, M.K. and R.M. Ball, Jr. 2002. Multiple paternity in loggerhead turtle (*Caretta caretta*) nests on Melbourne Beach, Florida: a microsatellite analysis. Molecular Ecology, 11: 281-288.

本川達雄．1992．ゾウの時間ネズミの時間――サイズの生物学．中央公論社，東京．

Nicholson, S.E. and P.L. Lutz. 1989. Salt gland function in green sea turtle. Journal of Experimental Biology, 144: 171-184.

Parmenter, C.J. 1983. Reproductive migration in the hawksbill turtle (*Eretmochelys imbricata*). Copeia, 1983: 271-273.

Rostal, D.C. 2007. Reproductive physiology of the ridley sea turtle. *In* (Plotkin, P.T., ed.) Biology and Conservation of Ridley Sea Turtles. pp.151-165. The

Johns Hopkins University Press, Baltimore.

Rostal, D.C., D.W. Owens and M.S. Amoss, Jr. 1998. Seasonal reproductive cycle of the Kemp's ridley sea turtle (*Lepidochelys kempi*). General and Comparative Endocrinology, 109: 232-243.

Saba, V.S., P. Santidrian-Tomillo, R.D. Reina, J.R. Spotila, J.A. Musick, D.A. Evans and F.V. Paladino. 2007. The effect of the El Nino Southern Oscillation on the reproductive frequency of eastern Pacific leatherback turtles. Journal of Applied Ecology, 44: 395-404.

Salm, R.V., R.A.C. Jensen and V.A. Papastavrou. 1993. Marine Fauna of Oman: Cetaceans, Turtles, Seabirds and Shallow Water Corals: A Marine Conservation and Development Report. IUCN, Gland.

Sato, K., Y. Matsuzawa, H. Tanaka, T. Bando, S. Minamikawa, W. Sakamoto and Y. Naito. 1998. Internesting intervals for loggerhead turtles, *Caretta caretta*, and green turtles, *Chelonia mydas*, are affected by temperature. Canadian Journal of Zoology, 76: 1651-1662.

Schmidt-Nielsen, K. and R. Fänge. 1958. Salt glands in marine reptiles. Nature, 183: 783-785.

Seminoff, J.A. 2002. Marine Turtle Specialist Group Review. 2002. IUCN Red List Global Status Assessment. Green turtle (*Chelonia mydas*). Marine Turtle Specialist Group, The World Conservation Union (IUCN), Species Survival Commission, Red List Programme.

Solomon, S.E. and T. Baird. 1979. Aspects of the biology of *Chelonia mydas* L. Oceanography and Marine Biology (An Annual Review), 17: 347-361.

Spotila, J.R., A.E. Dunham, A.J. Leslie, A.C. Steyermark, P.T. Plotkin and F.V. Paladino. 1996. Worldwide population decline of *Dermochelys coriacea*: are leatherback turtles going extinct? Chelonian Conservation and Biology, 2: 209-222.

Spotila, J. and E. Standora. 1985. Environmental constraints on the thermal energetics of sea turtles. Copeia, 1985: 694-702.

Stoneburner, L.D. and J.I. Richardson. 1981. Observations on the role of temperature in loggerhead turtle nest site selection. Copeia, 1981: 238-241.

菅沼弘行. 1994. アオウミガメ. (水産庁, 編：日本の希少な野生水生生物に関する基礎資料Ⅰ) pp.469-478. 水産資源保護協会, 東京.

竹下涼子・亀崎直樹. 2008. 種子島におけるアオウミガメの産卵の初記録. うみがめニュースレター, 77: 14.

Talbert, O.R., Jr., S.E. Stancyk, J.M. Dean and J.M. Will. 1980. Nesting activity of the loggerhead turtle (*Caretta caretta*) in South Carolina. 1. A rookery in transition. Copeia, 1980: 709-718.

田中秀二・佐藤克文・松沢慶将・坂本亘・内藤靖彦・黒柳賢治. 1995. 胃内温度から見た産卵期アカウミガメの摂餌. 日本水産学会誌, 61: 339-345.

Tucker, A.D. 2009. Eight nests records for a loggerhead turtle within one season. Marine Turtle Newsletter, 124: 16-17.

van Buskirk, J. and L.B. Crowder. 1994. Life-history variation in marine turtles. Copeia, 1994: 66-81.
Witzell, W.N. 1983. Synopsis of biological data on the hawksbill turtle *Eretmochelys imbricata* (Linnaeus, 1766). FAO Fisheries Synopsis No. 137. FAO, Rome.
Wood, D.W. and K.A. Bjorndal. 2000. Relation of temperature, moisture, salinity, and slope to nest site selection in loggerhead sea turtles. Copeia, 2000: 119-128.
Wood, J.R. and F.E. Wood. 1980. Reproductive biology of captive green sea turtles (*Chelonia mydas*). American Zoologist, 20: 499-505.
Wyneken, J. 1997. Sea turtle locomotion: mechanisms, behavior, and energetics. *In* (Lutz, P.L. and J.A. Musick, eds.) Biology of Sea Turtles. pp.165-198. CRC Press, Boca Raton.
吉岡基・亀崎直樹. 1999. イルカとウミガメ——海を旅する動物のいま. 岩波書店, 東京.

6
繁殖生理
生殖器官の形態と生理

柳澤牧央

　ウミガメは季節繁殖動物であり，このことは，多くの人々による砂浜産卵調査の結果などから，古くから知られてきた．その反面，科学的手法によるウミガメの繁殖生理の研究は，1970年代に入ってから報告がみられるようになり，グランドケイマン諸島のアオウミガメを中心に精力的に行われ，多くの知見が得られている．これらの研究は日本で紹介される機会は少なく，論文を読む機会の少ない一般の人たちの目に触れることがなかったため，魅力的で興味深い海生爬虫類の生物学的な営みが，まちがって理解されていることが散見された．

　代表的な世間話で，「台風の多い年は，ウミガメの産卵が少ない．これは，ウミガメがその年の台風の発生する数を知っているからだ」という話を耳にしたことがある．これは，後ほどホルモンと性周期（6.4節）で紹介する，産卵している雌のウミガメの脂質動態をみると理解していただけると思うが，まったく根拠のない話である．ウミガメは，1年以上も前から産卵に対する準備が体のなかで行われている．摂餌期間も入れると，準備期間はもっと長くなる．世間話のとおりだとすると，「ウミガメは台風の有無を1年以上前から予知していなければならないことになる」．これは，だれが聞いても非現実的な話である．

　本章では，海外の専門家によるウミガメの内分泌学研究の報告と，筆者が，

沖縄美ら海水族館で調査し，得ることができたウミガメの繁殖生理資料をもとに，ウミガメの繁殖生理を形態と機能の面から紹介する．

ウミガメの繁殖生理に関して，実際に調査すればするほど，生物科学的な現象にもとづき，彼らの繁殖行動の営みが行われていることを実感する．もちろん，科学的に証明できない事象も多く残されているが，この章を通して，ウミガメが生物科学現象にもとづいて繁殖している生物であることを知っていただきたい．また，多くの人々に読んでいただき，絶滅危機にある生物の繁殖生理メカニズムを理解し，ウミガメの保護，保全活動の一助になれば幸いである．

6.1 雄の生殖器官と機能

ウミガメに限らず，繁殖生理を理解するために，生殖器の構造を理解することは不可欠である．ウミガメの生殖器の構造は，ウミガメ特有の繁殖生理に由来すると思われるいくつかの構造的な特徴がある．100以上の卵を蓄えるための長い卵管がその代表である．また，カメ類の特徴である雄の巨大な陰茎も，ウミガメはもち合わせている．

雄の生殖器は1対の精巣，精巣上体，精管，尿管，泌尿生殖器乳頭，陰茎から成り立つ．精囊，前立腺，カウパー線，尿道腺などの副生殖腺はみられない．また，膀胱の付け根に副膀胱があることが報告されている（Wyneken, 2001）が，多くの場合，確認できない．

（1）精巣

精巣は，色は乳白色からやや桃色を呈し，形は紡錘形である．腹腔内に完全に収まり，肺の後縁，腎臓の背側に位置している．精巣間膜で固定されているため，腹腔内で自由に動くことはない（図6.1-図6.3）．

（2）精巣上体

精巣上体は精巣に沿うように固着しているが，その境目は図6.1のようにはっきりしている．精巣上体と精巣は，結合組織でまとめられている．精子を充満しているときは，きれいな乳白色をしている（図6.1-図6.3）．

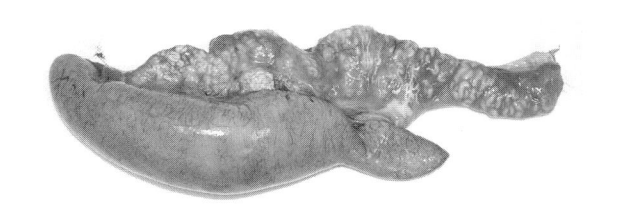

図 6.1　精巣および精巣上体.

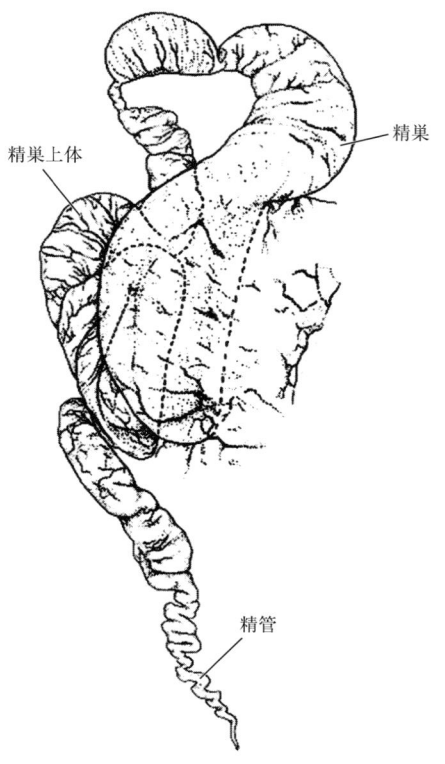

図 6.2　精巣および精巣上体. 精子は精巣から精巣上体へ移動し, さらに精管を通って外へ出る.

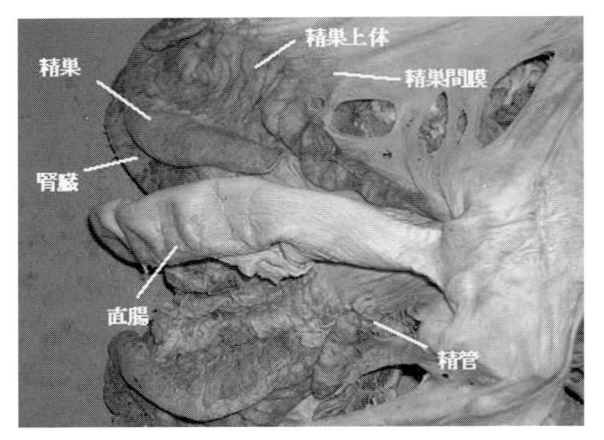

図 6.3 アカウミガメ雄の生殖器．背側からの写真．精巣は腎臓の背側に位置し，外側に精巣上体が位置している．それぞれの臓器は精巣間膜に包まれているため，腹腔内で自由に動くことはできない．

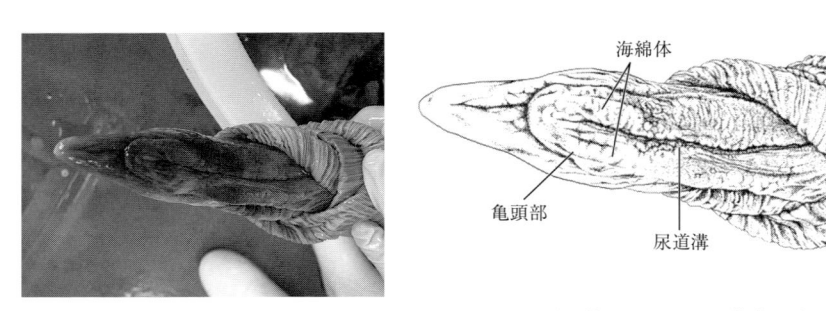

図 6.4 アカウミガメ雄の陰茎．精子や尿の通過する場所は管状ではなく，溝状である．体長に対して陰茎が半分近くと，大きいのも特徴である．

（3） 精管

　精巣上体から直接連続するようにつながる管である．精管は精巣上体の屈曲した部位から始まるが，その境目は明瞭ではない．ていねいに解剖すると，1 本の管として確認でき，総排泄腔の泌尿生殖器乳頭に開口する．

（4） 泌尿生殖器乳頭

総排泄腔の腸管開口部よりやや頭側の左右に，1対位置する．尿管と精管が開口する．雌と比較すると小さい．

（5） 陰茎

陰茎は，尿道溝とその両脇の海綿体で構成されている．ふだんは総排泄腔の空間に収納されて，外部から直接確認することはできない．成熟すると大きくなる．交尾時には，伸張，膨大し，尾の先端付近にある総排泄口から出てくる．膨大時も，亀頭部のみが大きくなることはない（図6.4）．

6.2　雌の生殖器官と機能

雌の生殖器官は左右の卵巣，卵管，腸間膜（卵巣間膜，卵管間膜），泌尿生殖器乳頭で構成されている．子宮や膣はなく，卵管の一部が，子宮や膣の役割を担う．

（1） 卵巣

卵巣はニワトリなどの鳥類とは異なり，左右両方とも発達する．外形は不定で，繁殖個体と非繁殖個体では，大きさ，重量とも大きく異なる．卵巣自身は，背側の体壁に吊るされるような状態で卵巣間膜に包まれ，発達してくると腎臓に被いかぶさるような状態になり，さらには，腹腔の半分以上を占めるようになる（図6.5）．発達したものでは，左右の区別は困難で，卵巣実質よりも，発達した黄体を有する卵胞が観察される．卵巣実質の体積は，卵胞に比べるとわずかで，豊富な血管が観察される．卵胞を包む結合組織はほとんどないため，繁殖期の卵胞は，解剖時に簡単に脱落する．

卵胞は，退行すると白体とよばれる瘢痕組織に変化する．この白体があると繁殖経験個体とする意見もあるが，卵胞の発達が必ずしも産卵成立につながるわけではないため，確実な判断材料ではない．

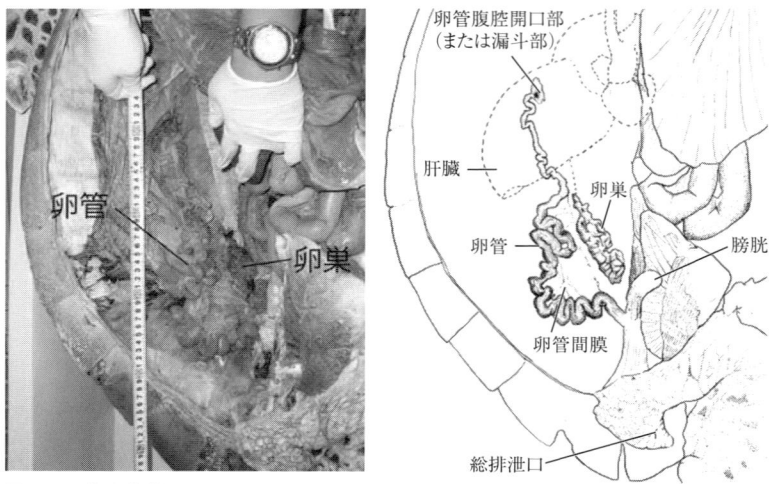

図 6.5 非産卵期のタイマイ雌の生殖器．卵巣はほかの臓器と比較して小さい．また，卵管の漏斗部，卵白分泌部も発達していない．

図 6.6 産卵期のタイマイ雌の生殖器．卵胞が非常に発達し，卵管も発達している．

6.2 雌の生殖器官と機能　　　　　　　　　　　　　　147

図 6.7 産卵期のタイマイ雌の卵管漏斗部．漏斗部は発達すると伸張性に富み，卵巣の方向へ開口し，排卵後の卵を受け取りやすい状態になる．

（2）　卵管

　幾重にも迂曲した拡張性に富む膜管で，実際に計測を行ったアオウミガメの卵管は，全長 2370 mm（右），2600 mm（左）であった．全長にわたって比較的長い腹膜のヒダで腹腔最後縁に引きつけられて，左右それぞれの卵巣に沿って縦走している．肝臓背側より始まり，肺の外側を走り，総排泄腔にある泌尿生殖器乳頭に開口する．ウミガメの卵管は，ニワトリと同様，機能的に漏斗部，卵白分泌部（膨大部），狭部，子宮部，移行部，膣部に分けられる．腹腔開口部が漏斗部で，頭側にあたり，形はラッパ状で，壁は極端に薄く，伸張性に富んでいる．卵管の径は，全管を通じて同じではなく，未産卵の漏斗部は約 10 mm，膣部側では約 20 mm で，卵管壁の厚さは，出口に向かうほど厚くなる（図 6.6-図 6.8）．

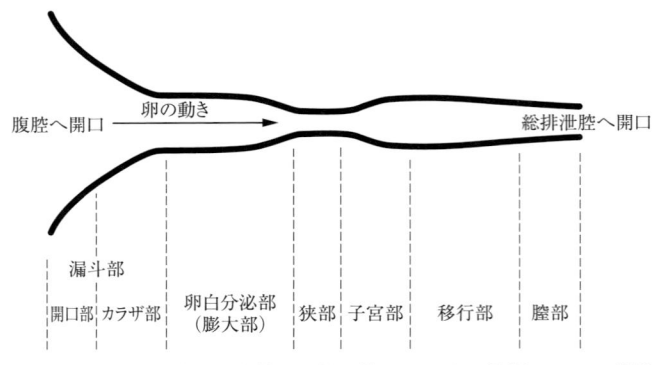

図 6.8 卵管の模式図．卵管は単純な管ではなく，役割によって粘膜，粘膜下の組織が異なる．排卵された卵は，漏斗部から総排泄腔に向かって通過していく．

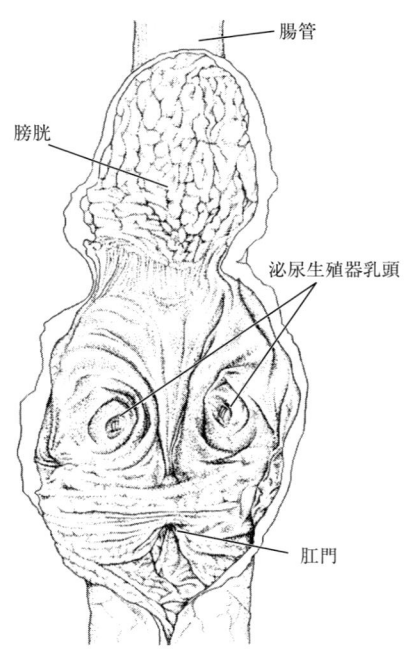

図 6.9 雌の総排泄腔の展開図．膀胱より遠位に泌尿生殖器乳頭が存在する．

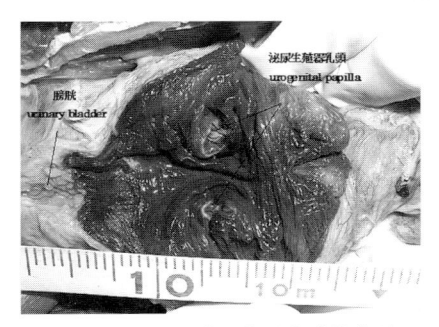

図 6.10 タイマイ雌の泌尿生殖器乳頭. 尿管と卵管はこの部分に開口する. 雌の泌尿生殖器乳頭は, 雄よりも外形がはっきりしている.

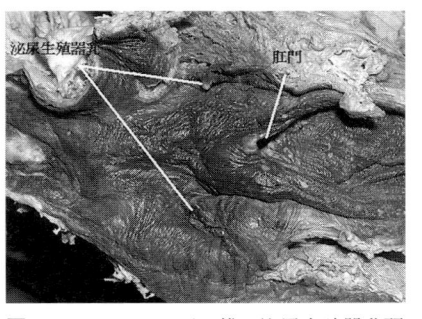

図 6.11 アカウミガメ雄の泌尿生殖器乳頭.

非産卵期では, 漏斗部の開口部と, 卵巣との距離には開きがある. 産卵期になり卵胞が発達してくると, このラッパ状の部分が卵巣に近づいていく. 内部の粘膜のヒダは, 卵管の場所によって異なり, 卵白分泌部は, 高いヒダが密に集まり, 狭部はヒダが卵白分泌部に比べて疎になる. 子宮部は, ヒダ構造はわずかになる.

(3) 泌尿生殖器乳頭

雄のものと同じ位置にあり, 尿管, および卵管の総排泄腔への開口部である. 雌のほうが雄に比べて, はっきりとした形状をしている. 膀胱よりも尾側に位置している (図 6.9-図 6.11).

6.3 精子の挙動——精子はどこに保存されているか

雌の体内に侵入した精子は, どのように目的の卵までたどり着くのであろうか. ウミガメのように, 最後の交尾から約 100 日過ぎるまでの間に, 初回の交尾だけで数回にわたり多数産卵をする生物の精子が, どれぐらい生存するのか. 雌の体内のどこで生存しているのか. 産卵される卵と一緒に出てしまわないのか. 考えると興味が尽きない. インターネットなどで調べると, 膀胱に貯精している話が出てくるが, 科学的に根拠のある論文を調べると,

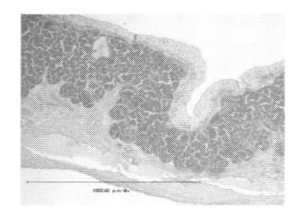

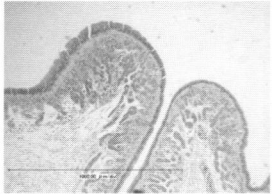

図 6.12 卵白分泌部(左)，卵殻形成部(中)，卵管狭部(右)．腺の構造，染色性がそれぞれ異なるのが観察できる．卵管狭部の腺は，核が基底に並び，細胞質はエオジンにもヘマトキシレンにも染色されない明るい細胞質をもっている．この特徴は，ニワトリの精子貯留腺の特徴と一致する．

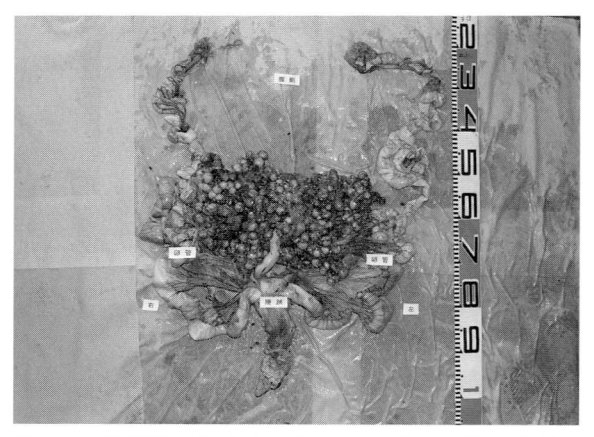

図 6.13 繁殖期に死亡したアオウミガメ雌の生殖器．卵巣に多くの卵胞が観察でき，卵管も太く発達している．卵管の左右差はない．

このような記載は見当たらない．

　ウミガメ類と同じ有殻卵は，鳥類ではニワトリやアヒルで古くからさまざまな研究が行われており，精子の生存や卵管の構造に関して報告がある．ニワトリは最長 21 日間，平均 11.1 日間にわたり受精卵が産出されるとの報告があり（武田，1964），家畜の雄の生殖道内における精子の受精能力保持期間が数時間ないし数日間であることを比較すると，長期間にわたって受精能力を維持していることがわかる．武田（1965）は，雌ニワトリ生殖道（卵管）における精子の行動を観察するために，卵管を数カ所結紮した実験を行

い，卵管の漏斗部および移行部で 21 日後も運動する精子を認め，これらの部位に存在する腺の腺腔中に精子が包蔵されている状況を確認している．これらの腺は，スパームネスト（van Drimmelen, 1945），精子貯留腺（ウィリアム・リンダ，1977）とよばれ，精子の長期保存に一役買っていると思われている（図 6.12，図 6.13）．上記以外の場所での卵管膣部でも，同様の精子貯留腺があることが報告されている（Fujii and Tamura, 1963）．

鳥類だけでなく *Sternotherus odratus*（ミシシッピニオイガメ）や *Trachemys scripta*（アカミミガメの一種）でも卵管での精子貯蔵能力について報告されている（Daniel and Justin, 1988）．

ウミガメ類については，Solomon and Baird（1977）がニワトリと同じ部位に精子の存在を確認しているが，貯留腺に関する報告がないことと，例数が少ないことから，確定しているとは思えない．そこで筆者はいろいろな手法を用いて，ウミガメの精子がどこに保存されているかを検討してみた．

一般にアオウミガメ，アカウミガメは，1 シーズンの産卵の間に多くの個体が 1 回の交尾で有精卵を産み続けることが知られており（Ulrich and Parkes, 1978; Fitzsimmons, 1998; Dutton *et al.*, 2000），約 4 カ月間，精子は雌の体内のどこかに保存されていて，アオウミガメでは精子の保存期間が 110 日間と報告されている（Ulrich and Parkes, 1978）．

精子の保存場所を知るにあたり，受精後のウミガメを一昔前のニワトリの実験のように調べることは倫理上不可能なため，精子そのものを追うのではなく，死亡したウミガメの卵管組織の粘膜構造を光学顕微鏡レベルで観察することで，精子保存の真相に迫ることにした結果，確定には至らなかったものの，得られた知見を後述する．精子の形成に関しては，"The Biology of Sea Turtles Vol. II" の第 5 章（Peter *et al.*, 2003）に詳細が書かれているので参考にしていただきたい．

方法は，死亡したウミガメから約 2 m の卵管を取り出し，3 cm ごとの区画に区切り，切片を作製し，光学顕微鏡で観察を実施した．すると，1 本の卵管は粘膜に存在する分泌腺の構造が場所によって違うため，役割が違うことが推測できる．卵管の解剖でも述べたが，ウミガメの卵管は，ニワトリの卵管と同じように，排卵された卵を受け取る膨大部，卵白を分泌する卵白分泌部，卵殻を形成する卵殻形成部で大きく役割が異なり，それぞれ粘膜の外

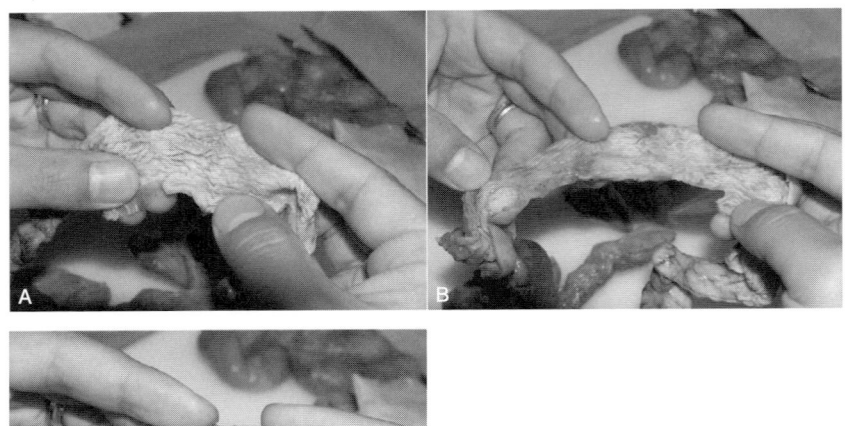

図 6.14　卵管卵白分泌部の粘膜（A），卵管狭部の粘膜（B），卵管子宮部（卵殻形成部）の粘膜（C）．

形や組織像が異なる（図 6.14）．卵白分泌部と卵殻形成部の間に狭部とよばれる短い区画が存在するが，この部位は，卵白分泌部と，卵殻形成部にみられる分泌腺の構造と異なる腺構造を認めることができる．この腺構造は，ニワトリの精子を保存している精子貯留腺の構造と類似しており，核を基底にもつ，細胞質が明るく抜けている細胞で構成された特徴的な腺である．卵白分泌部や卵殻形成部は，エオジンに強く染まる細胞による腺構造のため，一目で違いがわかる．しかし，ウミガメでは，卵管狭部の腺に精子が実際に観察された報告はない．

6.4 ホルモンと性周期

（1） ホルモンと性周期からわかるウミガメの生物学的特徴

　ウミガメは季節繁殖動物であり，このことは多くの人々による長期の砂浜産卵調査により，古くから知られてきた．その反面，科学的手法によるウミガメの繁殖生理の研究は，1970年代に入ってから報告がみられるようになり，グランドケイマン諸島のアオウミガメを中心に，非常に精力的に行われ，多くの知見が得られている．これらの研究は日本で紹介される機会は少なく，論文を読む機会の少ない一般の人たちの目に触れることがなかったため，魅力的で興味深い海生爬虫類の生物学的な営みが，まちがって理解されていることが散見された．

　ここでは，海外の専門家によるウミガメの内分泌学研究の報告と，筆者が沖縄美ら海水族館で調査し，得ることができたウミガメの繁殖生理資料をもとに，ウミガメの繁殖生理を形態と機能の面から紹介する．

　ウミガメの性ステロイドホルモンに関する研究は，20世紀後半にアメリカで本格的に進められた．その研究は，飼育されているウミガメを1年を通じて定期的に血液採取して調査したものから，産卵のために砂浜に上がってくる自然のアカウミガメの雌から直接血液をとる方法を用いたものなど，じつに多彩な方法で行っている．筆者も，水族館で産卵したアオウミガメから，最初の産卵5日前から最終産卵の2週間後まで，毎日血液をとり続けた経験がある．

　ウミガメは，現存する爬虫類のなかで最大サイズのグループである．しかも，採血作業の危険性が少ないので，比較的容易に大量の血液を入手することができる．したがって，性ホルモンに関する研究は，ほかの爬虫類と比較して飛躍的に進んだ．1例として，Licht *et al.* (1979) は，飼育したアオウミガメの雌の血清分析から，卵胞刺激ホルモン（FSH）と黄体ホルモンであるプロゲステロンの一過性の上昇（サージ）をウミガメにおいて世界で初めて報告し，繁殖生理の一部を科学的手法を用いて解き明かしている．

　これらの研究によって，ウミガメのホルモンと性周期の謎をすべて解明できたわけではなく，まだまだ多くの未解決の部分がある．それにもかかわら

ず，現在はアメリカを含む多くの国で，偏った自然保護の観点と，広い環境で生息するウミガメを飼育することへの反対があり，継続的な飼育ができなくなっている．しかし，現在なお飼育下において，ウミガメから教えられる情報は，まだまだ多岐にわたる有用なものが多いのも事実である．この章では，沖縄美ら海水族館，また，その前身である国営沖縄記念公園水族館で飼育してきたウミガメから得られた，ホルモンにとどまらずに，1年の決められた期間に大量の卵を産卵するウミガメらしい体内脂質動態を紹介したい．

また，この章を読んでいただいた後には，ウミガメだけの保護でなく，彼らの餌場や餌資源の確保が重要であることも理解していただけると思う．

（2） 雌個体の血中脂肪動態
——雌ウミガメの体内で起こるダイナミックな脂肪変動

第5章でウミガメの産卵行動について述べられているが，この章では体内の変化に注目しながら，別の視点で説明する．

日本における雌のウミガメは，産卵する前の年の8，9月から，産卵の準備が体のなかで起こっている．このことは，雌ウミガメの血液中の中性脂肪，総コレステロール，総タンパク質の濃度を測定すると一目瞭然である．

図6.15に，産卵個体と未産卵個体の血液中の総コレステロールと中性脂肪の濃度を示した．産卵した個体は，産卵日の1年前から血液中の総コレステロールと中性脂肪の濃度が上昇してきており，産卵直前には，中性脂肪は5000 mg/dl 近くまで上昇している．通常，人間で150 mg/dl 以下が正常値であるといわれるため，この値は非常に高い数値であることが理解していただけると思う．限界まで上昇した血液中の中性脂肪は，産卵日の約2カ月前に急激に減少し，産卵後徐々に減少する．このデータで，産卵終了後に再び上昇傾向を示しているが，これはつぎの年も産卵することを示している．飼育下で連続して産むことは，比較的よくあることである．

このように，雌ウミガメの体内では，1年以上前から着実に準備が行われているのである．そして忘れてはいけないことが，彼らがこのように卵形成のための脂質を動員するためには，豊富な餌を摂取し，体内に十分なエネルギーを蓄積しておかねばならないことである．体内での脂質動態については，海外の知見も含めて，6.5節で再度詳細を述べたい．

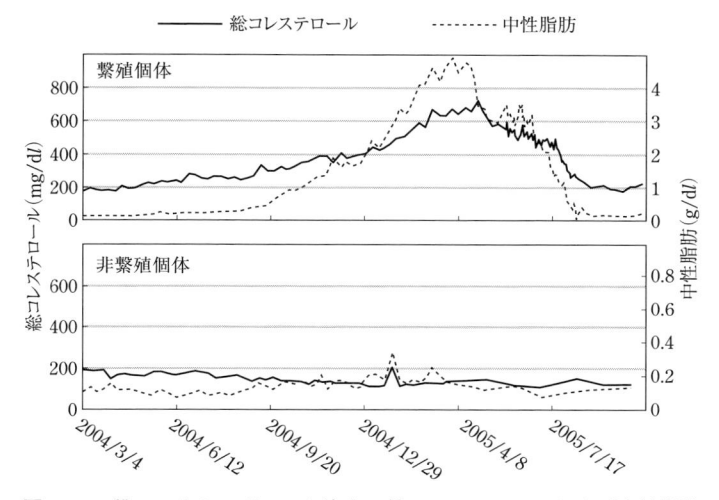

図 6.15 雌のアオウミガメの血液中の総コレステロールおよび中性脂肪の濃度.上：繁殖(産卵)個体,下：非繁殖(未産卵)個体.繁殖個体の総コレステロールと中性脂肪の血漿中濃度が,産卵時期に向かって徐々に増大していくことが確認できる.それに対して,非繁殖個体は1年を通じ,ほぼ一定の血漿中濃度であることがわかる.

さて,1年の月日をかけて準備してきた雌のウミガメは,4月前後の水温の低い時期に交尾を行う.雄のウミガメは,この低温時期に交尾に対する活性が高まっている.この交尾の約2カ月後に最初の産卵を行う.この後,一定の期間をおきながら,数回の産卵を行う.産卵数は,飼育下のアオウミガメに関して,多いもので1年に1785個（Wood and Wood, 1980 および私信）にもなり,雌は産卵のたびに大量のエネルギーを体外に放出することになる.図6.15の総コレステロールと中性脂肪が,産卵後に著しく減少しているグラフの波をみれば,ウミガメの膨大な労力が一目でわかるだろう.砂浜で大量の産卵を可能にしているのは,周到な準備の賜物なのである.

（3） 性ステロイドホルモン

ホルモンは過去にいろいろな定義がなされてきたが,最近の説明では細胞の増殖,分化と代謝活性の変化を誘導する物質と解釈し,多くの生理活性物質をホルモンとよんでいる.そのなかでも,繁殖に直接関与するホルモンが,

性ステロイドホルモンである．人間の場合では，第二次性徴期において，男らしい体を形成するためのホルモンがアンドロゲン，女らしい体を形成するためのホルモンがエストロゲンとプロゲステロンと説明すると，なんとなく理解できると思う．

じつは，ウミガメにもこの基本はあてはまる．雄雌両方の未成熟なウミガメにアンドロゲンの一種であるテストステロンを注射すると，陰茎と尾部が伸びると報告されている（Owens, 1976）．これは，性ステロイドホルモンのテストステロンが，ウミガメの雄らしさを誘導活性化した1例である．

これはわかりやすい1例であるが，基本的に，ウミガメの性ステロイドホルモンの役割は，哺乳類のそれと同じである．しかし，1年に数回，合計何百という数の卵を産むため，各種ホルモンの変動は，ウミガメ独特の変動を示す．種による差はほとんどなく，現在報告されているアオウミガメ，アカウミガメ，ヒメウミガメはほぼ同じ変動を示すので，文中での多くはアオウミガメの例を代表に詳細を述べる．

エストロゲン

ウミガメのエストロゲンは，エストラジオール17β（以後，エストラジオール）を測定して研究する．ウミガメがエストラジオールに感受性があるかどうかは，Owens（1974, 1976）によって，未熟なアオウミガメにエストラジオールを注射した結果，血清が白くなりタンパク質とカルシウムの値が高くなることにより示されている．しかしながら，成熟したアオウミガメで測定されるエストロゲンの最大濃度は，50 pg/ml（Licht *et al.*, 1979）と，低い値しか示さず，産卵期間の間，ほとんど変化を示さなかった．これは，ほかの淡水性のカメ（*Sternotherus odoratus*）における秋の卵胞発現段階の値が5 ng/ml（McPherson *et al.*, 1982）くらいにある報告に比較すると，基礎レベルが1桁低いことになる．このことに関しては，アオウミガメとS. *odoratus*がエストラジオールに対して異なる受容体親和性をもつことが考えられると述べられている（Owens and Yuki, 1985）．しかし，この後，筆者らは，血中のエストラジオール濃度を酪農学園大学獣医繁殖学教室が開発した2抗体酵素免疫測定法により測定した産卵期の雌のアオウミガメ血清で，産卵期におけるエストラジオールの変動をとらえることに成功し，報告した

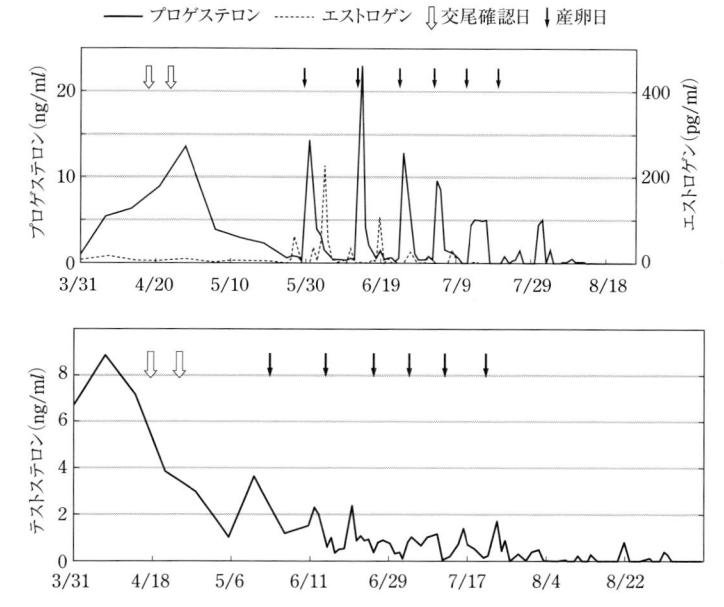

figure 6.16 産卵した雌アオウミガメの性ステロイドホルモンの血中濃度動態. 交尾確認日：2005/4/17-18, 2005/4/23-24（白抜矢印），産卵日：2005/5/30, 6/12, 6/24, 7/3, 7/12, 7/21の合計6回（矢印）. 上段：プロゲステロン（実線），最終産卵を除く，産卵後にサージが確認できる. エストロゲン（点線），産卵期間に微細な変動が確認できる. 下段：テストステロン．期間：2004/1/1-2005/8/18, 採血頻度：1回/週，ただし，初回産卵5日前から2005/8/18まで，毎日採血した.

（畑段, 2004; 柳澤ほか, 2005）. 図6.16に示したのが, そのときに得られたエストラジオールの変動グラフである. 最初の産卵の2日前に, 微妙な上昇が認められるが, これは最初の産卵を促すエストラジオールの動きではなく, 2回目の産卵のために卵胞が発達を促進するために働いていると考えられる. その根拠として, 合計6回におよんだ産卵の最後2回の産卵後は, いずれもエストラジオールの上昇を認めていない. すなわち, 最終産卵のための卵胞の準備は, その前にすでに完了していたことを表している. 卵胞の発達を促進するエストラジオールであるが, 逆に産卵, さらには, その後24-48時間は抑制されている.

プロゲステロン

　プロゲステロンの放出は，黄体形成ホルモン（LH）によって促進される．アオウミガメにおいて，排卵を促したと思われるLHのサージが最初に報告されたのは，1979年にLichtらによる．彼らは，カリブ海に浮かぶグランドケイマン島にあるケイマン・タートルファームにおいて，飼育されていたアオウミガメの産卵直後から60時間にわたり，頻繁に血液を採取し，FSH，LH，プロゲステロンの濃度を測定した．この検証により，産卵後にLHサージにより排卵が誘発され，そのときに，ほぼ同じような動きでプロゲステロンのサージも生じていることが証明されている．

　この哺乳類と違うホルモン変動は，ウミガメの排卵数が，劇的に多いことに起因すると思われる．すなわち，哺乳類では通常1つの最大卵胞から1つの排卵が起こるが，アオウミガメでは，100を超える排卵が起こる．このときに卵胞膜表面からプロゲステロンが放出されるため，プロゲステロンもLHとほぼ同時にサージが起こると考えられる．しかし，このプロゲステロンが，ウミガメにおいてどのような役割をしているかは，はっきりと示されていない．

　ニワトリにおいては，エストロゲンとプロゲステロンが，輸卵管からのアルブミンの分泌を促進するといわれている（O'Malley, 1967）．ウミガメにおいても十分に考えられるが，エストロゲンが共同で作用しているかどうかは疑問が残る．むしろプロゲステロンが単独で，卵管の卵白分泌部でのアルブミン分泌を促進し，その後，エストロゲンの分泌により，卵を卵殻形成部への移動を促す卵管運動を促進すると考えられる．また，2種類のヒメウミガメでは，集団産卵同調（アリバダ）が報告されているため（Rostal *et al.*, 1998），卵管内への卵停留を亢進するホルモンの存在も考えられるが，プロゲステロンは，産卵し2日すると低値を示すことから考えにくい．プロゲステロンに関しても，筆者らが得たアオウミガメのデータを図6.16に示した．産卵の回数ごとにサージの山が低くなり，最終産卵後には観察されないことから，排卵を促していることが容易に想像できると思う．

　しかし，ここで1つ問題が残る．初回の排卵がどのようなプロセスで起こるかである．交尾排卵を唱える人もいる．確かに，交尾の期間にプロゲステロンは上昇する．この時期が排卵時期であるなら，卵管内に2カ月近く卵を

保持していることになる．最初の産卵の2週間ほど前が排卵時期であれば，プロゲステロンのサージを見逃している可能性があるが，この時期のプロゲステロンのサージを報告している文献は見当たらない．そのため，はっきりとした初回に排卵を誘発する因子がなにかは，不明である．

テストステロン

年間を通じて起きるテストステロンの変動をみると，ウミガメが季節繁殖動物であることが一目でわかる．いいかえると，1年間での変動周期がはっきりしている．ケイマン・タートルファームの飼育ウミガメでは，交尾期の前の3,4月および5月初旬が一番高く，その後の交尾期にはやや減少し，残りの期間は低値であると報告されている（Licht et al., 1979）．メキシコで捕獲される野生個体でも同様の結果が得られている（Licht et al., 1980）．また，未熟な雄は1年中比較的高いテストステロンを有するため，性判定にも使用されている（Owens, 1980）．

図6.16に雌ウミガメのテストステロンを示した．交尾の約1カ月前からテストステロンの上昇を認め，産卵までに徐々に低くなる．これは海外でも同じ報告である（Licht et al., 1979）．しかし，雌におけるテストステロンの役割は，はっきりしておらず，ほかのホルモンの代謝物の可能性も考えられる．Owens（1980）は，交尾受け入れ可能な雌が，雄をひきつけるフェロモンに結びつく可能性を示唆している．フェロモンが一般的にステロイド中に直接存在（Duvall, 1979）するので，テストステロンがこのような機能をもっていてもおかしくはないが，実際のところはわかっていない．

6.5　受精と卵の形成

ウミガメの卵形成は，まず初めに卵の中心部の卵黄が形成されなければならない．この卵黄は，卵巣で発達する卵母細胞に徐々に蓄えられていく．とくにウミガメのように多数の産卵をする動物は，大量の卵黄が必要となる．多量の卵黄を形成するエネルギーは，それまでにウミガメの体内に蓄えられる．Hamann（2002）は，アオウミガメは初回産卵までに産卵に必要な卵巣発達を終えていると報告している．卵黄成分のもとになる物質は，総タンパ

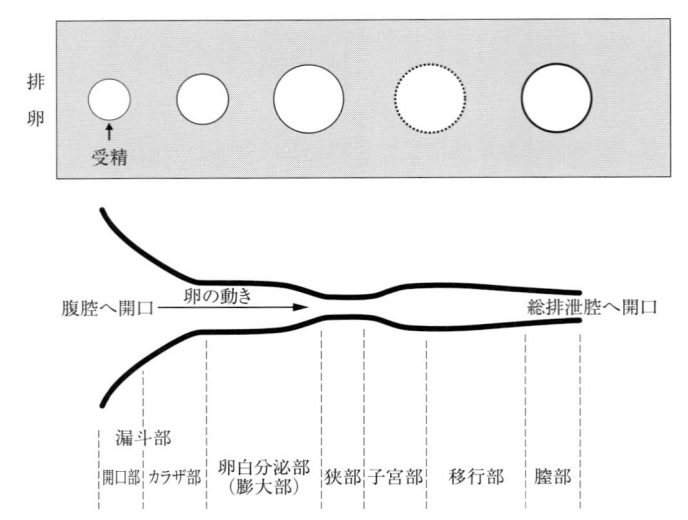

図 6.17 卵形成過程の模式図．排卵された卵は受精後，卵管の卵白分泌部で卵白が分泌され，ついで卵殻が形成されて，卵となる．

ク質（TP），総コレステロール（TCHO），中性脂肪（TG）で，そのほかに産卵に必要なカルシウム（Ca）なども，産卵準備の重要な要素として関与している（Hamann, 2002）．

卵黄形成で関与するおもなタンパク質はビテロジェニンであり，肝臓で合成されてリポプロテインの一部として血液を介して，卵巣に運ばれる．このとき，ビテロジェニンは同時に脂質を卵母細胞に運搬する．ウミガメ類のビテロジェニンは，Jennifer et al. (1997)，Gapp et al. (1979) がラジオイムノアッセイ（RIA）で測定しているが，放射性同位元素を利用するため，特殊な研究所でしか測定できない．現在は，ウズラやカエル用のビテロジェニン免疫酵素測定法（ELISA）キットが販売されているが，筆者らがウズラ用のキットを試した結果，ウミガメ類には使用不可能であった（柳澤ほか，2006; 奥田，2006）．

ビテロジェニンは，繁殖する前に蓄積された栄養分としてを肝臓へ輸送されることになる．これは，おもに背甲板および腹甲板間に蓄えられた脂肪が利用されると考えられる．この脂肪からタンパク質の合成には長い時間を必要とする．したがって，ウミガメは，毎年繁殖シーズンの終わりには，卵黄

形成をするかしないかの選択をしなければならず，この因子はいまだ不明であるが，摂餌状態，環境因子があげられている．

十分に卵母細胞に卵黄を蓄えることができたウミガメは，交尾後しばらくすると排卵，いわゆる卵巣からの卵黄の離脱が起こるが，最初の排卵がなにに起因されるかはわかっていない．卵巣から離脱した卵黄は，卵管の膨大部より卵管内へ移行する．

ウミガメの受精がどこで起きているかは厳密にはわかっていないが，腹腔内か卵管の膨大部であることはほぼまちがいないであろう．受精の成否にかかわらず，卵黄は卵管に移行した後，卵管の卵白分泌部で卵白に包まれる．この後，卵殻形成部に移行し，ここでカルシウムなどの分泌が卵殻分泌腺から行われ，殻付きの，いわゆる卵が形成される．(図6.17)

引用文献

Daniel, H. and D. Justin. 1988. Oviductal sperm storage as reproductive tactic of turtles. Journal of Experimental Zoology, 282: 526-534.

David, W.O. 1980. The comparative reproductive physiology of sea turtles. American Zoologist, 20: 549-563.

Dutton, P., E. Bixby and S.K. Davis. 2000. Tendency toward single paternity in leatherbacks detected with microsatellites. *In* Proceedings of the 18th International Symposium on Sea Turtle Biology and Conservation. p.156. NOAA Technical Memorandum NMFS-SEFSC-436.

Duvall, D. 1979. Fence lizard chemical signals: conspecific discriminations and release of social behavior. Journal of Experimental Zoology, 210: 321-326.

Fitzsimmons, N.N. 1998. Single paternity clutdhes and sperm storage in the promiscuous green turtle (*Chelonia mydas*). Molecular Ecology, 7: 575-584.

Fujii, S. and T. Tamura. 1963. Location of sperms in the oviduct of the domestic fowl with special reference to storage of sperms in the vaginal gland. Journal of Faculty of Fisheries and Animal Husbandry, Hiroshima University, 5: 145-163.

Gapp, D.A., S.M. Ho and I.P. Callard. 1979. Plasma levels of vitellogenin in *Chrysemys* during the annual gonadal cycle: measurement by specific radioimmunoassay. Endocrinology, 104(3): 784-790.

Hamann, M. 2002. Reproductive cycles, interregnal gland function and lipid mobilization in the green sea turtle (*Chelonia mydas*). Ph. D. dissertion, The University of Queensland, Brisbane.

Hamann, M., T. Jessop, C. Limpus and J. Whittier. 2002a. Interaction among endocrinology, annual reproductive cycles and the nesting biology of the female green sea turtle. Marine Biology, 40: 823-830.

Hamann, M., C.J. Limpus and J.M. Whittier. 2002b. Patterns of lipid storage and mobillisation in female green sea turtles (*Chelonia mydas*). Journal of Comparative Physiology, B172: 485-493.

畑段千鶴子. 2004. 水族館飼育下ウミガメ類の血中ステロイドホルモン測定の検討と年間動態モニタリング解析. 酪農学園大学卒業論文.

Jennifer, H., S. Duncan, D. MacKenzie, K.M. Rostal and D. Owens. 1997. Estrogen induction of plasma vitellogenin in the Kemp's ridley sea turtle. General and Comparative Endocrinology, 107: 280-288.

Licht, P., W. Rainey and K. Gliffton. 1980. Serum gonadotropins and steroids associated with breeding activities in the green sea turtle, *Chelonia mydas*. II. Mating and nesting in natural populations. General and Comparative Endocrinology, 40: 116-122.

Licht, P., J. Wood, D.W. Owens and F. Wood. 1979. Serum gonadotropins and steroids associated with breeding activities in the green sea turtle *Chelonia mydas*. I. Captive animals. General and Comparative Endocrinology, 39: 274-289.

McPherson, R.J., L.R. Boots, R. MacGregor and K.R. Marion. 1982. Plasm steroids associated with seasonal reproductive changes in a multiclutched freshwater turtle, *Sternotherus odoratus*. General and Comparative Endocrinology, 48: 440-451.

奥田美奈子. 2006. 水族館飼育下ウミガメ類の血清中ステロイドホルモンとビテロジェニン濃度の測定および卵巣と卵管の超音波検査による繁殖生理の動態解析. 酪農学園大学卒業論文.

O'Malley, B.W. 1967. *In vitro* hormonal induction of a specific protein (avidin) in chick oviduct. Biochemistry, 6: 2546-2551.

O'Malley, B.W., W.L. MacGuire and S.G. Korenman. 1967. Estrogen stimulation of synthesis of specific proteins and RNA polymerase activity in the immature chicken oviduct. Biochimica et Biophysica Acta, 145: 204-207.

Owens, D.W. 1974. A preliminary experiment on the reproductive endocrinology of the green sea turtle (*Chelonia mydas*). Proceedings of World Mariculture Society, 5: 215-231.

Owens, D.W. 1976. Endocrine control of reproduction and growth in the green sea turtle *Chelonia mydas*. Unpublished Ph.D. dissertion, University of Arizona, Tucson.

Owens, D.W. 1980. The comparative reproductive physiology of sea turtles. American Zoologist, 20: 549-563.

Owens, D.W. and A.M. Yuki. 1985. The comparative endocrinology of sea turtles. Copeia, 3: 723-735.

Peter, L., J. Lutz, A. Musick and W. Jeanette. 2003. The Biology of Sea Turtles Vol. II. CRC Press, Boca Raton.

Rostal, D., D. Owens, J. Grumbles, D. Mackenzie and M. Amoss. 1998. Seasonal reproductive cycle of the Kemp's ridley sea turtle (*Lepidochelys kempi*). General and Comparative Endocrinology, 109: 232-243.

Solomon, S.E. and T. Baird. 1977. Studies on the soft shell membranes of the egg shell of *Chelonia mydas* L. Journal of Experimental Marine Biology and Ecology, 27: 83-92.

武田晃．1964．卵管内における精子の存在．日本家禽学会誌，1: 19-30.

武田晃．1965．雌鶏生殖道における精子の行動．日本家禽学会誌，2: 115-121.

Ulrich, G.F. and A.S. Parkes. 1978. The green sea turtle (*Chelonia mydas*): further observations on breeding in captivity. Journal of Zoology, London, 185: 237-251.

van Drimmelen, G.C. 1945. The location of spermatozoa in the hen by means of capillary attraction. Journal of the South African Veterinary Association, 17: 42.

ウィリアム，J．，リンダ，M．（月瀬東・林良博監訳）．1977．カラーアトラス獣医組織学．チクサン出版，東京．

Wood, J.R. and F.E. Wood. 1980. Reproductive biology of captive green sea turtles. American Zoologist, 20: 499-505.

Wyneken, J. 2001. The anatomy of sea turtles. NOAA Technical Memorandum NMFS-SEFSC, 470: 153-165.

柳澤牧央ほか．2005．アオウミガメにおいて繁殖異常を示した個体の血液性状比較．国内タイマイ保護・増養殖に関する研究事業報告書，2: 14-65.

柳澤牧央ほか．2006．市販キットを用いたウミガメ類の血清中ビテロジェニン濃度測定方法の検討．国内タイマイ保護・増養殖に関する研究事業報告書，6: 94-99.

7
潜 水
ダイビングの生理学

佐藤克文

　ウミガメ類の潜水行動研究は，おもに産卵期の成体雌を対象に進められてきた．ウミガメ類の潜水時間は，潜水性哺乳類や鳥類に比べて長い．これは，爬虫類であるウミガメ類の代謝が低いという生理的な特性によってもたらされた特徴であろう．潜水性哺乳類や鳥類では，活発な採餌を行っている間の潜水行動研究が進んでいるが，産卵期の雌ウミガメはほとんどの時間を休息した状態で過ごし，積極的な採餌を行っている様子はみられない．産卵期以外の雌，あるいは雄や亜成体を対象とした潜水行動については十分調べられておらず，採餌を目的とした潜水行動に関する研究はようやく始まったところだ．

7.1　潜水行動研究の歴史

（1）　観察や気球を用いた結果

　ウミガメが潜水する様子を 24 時間連続で観察したことがある．小笠原村父島にある小笠原海洋センター畜養池内（約 50 m×40 m，水深 3 m 前後）に入れられたアオウミガメ成体雌の背甲に釣り用の電気浮きを曳航させ，夜間も含めてひたすら眺め続けた．くわしい記録は残っていないが，気力と体

力を要する観察であったことだけは記憶に残っている．30分から1時間ごとに水面に浮上し，数回の呼吸を繰り返した後に再び潜り，潜水時間の大半は海底にじっととどまり動かないというのが産卵期のアオウミガメにみられる典型的な潜水様式であった．「自分が観察しているのは，ウミガメの潜水行動ではなく，浮上行動なのではないか」と思えてくるほどであった．

　生け簀や水槽内のウミガメであれば観察によって潜水行動を調べることができるが，海を自由に泳ぎ回るウミガメの潜水行動を観察することはむずかしい．1967年6月に発行された『ナショナルジオグラフィック』131巻6号には，ウミガメ学の始祖 Archie Carr による研究が紹介されている．産卵上陸してくるアオウミガメ成体雌や，卵からの孵化幼体を対象とした調査の様子に加えて，成体雌の遊泳経路把握の試みが紹介されている．彼らは気球を付けたロープをアオウミガメの背甲につなぎ，産卵期間中の回遊経路や潜水行動について調べている．産卵期間中のアオウミガメ成体雌は21 m以上潜ることはまれで，産卵場近辺にとどまるといったことが報告されている (Carr, 1967)．

(2) ピンガーおよびVHF発信器

　時代が進み1980年代になると，VHF発信器やピンガー（超音波発信器）を用いた海洋における行動追跡実験が行われるようになった．しかし，これらの実験は潜水行動を調べるというよりも，ウミガメ類の体温に関する興味にもとづいて行われた．体内に温度センサーを挿入し，温度情報を超音波に乗せて送信する．個体を海で放流した後は超音波や電波を受信しながらボートで追跡し，体温や水温についての時系列記録を取得するといった実験が，オサガメ，アオウミガメ，アカウミガメを対象として行われた（Heath and McGinnis, 1980; Sapsford and Riet, 1978; Standola et al., 1982, 1984）．超音波の受信可能範囲が数 km であるのに対して，VHF帯の電波は数十 km の到達範囲をもつ．実験に用いた追跡個体を見失わないようVHF発信器も個体に取り付けられた．電波は海水中を透過しないため，カメが水没すると電波の受信は途絶える．この性質を用いて，ウミガメの水没時間，すなわち息をこらえて潜っていられる潜水時間が測定された．調査員がウミガメ個体を追跡していられる時間は短く，記録時間は1日に満たない場合が大半であっ

たが，オサガメ亜成体の潜水時間など，いまだにそれに代わる情報が得られていない貴重な知見が得られている．

（3） 記録計

超音波発信器やVHF発信器が使われ始めたのとほぼ同じ1980年代に，動物搭載型小型記録計を用いた研究が始まった．小型の記録計を対象動物に取り付けた後，いったん野外に放す．一定期間後にその個体を再捕獲すれば，取り付けた記録計から海を泳いでいた間の記録が得られる．研究初期のおもな対象動物は南極海に生息するアザラシとペンギンであった．南極の氷上や陸上には大型捕食者がいないため，ウェッデルアザラシ Leptonychotes weddellii やエンペラーペンギン Aptenodytes forsteri, アデリーペンギン Pygoscelis adeliae といった動物は，一度氷上や陸上に上がってしまうと警戒心が低下する．人による捕獲が容易なこれらの動物は，動物搭載型記録計を用いた調査に向いていた．そんな事情から，このやり方は南極の動物を対象として発展した．

動物搭載型記録計を自作しウェッデルアザラシに用いたGerald L. Kooyman が在籍するスクリップス海洋研究所にScott A. Eckert が籍を置いていた1984年に，深度記録計を産卵期間中のオサガメ成体雌に用いたのがウミガメにおける最初の記録計を用いた研究例となった（Eckert et al., 1986）．世界で2番目に行われた研究は，日本人研究グループによって産卵期のアカウミガメ成体雌を対象として1988年に行われた（Naito et al., 1990）．そのとき用いられた記録計は，国立極地研究所の内藤靖彦によって開発されたウェッデルアザラシ用のものであった．日米いずれの場合においても南極に生息する動物を対象とする研究が装置開発のきっかけとなっている．

記録計を用いた手法によって，ウミガメ類の潜水行動に関する研究は大きく進展したが，その対象とする個体は産卵上陸する成体雌に大きく偏っていた．ウミガメ類は夏の産卵期に数週間の間隔で同じ砂浜に複数回上陸して産卵を行う習性がある．装置を取り付けた成体雌が海に帰った後，産卵場をくまなくパトロールすれば，再上陸した装着個体を発見し装置を回収できる．産卵期以外に記録計を用いたやり方で潜水データを得るのはむずかしいが，タイマイにおける研究例がある（van Dam and Diez, 1996, 1997）．サンゴ礁

周辺に生息するタイマイは比較的定住性が強いといわれており，装置を取り付けて放流した後も同じ海域で調査員が潜水することで個体を再捕獲できる．

近年は，いったん動物に取り付けた装置をタイマーにより自動的に切り離し，海面に浮かんだ装置を VHF 発信器からの電波を頼りに回収するやり方で，繁殖期以外に亜成体を含む個体からもデータが得られるようになった（Heithaus et al., 2002; Hays et al., 2007; Narazaki et al., 2009）．

記録計によって測定できる項目は，当初深度と温度だけであった．しかし，装置の発達と取り付け方の工夫により，胃内温（体深部体温），照度，心拍数，加速度，遊泳速度，動画，口の開閉といった多様な項目が測定できるようになってきた．

(4)　衛星対応型発信器

記録計を用いる手法が発達することで，潜水行動に関するより詳細な記録が得られるようになったが，装置を回収しなければデータが得られないのは大きな制約である．装置を回収することなくデータのみを人工衛星経由で回収するやり方が開発されている．動物に人工衛星対応型電波発信器（Platform Transmitter Terminal; PTT）を取り付け，極軌道衛星が電波を受信することで PTT の位置を測位するアルゴスシステムは広く用いられている．肺呼吸動物であるウミガメは必ず水面まで浮上して呼吸するため，そのタイミングで電波を発信すれば衛星で電波を受信することが可能だ．この手法により，水平方向に数百 km を超えて大規模回遊することなどが明らかにされてきた．水平位置以外にも，装置の外部に露出した電極をセンサーとしてウミガメの水没時間を算出し，その情報からウミガメの潜水時間に関する情報を送ったり，深度センサーからの情報を滞在深度のヒストグラムとして集計して送信するといったこともなされていたが，さらに詳細な潜水行動情報を送信できる装置が登場した．スコットランドにあるセントアンドリュース大学海洋哺乳類研究所（Sea Mammal Research Unit）に所属する Michael A. Fedak らのグループが開発した SRDL（Satellite Relayed Data Logger）である（Fedak et al., 2002）．SRDL は秒単位の細かさで深度を測定し，それをいったん記録として蓄える．そのままの大容量情報では，カメが息継ぎする瞬間に電波情報として送信するのに支障がある．そこで，SRDL は内蔵さ

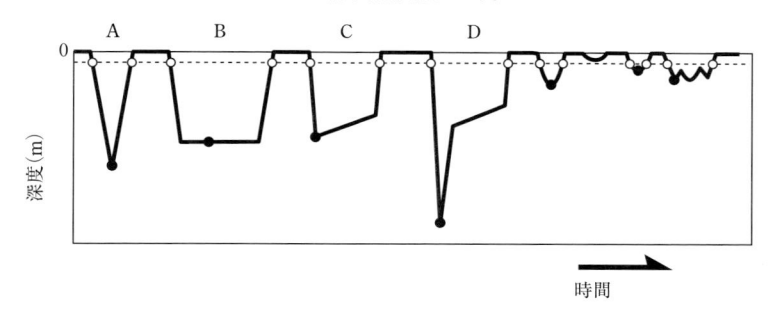

図 7.1 ウミガメ類の典型的な潜水プロファイル．左から右へ時間が進行する時系列図に示した．潜水開始・終了を白丸，各潜水の潜水深度を黒丸で表す．点線で示す潜水閾値が上下すると，浅く短い潜水の数が大きく異なり，潜水深度や潜水時間の平均値が変わる（本文参照）．

れた演算装置により潜水の形を代表する数点を抽出し，その点の時刻と深度のみを送信する．

たとえば図 7.1 には，ウミガメの潜水に典型的にみられるいくつかの形を示す．潜水の形を表現する場合，ある深度閾値を超えた瞬間を潜水開始，再びそれよりも浅い深度に戻ってきた瞬間を潜水終了とし，潜水開始から終了までの間は潜水時間，潜水時間中の最大深度を潜水深度と定義する．図 7.1A に示すような V 字型の潜水であれば，潜水開始・潜水深度・潜水終了の 3 点で潜水の形を表すことができる．実際には一定深度に長時間滞在するような台形の潜水（図 7.1B）や，浮上速度が途中で急に変わるような潜水（図 7.1C，D）など，さまざまな形の潜水がある．しかし，これらの潜水の形を表現するにあたっては，毎秒の深度データがなくても，代表的な点の時刻と深度があればもとの形を再現できる．SRDL は代表的な数点の情報だけを人工衛星経由で送信する．この装置を使うことで，1 年以上の長期間にわたる回遊経路や潜水に関する行動情報を取得できるようになった．

(5) ウミガメの潜水記録

ウミガメはどれだけ深く，どれだけの時間潜っていられるのか．結論からいうと，ウミガメ類は鳥類や哺乳類に比べて長時間潜ることができる．潜る深さについては，オサガメの能力はアザラシ類や大型鯨類と同等程度で，1000 m 以上の深さまで潜れるが，そのほかのウミガメ類の潜水深度はそれ

ほど深くない.

　記録が公表されている5種類について,それぞれ成体雌,成体雄,亜成体の潜水深度と潜水時間の代表値と最大値を記した(表7.1).成体雌においては,産卵期とそれ以外の時期で分けて示した.ここで,代表値として記したのはそれぞれの文献において平均値ないし中央値として記載されていたものであるが,解釈する際にはいくらか注意が必要である.記録計が測定するのは測定間隔ごとの深度瞬間値である.深度や時間の分解能や精度は,装置を作製しているメーカーや型番ごとに異なるので,それぞれの性能に応じて研究者が潜水閾値を設定し,その値をもとに潜水時間や深度を抽出する.たとえば,深度分解能が高く測定間隔が細かい装置を用いて得られたデータを解析する際,閾値を浅く設定すると,表層付近の微妙な上下動がそれぞれ潜水としてカウントされてしまう(図7.1).一方,深度分解能や測定間隔が粗い装置を用いる場合,潜水閾値は5mなどある程度大きな値にせざるをえない.同一個体にこの2つのタイプの装置を搭載し,同時に深度データを記録した場合であっても,前者の装置から得られるデータからは,後者の装置に比べて数多くの潜水が抽出され,平均潜水深度は浅く平均潜水時間は短くなってしまう.同じ装置を用いて測定間隔や潜水閾値を同じ値に設定したときに限り,平均値の大小を論じることができるが,文献に記載されている平均値を単純に比較するのはやめたほうがよい.本章では,潜水行動に関する参考値として,潜水深度と潜水時間の平均値や中央値を代表値として記してある.一方,潜水深度や潜水時間の最大値は,潜水能力を示す値として種間比較が可能である.

　ウミガメ類でもっとも深く潜る能力を有するのはオサガメである.Eckertらによる1989年の論文において,最大潜水深度1300mという値が報告されている(Eckert *et al.*, 1989).しかし,このとき彼らが用いた装置の測定範囲は315mであった.測定範囲内における潜降速度と浮上速度から,潜水の形がV字型であったと仮定して推定したのが1300mという値である.その後,産卵期のオサガメ成体雌に記録計を用いる調査が数多く行われたが,1000mどころか100mにも達しない潜水記録しか得られなかった.研究者の間で,1300mという値に対する猜疑心が強まっていたころ,SRDLを用いて産卵後の回遊期間中のデータが集まり始めた.そして,とうとう雄雌両

表 7.1 公表されたデータにもとづくウミガメ類および海鳥類・海生哺乳類との潜水行動比較.

種類	時期	潜水深度(m) 代表	最大	潜水時間(min) 代表	最大	文献
オサガメ *Dermochelys coriacea*						
成体雌	産卵期	64-93	490	10	29	Eckert, 2002
成体雌	回遊期	40-69	1010	22	**71**	Bradshaw *et al.*, 2007; Houghton *et al.*, 2008
成体雄	回遊期	41	**1250**		>60	Houghton *et al.*, 2008
亜成体	回遊期			8	21	Standola *et al.*, 1984
アオウミガメ *Chelonia mydas*						
成体雌	産卵期	12-18	32	28-40	**55**	Hays *et al.*, 2000, 2004
成体雌	回遊期	19-25	**100**		45	Hatase *et al.*, 2006
亜成体	回遊期	22	37 (91)	8	18	Hays *et al.*, 2007; Swimmer *et al.*, 2006
アカウミガメ *Caretta caretta*						
成体雌	産卵期	5-16	**233**	6-54	90	Sakamoto *et al.*, 1990; Minamikawa *et al.*, 1997
成体雌	越冬期			23-29	320	Hatase *et al.*, 2007
成体雄	採餌期			2	11	Houghton *et al.*, 2000
亜成体	越冬期				**410**	Hochscheid *et al.*, 2005
タイマイ *Eretmochelys imbricata*						
成体雌	産卵期				29	Troeng *et al.*, 2005
成体雌	回遊期			12-40		Troeng *et al.*, 2005
亜成体	採餌休息期	3-10	**72**	18-47	**81**	van Dam and Diez, 1996, 1997
ヒメウミガメ *Lepidochelys olivacea*						
成体雌	産卵期			4-30		Hamel *et al.*, 2008
成体雄	回遊期		200	25-48	**200**	McMahon *et al.*, 2007
不明	回遊期		**288**			Swimmer *et al.*, 2006
ハシブトウミガラス *Uria lomvia*						
成体	採餌期	18	**107**	1	**3.7**	Croll *et al.*, 1992
アデリーペンギン *Pygoscelis adeliae*						
成体	採餌期	7-23	**180**	1-2	**5.0**	Watanuki *et al.*, 1997
キングペンギン *Aptenodytes patagonicus*						
成体	採餌期	29-94	**343**	2-4	**8.0**	Pütz and Cherel, 2005
エンペラーペンギン *Aptenodytes forsteri*						
成体	採餌期		**564**		**27.6**	Wienecke *et al.*, 2007; Sato *et al.*, 2012
カリフォルニアアシカ *Zalophus californianus*						
成体	採餌期		**482**		15	Schreer and Kovacs, 1997
ウェッデルアザラシ *Leptonychotes weddellii*						
成体	採餌期		**741**		82	Schreer and Kovacs, 1997
ハンドウイルカ *Tursiops truncatus*						
成体	採餌期		**535**		**12.0**	Schreer and Kovacs, 1997
マッコウクジラ *Physeter catodon*						
成体	採餌期		**3000**		**138.0**	Schreer and Kovacs, 1997
ヒト *Homo sapiens*						
成体			**72**		**2**	フリント, 2007

それぞれの種の最大記録を太字で表示.

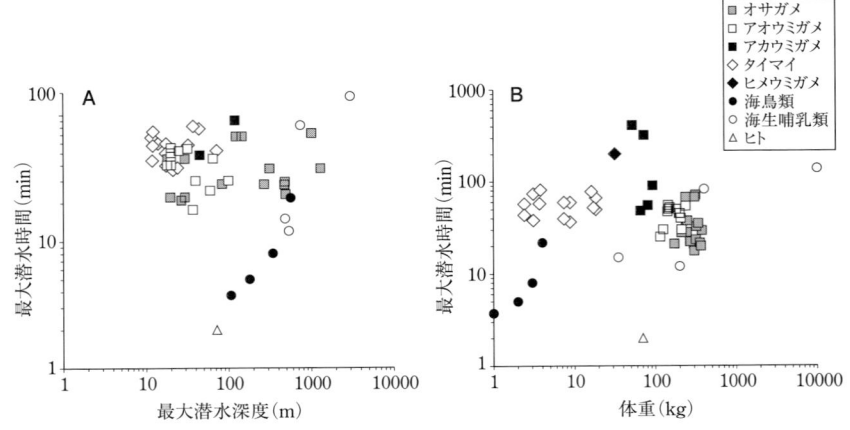

図 7.2 ウミガメ各種と海鳥類・海生哺乳類・ヒトの最大潜水深度と最大潜水時間(A)，および体重と最大潜水時間(B)の関係．公表された論文の表や図から読み取った値を用いて作図(Standola et al., 1984; Eckert et al., 1986, 1989; Sakamoto et al., 1993; van Dam and Diez, 1996, 1997; Minamikawa et al., 1997; Hochscheid et al., 1999, 2005; Southwood et al., 1999, 2005; Hays et al., 2000, 2004, 2007; Eckert, 2002; Wallace et al., 2005; Hatase et al., 2006, 2007; Myers et al., 2006; Bradshaw et al., 2007; Fossette et al., 2007; McMahon et al., 2007 より)．
文献中で体重が記されず直線甲長(SCL, cm)や曲甲長(CCL, cm)のみが示されている場合，以下の換算式を用いて体重(mass, kg)を推定した．
オサガメ：mass = 6.517 CCL − 700.4 (Southwood et al., 2005)
アオウミガメ：mass = 4.585 CCL − 349.22 (Hays et al., 2000)
アカウミガメ：mass = 0.0013976 $SCL^{2.4788}$ (Sato et al., 1998)

方から 1000 m を超える潜水記録が得られた．表 7.1 に示すとおり，現時点における最大潜水記録はオサガメ雄の 1250 m である (Houghton et al., 2008)．

　ウミガメ類における息ごらえ潜水時間の最長記録は，冬に 15℃ 近くまで水温が下がる海域でアカウミガメ亜成体から記録された 410 分である (Hochscheid et al., 2005)．ウミガメ類が冬にどこでなにをしているのかは十分調べられていないが，水温低下にともない活動性を極力下げて休息しているときの記録と考えられている．数多くの報告がある産卵期の潜水行動に限定すると，アカウミガメ成体雌の 90 分，アオウミガメ成体雌の 55 分が長時間記録である．海鳥類や海生哺乳類の潜水記録においては，潜水深度が深いほど潜水時間も長くなるのが一般的である (図 7.2A)．しかし，ウミガメ

類においては潜水深度と潜水時間の相関ははっきりしない（図7.2A）．もっとも深くまで潜るオサガメの最長潜水時間は71分で，ほかの種類に比べてそれほど長いわけではない（表7.1）．

潜水行動の種間比較において特筆すべきは，ヒメウミガメの高い潜水能力である．一般に体サイズの大きな動物ほど長時間息をこらえて潜ることができるが（後述），ヒメウミガメは体サイズが小さいにもかかわらず，288 mという最大潜水深度と200分という長時間潜水記録が報告されている (Swimmer et al., 2006; McMahon et al., 2007)．これらはいずれも外洋域を回遊している間の記録であり，おそらく採餌を目的とした潜水を行っているときの最大能力を表している．今後ほかの種類においても活発な採餌を行っている期間のデータが集まっていくにしたがって，表7.1の最大値は大きく更新されていくことであろう．

7.2 生理的側面

(1) 酸素蓄積量

ウミガメ類は肺呼吸動物なので，水面滞在中に体内に酸素を蓄積し潜水中に消費する．水面で呼吸を繰り返している間，心拍数は上昇する（頻脈 tachycardia）．この生理現象には，肺胞中の空気から血液中への酸素取り込みと血液から空気への二酸化炭素排出を促進する機能がある．頻脈は潜水性動物に一般的にみられる現象で，たとえばキタゾウアザラシ *Mirounga angustirostris* では潜水中の平均心拍数（39.0 beats min^{-1}）が，水面滞在中は107.3 beats min^{-1} へと大きく上昇する（Andrews et al., 1997）．ウミガメ類においてはオサガメで水面滞在中の頻脈が報告されているが，潜水中の平均心拍数17.4 beats min^{-1} が水面滞在中には平均値24.9 beats min^{-1} へと増加する程度で，ゾウアザラシにみられたような劇的な変化はみられない (Southwood et al., 1999)．

潜水動物が酸素を蓄積するのは呼吸器官（肺）・血中・筋肉組織中で，その配分割合は種ごとに大きく異なる（表7.2）．アオウミガメやアカウミガメなど硬い甲羅をもつウミガメ類の主要な酸素貯蔵器官は，肺であるとされ

表 7.2 動物ごとの酸素貯蔵能力と消費速度比較.

種名	体重 (kg)	酸素保有量 (ml kg^{-1})	部位別比率（％）			酸素消費速度 (ml min^{-1} kg^{-1})	cADL (min)
			肺	血液	筋肉		
オサガメ *Dermochelys coriacea*	280-342	27	44	51	5	0.41-1.66	5-70
	282					1.2	11.7-44.3
	312					0.73	29.2-48.1*
アオウミガメ *Chelonia mydas*	亜成体					0.16-0.45	
						1.03	
アカウミガメ *Caretta caretta*	8-20	22.2	69.8	26.6	3.6	0.67 1.41	33** 16**
ハシブトウミガラス *Uria lomvia*	1	44.8	47	43	10	56	0.8
アデリーペンギン *Pygoscelis adeliae*	4.5	61	50	26	24	32-46	1.3-1.9
キングペンギン *Aptenodytes patagonicus*	12	54	35	25	40	29	1.8
エンペラーペンギン *Aptenodytes forsteri*	25	53	19	34	47		5-7***
カリフォルニアアシカ *Zalophus californianus*	35	39	21	45	34		
ウェッデルアザラシ *Leptonychotes weddellii*	400	87	5	66	29	3.5	20-25***
ハンドウイルカ *Tursiops truncatus*	200	36	34	27	39		
マッコウクジラ *Physeter catodon*	10000	77	10	58	34		
ヒト *Homo sapiens*	70	20	24	57	15	31	0.6

*潜水行動データより推測した値（DLT），**酸素保有量を酸素消費速度で除することで求めた値，*et al.*, 1997 より）．

る．アカウミガメでは肺のなかに蓄えられる空気中の酸素が，全保有酸素量の 70％ を占める（Lutz and Bentley, 1985）．一方，オサガメの場合はほかのウミガメ類とは異なり，全蓄積量の 51％ に相当する酸素が血液中のヘモグロビンに結合した形で蓄えられる（Lutcavage *et al.*, 1992）．

これらの配分割合をほかの動物と比べてみる（表 7.2）．ウェッデルアザラシの体内保有空気量は少なく，呼吸器官内に保有する酸素量割合が 5％ と小さい．これは，減圧症対策であると考えられている（Falke *et al.*, 1985）．

保有空気量 (ml/kg^{-1})	血液量 (ml/kg^{-1})	ヘモグロビン ($g\,100\,ml^{-1}$)	ミオグロビン ($mg\,g^{-1}$)	文献
64	77	15.6	4.9	Lutcavage et al., 1990, 1992
				Wallace et al., 2005
				Bradshaw et al., 2007
94		8.8		Hochscheid et al., 2003; Lapennas and Lutz, 1982
83–102	70	9.8	2.9	Lutcavage et al., 1987, 1989, Lutcavage and Lutz, 1986; Lutz and Bentley, 1985; Thorson, 1968
128		18.0	19	Croll et al., 1992
200	87	16	30	Culik et al., 1994; Kooyman and Ponganis, 1998; Sato et al., 2002
125				Kooyman et al., 1992; Sato et al., 2002
69	100	18	64	Kooyman and Ponganis, 1998
35	96	18	27	Kooyman and Ponganis, 1998
27	210	26	54	Kooyman, 1989; Kooyman and Ponganis, 1998
81	71	14	33	Kooyman and Ponganis, 1998
54	200	22	54	Kooyman and Ponganis, 1998
		12–18		Kooyman, 1989; フリント, 2007

*** 潜水終了後の血中乳酸濃度上昇から定められた実測値（Kooyman et al., 1980; Ponganis

1000 m 以上の潜水を繰り返すマッコウクジラ Physeter catodon においても，呼吸器官内の酸素蓄積割合は少ない．さらに，ウェッデルアザラシとマッコウクジラは全血量が多く，酸素分子と結合するタンパク質であるヘモグロビンが血液中に高濃度で含まれている．これらの特徴は，深くまで潜る動物に共通した特徴である．ウミガメ類のなかではもっとも深く潜るオサガメが，そのほかのウミガメ類に比べて体内保有空気量を減らすのも，減圧症回避のためである可能性がある（Lutcavage et al., 1992）．

ペンギン類・アザラシ類・鯨類の筋肉は一般的に濃い赤色である．これは，酸素結合能力の高いミオグロビンという化学物質を高濃度に含むためである．これらの動物は，筋肉組織内にも多くの酸素を保有して潜水する．ウミガメ類の筋肉中に含まれるミオグロビン量は，潜水性の鳥類や海生哺乳類に比べるとさほど高くない（表7.2）．

ウミガメ類の体重あたり酸素保有量は，潜水性の海鳥類や海生哺乳類に比べると低く，ヒト程度である．したがって，酸素保有量はウミガメの長時間潜水を説明する要因にはなりえない．

（2） 酸素消費速度

潜水動物一般に，潜水中の心拍数が極端に低下する生理現象（潜水徐脈 bradycardia）がみられる．再びキタゾウアザラシの例を紹介すると，潜水中の平均心拍数（39.0 beats min^{-1}）は，水面滞在中の頻脈（107.3 beats min^{-1}）よりも低いだけでなく，陸上で休息している間の無呼吸時（44.9 beats min^{-1}）および正常呼吸時（65.0 beats min^{-1}）の値より小さく，一時的には3 beats min^{-1}にまで低下する（Andrews et al., 1997）．オサガメにおいて記録された潜水中の平均心拍数（17.4 beats min^{-1}）は水面滞在中の平均値24.9 beats min^{-1}より小さく，最長潜水時の平均心拍数は3.6 beats min^{-1}と極端に小さな値を示した（Southwood et al., 1999）．潜水徐脈の機能は潜水中の酸素消費速度を低下させ，長時間潜水を可能にすることであると考えられている．ウミガメ類においても同様の理由から潜水徐脈がみられると解釈できる．

潜水中の酸素消費速度は活動性によって大きく左右される．地磁気を検出するためのホールセンサー（Hall sensor）を用いてウミガメの活動性を記録したところ，一定深度に数十分間滞在する際のアオウミガメの活動性は低く，呼吸のため水面に浮上するときのみ活動性が上がった（Hochscheid and Wilson, 1999）．この結果は，産卵場周辺におけるアオウミガメの潜水行動観察結果とも一致する．深度と遊泳速度を同時に測定できる記録計を用いた調査によると，産卵期のアカウミガメは外洋で14分から40分間の潜水を繰り返し，潜水中の大部分を，0.2-1.48 cm s^{-1}というごくゆっくりとした鉛直速度で浮上しながら過ごしていた（Minamikawa et al., 2000）．潜降時の平

均遊泳速度は 0.3-0.5 m s^{-1} であったが，漸次浮上する間の遊泳速度はプロペラの検出限界 0.3 m s^{-1} 以下であった．アカウミガメはほぼ中性浮力（neutral buoyancy）を保って外洋の中層に漂っていたと考えられる．産卵期のオサガメの場合，潜水中の遊泳速度はいくらか変動するものの，泳ぎ続けていたという結果が得られており，その平均遊泳速度は 0.6 m s^{-1} であった（Eckert, 2002）．産卵期のオサガメ，アオウミガメ，アカウミガメの最大潜水時間はそれぞれ 29 分，55 分，90 分で（表 7.1），活動性の低いアオウミガメとアカウミガメで長く，活動性の高いオサガメで短い結果となっている．

ウミガメ類の潜水時間の最大値を比べると（表 7.1），アカウミガメ成体雌の 320 分（Hatase *et al.*, 2007）と亜成体の 410 分（Hochscheid *et al.*, 2005）という値が突出している．これらはいずれも冬期の値である．いずれも，夏以降半年間の連続記録が得られており，表層水温が夏の 20℃ 台後半から低下していくにしたがって，平均潜水時間が延びていく傾向がはっきりとみてとれる．成体雌の 320 分は表層水温 20℃，亜成体の 410 分は表層水温 15℃ で達成された記録である．水温低下にともなう代謝の低下で，酸素消費速度が極端に下がったことによりこのような長時間潜水が可能になったものと解釈できる．一方，大西洋高緯度地域（カナダのノバスコシア沖；北緯 44 度 60-64 分）でオサガメに SRDL を装着し，半年以上追跡した研究例によると，繁殖場のある南米に向かって南下する間，表層水温は 10℃ 前後から 25℃ 前後へ上昇していくが，潜水深度は数十 m から 200 m 前後へ増加し，潜水時間は 10 分前後から 40 分前後へと増加していた（James *et al.*, 2005）．この結果は，前述のアカウミガメの結果に反するもので，餌とりや水面における日光浴など，水温のほかにも考慮しなければならない要因があることを示唆している．

潜水中のウミガメ酸素消費速度を測定するのはむずかしい．呼気を分析することにより測定した産卵上陸したオサガメの酸素消費速度は 1.1 m*l* min^{-1} kg^{-1}（範囲 0.41-1.66 m*l* min^{-1} kg^{-1}）であった（Lutcavage *et al.*, 1992）．その後，二重標識水法（doubly labeled water）を用いて，産卵期のオサガメが海を泳ぐ間の酸素消費速度を測定したところ，1.2 m*l* min^{-1} kg^{-1} という同程度の値が得られている（Wallace *et al.*, 2005）．アオウミガメやアカウミガメから得られている酸素消費速度の値は 0.16-0.67 m*l* min^{-1} kg^{-1} とい

う範囲に収まっており（Lutz and Bentley, 1985; Hochscheid et al., 2003），これらの値を鳥類や哺乳類と比べると，ウミガメ類の酸素消費速度は1桁以上低いことがわかる（表7.2）．ウミガメの長時間潜水は，潜水中の酸素消費速度がきわめて低く抑えられていることによって達成されているといえる．

（3）　肺呼吸動物の潜水時間を左右するもの

肺呼吸動物の息ごらえ潜水時間を決めるのは，潜水中に消費可能な酸素蓄積量とその酸素を消費していく速度である（Kooyman, 1989）．潜水中の代謝をまかなう酸素が不足すると，通常の酸素呼吸から，酸素を使わない代謝経路によってエネルギーを生み出す無酸素代謝に移行し，乳酸が生産される．有酸素潜水限界（Aerobic Dive Limit; ADL）とは，「潜水終了直後の血中乳酸濃度が休息時の値以上に上昇する潜水時間」として定義されている（Costa et al., 2001）．しかし，野外環境下で潜水する動物の潜水直後の血中乳酸濃度を測定することはむずかしく，実際にADLが測定された例は少ない．代わりに，酸素蓄積量を酸素消費速度で除することでcADL（calculated ADL）が計算されることがある．このやり方で求めるcADLとは使用可能な酸素がすべて消費されるまでの時間である．しかし，実際の最大潜水時間はほとんどの動物でcADLよりも長い（表7.1および表7.2）．酸素保有量が過小評価されているか，酸素消費速度が過大評価されているためにこの不一致が起こると考えられる．一方，潜水終了時の乳酸濃度が実際に測定され，ADLが判明しているウェッデルアザラシやエンペラーペンギンは，ADLの2-3倍の長時間潜水が可能である．これは，ADLの時点で体内の酸素が消費しつくされているわけではないことを意味している．Patrick J. Butlerは上記のことを指摘したうえで，混乱を避けるためにADLに代わり潜水乳酸閾値（Diving Lactate Threshold; DLT）という名称を用いることを提案している（Butler, 2006）．

長時間の息ごらえ潜水を可能にするというのはすなわちcADLを伸ばすことであり，cADLは酸素保有量／酸素消費速度によって決まる．単位体重あたりの酸素消費速度は体重の$-1/4$乗に比例することが知られている（Schmidt-Nielsen, 1990）．単位体重あたりの酸素保有量に違いがなく，酸素保有量は体重に比例すると仮定すると，cADLは体重の$1/4$乗に比例して増

加することが期待される．潜水性海鳥類と海生哺乳類では，大型種ほど長時間潜ることが知られており（図 7.2B），これは上記の理由がもたらした傾向であると考えられる．しかし，ウミガメ類に限定して体重と最大潜水時間を比較したところ，大型個体ほど長時間潜る能力を有するといった傾向はみられない（図 7.2B）．肺をおもな酸素貯蔵器官にしていると考えられている硬い甲羅をもつ種類（アオウミガメ，アカウミガメ，タイマイ，ヒメウミガメ）を用いて種間比較した研究例では，大型個体ほど長い平均潜水時間をもつ傾向はみられたものの，決定係数 r^2 が 0.24 となり，ばらつきは大きい（Hochscheid et al., 2007）．

産卵期およびその後の回遊期のオサガメの潜水行動データをもとに，各個体が DLT を超える潜水を避けるべく振る舞っているであろうと仮定して求めた 9 個体の DLT は 29.2 分から 48.1 分の範囲であった（Bradshaw et al., 2007）．オサガメの酸素保有量 27 ml kg^{-1}（Lutcavage et al., 1992）をこの時間で割ることで求めた潜水中の酸素消費速度は 0.73 ml min^{-1} kg^{-1} となった．オサガメの酸素消費速度はアオウミガメやアカウミガメと同等の，爬虫類としてはごくふつうの値であったということになる（Bradshaw et al., 2007）．

（4） 温度生理

ウミガメ類のなかでオサガメは高緯度地域まで回遊することが知られている．1970 年代にカナダのノバスコシア沖で捕獲されたオサガメを，7.5℃ の海水で満たした水槽に 2 日間入れ，その後陸上に引き上げて体温を測定したところ，水温よりも 18℃ 高い 25.5℃ であった（Frair et al., 1972）．産卵上陸したオサガメ成体雌の休止時の酸素消費速度を測定したところ，同じサイズの哺乳類と爬虫類の中間の値を示した（Paladino et al., 1990）．これ以降，オサガメは爬虫類であるにもかかわらず哺乳類と同等の代謝速度をもつ内温動物（endotherm）なのではないかという見方が生まれた．しかし，コスタリカの砂浜で産卵を終えたオサガメ成体雌に，背甲下 10 cm 深の温度と消化管内温度，および水温と潜水深度を記録できる装置を取り付け，1 週間から 19 日後に再び産卵のために上陸してくるまでの記録を測定した例では，体重 244-381 kg のオサガメの体温は確かに水温より高く維持されていたが，温度差の平均値は 1.2-4.3℃ であった（Southwood et al., 2005）．産卵上陸し

たアカウミガメとアオウミガメ成体雌の胃のなかに温度計を入れ，産卵期に海中で過ごす間の体深部温度を測定した研究例では（図7.3），体重56-140 kgの個体で測定された体温と水温の平均値の温度差は0.7-1.7℃であった（Sato *et al.*, 1998）．これらの情報から，ウミガメ類の体温生理に関する種間差は顕著ではなく，体サイズに応じて体温が水温よりも数℃高く保たれていたものと考えることができる（図7.4）．高緯度の冷たい海域を泳ぐオサガメで測定された高体温は，部分的内温性（regional endothermy）を示唆しているが，オサガメもまた基本的には外温動物（ectotherm）の枠組から外れる動物ではないと解釈できる（Southwood *et al.*, 2005; Bradshaw *et al.*, 2007）．

　温度がウミガメの生活におよぼす影響としては，孵化期間の砂中温度によって性別が決まる温度依存性決定（Temperature-dependent Sex Determination; TSD）がよく知られている．ほかには，成体雌の産卵間隔が水温によって左右される現象が知られている．産卵期のウミガメ成体雌は，2週間程度の間隔で同じ砂浜に上陸し，一夏に複数回の産卵を行うとされていた．冷夏の1993年に和歌山県みなべ町のアカウミガメ産卵場における産卵間隔が3週間前後と長くなったことをきっかけに，5年分のデータに，小笠原諸島に産卵上陸したアオウミガメのデータ2年分も合わせて比較したところ，経験水温と産卵間隔の間に負の相関が発見された（Sato *et al.*, 1998）．その後，アセンション島やキプロスに産卵上陸するアオウミガメとアカウミガメが，いくらか高い経験水温に応じて短めの産卵間隔をもつという結果が報告された（Hays *et al.*, 2002a）．しかし，ヒメウミガメの経験水温と産卵間隔の事例は，上記の関係にはあてはまらず，集団産卵上陸（アリバダ）を行う都合上，産卵間隔を延ばしたり，産卵のタイミングを遅らせる能力がある模様である（Hamel *et al.*, 2008）．以上の結果に，オサガメの経験温度と産卵間隔のデータを加えて散布図を描いたところ，オサガメの産卵間隔はアオウミガメとアカウミガメに比べて短くなった（図7.5A）．体温データが得られているアカウミガメ，アオウミガメ，オサガメのデータを用いて温度と産卵間隔の散布図を描くと，3種のプロットが同一回帰曲線上に乗った（図7.5B）．ウミガメの水温と体温の間にみられる温度差は大型種ほど大きくなる（図7.4）．より大型のオサガメは，体サイズに応じた高い体温をもつた

図 7.3 背中に各種記録計を背負って海に戻るアカウミガメ.胃のなかにも温度記録計が挿入されている.

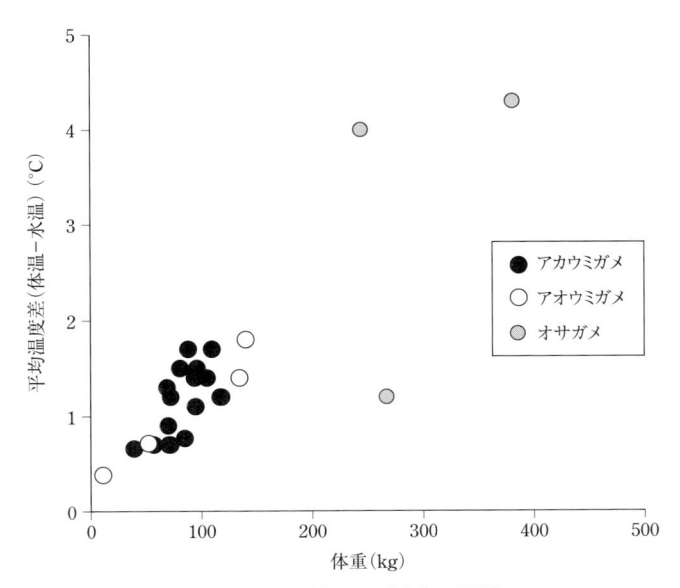

図 7.4 ウミガメ3種の体重と,温度差(体温－水温)の関係(Sato *et al.*, 1998; Southwood *et al.*, 2005; 藤原ほか,2007 より).

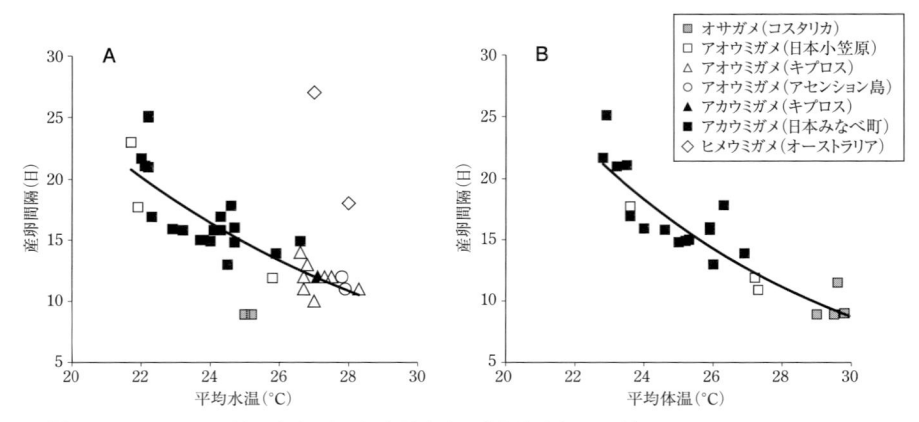

図 7.5 ウミガメ 4 種の産卵間隔と水温（A）や体温（B）との関係（Sato *et al.*, 1998; Hays *et al.*, 2002a; Southwood *et al.*, 2005, Hamel *et al.*, 2008 より）．

め，同じ経験水温でもアカウミガメ，アオウミガメより短い間隔で産卵を行ったものと考えられる．

7.3 行動生態的側面

（1） カメはなんのために潜るのか

　海鳥類や海生哺乳類の潜水行動研究における主要課題は採餌生態である．肺呼吸動物が，「酸素を得るための水面と，餌を得るための深度を往復する際，どのような時間配分で振る舞うのが効率的か」という興味にもとづき，数多くの研究例がある．水面から餌のある深度に移動し，その深度に滞在しながら餌を捕らえ，そこから水面に浮上し，水面に滞在しながら二酸化炭素を排出し酸素を蓄積する，という一連の行動を繰り返している動物にとって，時間効率のよい採餌潜水とは，潜水底部滞在時間／（潜水時間＋水面滞在時間）を最大化するものである．かりに動物がある潜水で底部滞在時間を延ばし，潜水時間が DLT（ADL）を超えてしまった場合，血中乳酸濃度を平常レベルに下げるために水面で長時間過ごす必要が出てくる．これは，結果的に潜水バウト（一連の潜水）の時間効率を低下させてしまうため，効率よく

採餌したい動物は，DLT（ADL）を超える長時間潜水を頻繁に行うことはないであろうという予測が成り立つ．

ウミガメ類を対象とした潜水行動研究における最大の謎は，「はたして彼らは餌をとることを目的に潜水しているのだろうか」という点であった．初めて記録計をウミガメ類に用いて得られた潜水行動記録を報告する論文では，オサガメ成体雌が産卵期に採餌していたとは考えられないと記されている（Eckert et al., 1989）．産卵期のアカウミガメ成体雌の胃内に温度計を挿入して得られた時系列記録には，なにか冷たいものが体内に取り込まれた様子が現れているが，その胃内温一時低下は海に帰ってから6時間以内に限って頻発し，その後はつぎの上陸までの間ほとんどみられなかった（Sato et al., 1994）．連続して行われた2回の産卵の間（17.8-21.1日間）のアカウミガメ体重は0.03-0.26 kg/dayの速度で低下しており，この速度は水族館における絶食実験の値0.21-0.26 kg/dayに近い値であった（Tanaka et al., 1995）．これらの結果からアカウミガメ成体雌は，産卵上陸中に失われた水分を補うために海水を飲み込むものの，産卵期間中には積極的な採餌行動を行っていないと考えられる．

その後，産卵期のオサガメ成体雌を対象とした研究が進み，水中ビデオカメラ（critter cam；ナショナルジオグラフィック協会作製）を搭載して得られた動画に採餌行動が記録されていなかったこと（Reina et al., 2005），アカウミガメと同様に胃内温データに採餌記録が残されていなかったこと（Southwood et al., 2005），二重標識水法による野外における代謝速度が休止中の値とほぼ同程度であったこと（Wallace et al., 2005），口の開閉を記録したところ餌を捕獲したような形跡がみられなかったこと（Myers and Hays, 2006）などが報告されている．仏領ギアナで産卵期の成体雌に口の開閉装置を取り付けたところ，一部の潜水で散発的な採餌行動が記録されたと報告されている（Fossette et al., 2008）．しかし，産卵期のオサガメ成体雌は産卵期に備えて事前にエネルギー蓄積をすませており，産卵期に積極的な採餌を行っていないと結論づけてよかろう．SRDLなどを用いて，産卵終了後のオサガメの回遊経路と潜水行動が記録されるようになり，産卵期より深い潜水を頻繁に行う様子が判明しつつある（Houghton et al., 2008）．

産卵期のアオウミガメ成体雌については，産卵場による違いが報告されて

いる．地中海のキプロスの産卵場周辺には海草群落が存在し，成体雌は 90 % 以上の時間を 4 m より浅い深度で過ごしており，潜水中に高い活動性を示したことから積極的な採餌を行っていたと示唆されている（Hochscheid et al., 1999; Hays et al., 2002b）．一方，大西洋中央部に位置するアセンション島では，深度 4 m 以浅で過ごす時間は 31 % にとどまり，ほとんどの時間を海底で休息して過ごしている模様であった（Hays et al., 1999, 2002b）．キプロスではアカウミガメの産卵も行われており，胃内容物などの間接情報も合わせて，産卵期の成体雌は採餌を行っていると考えられている（Houghton et al., 2002）．

アカウミガメの産卵終了後の採餌潜水について，2 個体から 4 カ月以上のデータが得られている（Hatase et al., 2007）．日本の屋久島に産卵上陸した小型個体は太平洋を回遊中に，25 m 以浅の潜水を繰り返し採餌を行っていた模様である．一方，大型個体は東シナ海に向かい水深 100-150 m の大陸棚上で過ごした．日中は底生動物を捕食し，夜間は 25 m 以浅の潜水を繰り返して休息していたものと考えられる．

産卵期から産卵後回遊期にかけてのアカウミガメ成体雌の詳細な潜水データが 1 個体から得られている（佐藤・畑瀬・松沢，未発表データ）．1998 年 7 月 26 日早朝に和歌山県みなべ町に上陸し，産卵のための穴掘りに失敗して海に戻るアカウミガメ成体雌（直線標準甲長 88.8 cm，体重 101.0 kg）の背甲に，深度・温度記録計を取り付けた．装着個体は 27 日 0 時ごろに再び同じ砂浜に上陸したが，またしても穴掘りに失敗して海に戻った．27 日の深夜，再度砂浜に上陸し，今度は無事産卵に成功して海に戻った．その後，7 月 30 日に室戸市の定置網に捕獲され，記録計が回収された．記録計から深度（測定間隔 1 分）と水温（測定間隔 2 分）の時系列データを得ることができた．最後の産卵の前後で，潜水プロファイルは劇的に変化していた（図 7.6A）．最後の産卵の前日と前々日は，深度 20-30 m の深度に数十分間滞在する潜水を繰り返し行っていた．潜水閾値を 5 m にして計算した平均潜水深度は 15.0 m，最大潜水深度は 26.1 m，平均潜水時間は 19.8 分，最大潜水時間は 53.0 分であった．最後の産卵終了後の 2 日半は，深度 100 m 以上の深い潜水を頻繁に行うようになり，平均潜水深度は 30.9 m，最大潜水深度は 190.1 m，平均潜水時間は 11.8 分，最大潜水時間は 44.0 分と，平均潜水

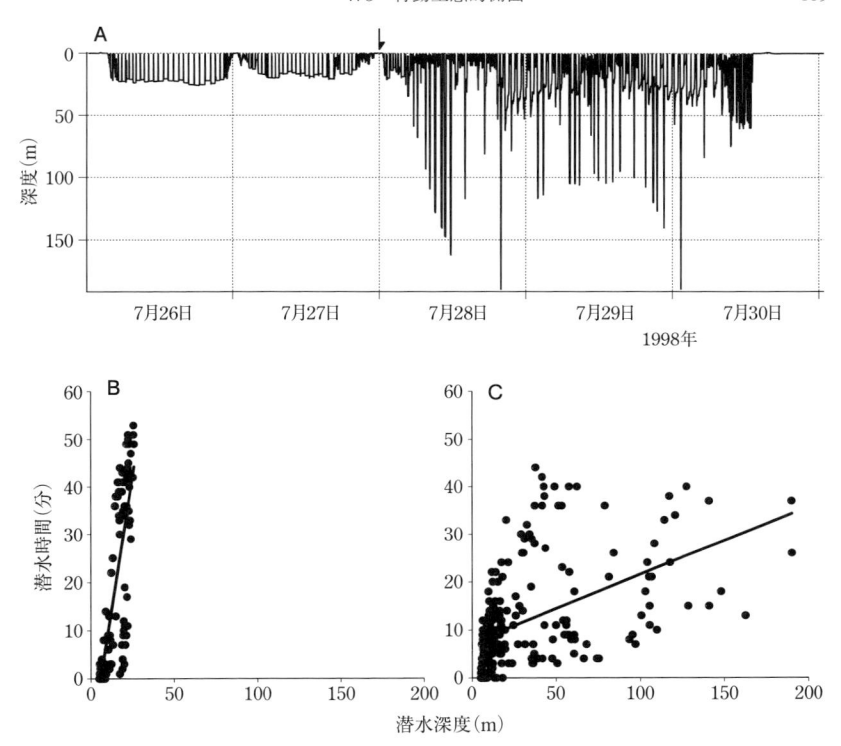

図 7.6 産卵期から産卵後回遊期にかけて記録されたアカウミガメ成体雌の潜水プロファイル(A). 矢印の時点で産卵に成功した. 産卵期(B)および産卵後回遊期(C)の潜水深度 X(m)と潜水時間 Y(秒)の関係. 回帰直線はそれぞれ以下のとおり.
$Y = 133.3X - 803.3 \ (R^2 = 0.65)$ (B)
$Y = 8.5X + 442.9 \ (R^2 = 0.24)$ (C)

深度が増える一方で, 平均潜水時間は短くなった. 潜水深度と潜水時間の散布図をみると, 産卵期に比べ, 産卵後回遊期の潜水時間は潜水深度に対して大きくばらついている (図 7.6B, C). 潜水時間が短くなるということから, 産卵後回遊期の潜水では活動性が高く, 酸素消費速度が大きかったことが推察される. 産卵期の潜水は海底で休息する目的で, 産卵後回遊期の潜水の多くは餌とりを目的になされたものであると考えられる.

　ヒメウミガメの潜水行動データは, 例数は少ないがいずれも外洋を回遊している間に得られている (Polovina *et al.*, 2003; Swimmer *et al.*, 2006; Mc-

Mahon et al., 2007).体サイズが 15-33 kg と小さな個体から得られたデータであるが,最大潜水深度が 288 m と深く,最大潜水時間が 200 分と長い点が特徴的である(表 7.1).外洋で採餌を目的に潜水している際の能力を反映していると考えられる.

タイマイにおいては,サンゴ礁で採餌潜水を繰り返す亜成体のデータが得られている(van Dam and Diez, 1996, 1997).日中はカイメンを捕食するための潜水を繰り返す一方で,夜間は一定深度に数十分間滞在する休息のための潜水を繰り返していた.休息潜水に比べて採餌潜水のほうが同じ潜水深度でも短くなる傾向がみられた.

(2) 水面を避けるための潜水

潜水行動には,目的とする深度に向かうということ以外に,表層を避けるという機能があるのかもしれない.産卵期にしばしばみられる一定深度に数十分間滞在する潜水では,海底にとどまって休息していると考えられる.水面に浮かんだ状態で休息すると,海流などの影響で水平方向に流されてしまう.再び同じ砂浜に産卵上陸するという事情から,水平方向に流される距離を減らすために表層から離れているのかもしれない.産卵期のアカウミガメに典型的にみられる漸次浮上をともなう潜水は,外洋域の中層における休息行動であると考えられている(Minamikawa et al., 1997, 2000).深度 10 m 程度でも,表層よりは海流の影響を受けにくいということもあるかもしれないが,外洋でも水面を避けて休息する理由はよくわかっていない.アカウミガメやアオウミガメは休息潜水を行う際,吸い込んだ空気が圧縮されてほぼ中性浮力となる深度を選択していると考えられている.この仮説はタイマーを用いた重り切り離し実験により検証されている(Minamikawa et al., 2000; Hays et al., 2004).

ウミガメ類が海底で長時間を過ごして越冬するという報告は古くからある(Felger et al., 1976; Moon et al., 1997).装置を搭載したアカウミガメから得られた潜水行動データにも,一定深度に長時間滞在する潜水プロファイルが記録されており(Hochscheid et al., 2005),彼らが海底にとどまっていることが示唆される.これらもまた,休息中に流されないために行う潜水であろう.

産卵期のオサガメ成体雌にビデオカメラを取り付けたところ，海に入った雌に雄が近づき交尾を試み，雌がそれを避けるために長時間海底にとどまり続けるといった興味深い社会性行動が観察されている（Reina et al., 2005）．これもまた，水面付近を避けるための潜水行動に分類できる．産卵後のオサガメ雌雄からは，1000 m を超える深度の潜水記録が得られている（Houghton et al., 2008）．Houghton らは，この深い潜水の機能として，餌となるゼラチン状の生物を探索するということ以外に，サメやシャチといった捕食者からの逃避やオーバーヒートした体温を下げるために水温躍層の下の冷たい水温を経験するといったことをあげているが，仮説を検証するためには，さらに情報を集める必要がある．

水平方向に移動中の動物が水面に近づくか，体の一部が水面上に出ると，水面に波ができ抵抗が急増する（造波抵抗）．体厚の 3 倍程度の深度まで潜れば，造波抵抗はなくなる（Kooyman, 1989）．回遊期のウミガメは造波抵抗をなくす目的で潜るのかもしれない．アオウミガメ成体雌 4 頭の産卵後回遊期に得られた潜水行動記録によると，平均潜水深度 10-30 m の潜水を繰り返していた（Hatase et al., 2006）．アオウミガメの体の厚みは 40 cm 程度なので，造波抵抗を避ける目的にしては深すぎる．産卵場のある小笠原諸島から北上し，黒潮を横切って本州・四国・九州沿岸にまで回遊する間，なぜアオウミガメが深さ数十 m の潜水を繰り返したのか，その理由はまだはっきりしていない．

（3） 今後の課題

地球に飛来した宇宙人がヒトの生態を調べるときのことを想像してみよう．なんらかの制約（たとえば，酸素が存在する気体中では紫外線を浴びると死んでしまうなど）によって，宇宙人が夜間のみの観察を行った場合，彼らはどんな論文を書くだろうか．「このヒトという動物は，一部の例外はあるものの，ほとんどの個体は横臥して長時間を過ごし，きわめて不活発な行動様式を示す」といった結論となるはずだ．精度の高い測定装置を用いて，寝返り回数や呼吸数について詳細な行動データを蓄積したところで，結論が大きく異なることはない．われわれヒトが，もしこの論文を読むことができたら，「宇宙人はわれわれの生態をまったく理解していない！」と憤慨することだ

ろう．

　ウミガメの潜水行動学に関連して，記録計や発信器を使ってさまざまな研究が進められてきたが，初期の研究，すなわち観察や気球を用いた調査によって得られた結果，「ウミガメは長時間潜水を行うが，ほとんどの時間を不活発に過ごす」という内容の大筋はいまだに否定されていない．しかし，この結論が海で過ごす間の生態の全体像からほど遠いことは明らかである．潜水性海鳥類や海生哺乳類はおしなべて高い潜水能力を有するが，彼らが潜る最大の理由は餌とりである．水面でしか呼吸できない肺呼吸動物が，わざわざ息をこらえて数百mも潜るのは，そこに豊富な餌があるからだ．採餌期のウミガメ潜水行動学はまだ始まったばかり．近い将来，活発に泳ぎ回って効率よく餌をとるウミガメの行動生態が解明されることであろう．

　あるいは，ウミガメは哺乳類や鳥類とはまったく異なる行動指針にもとづいて振る舞っている可能性もある．「なにかのために」とか「効率よく」などといったことを考えるのは，酸素消費速度が高いがゆえに（高コスト！），高収入を追い求めざるをえない哺乳類であるヒトの思考様式であって，そもそも低コストの生活スタイルをもつウミガメはそんなことは重視していないかもしれない．地球環境問題がとりざたされ，持続可能な生活様式への転換が近年話題となりつつある人類にとって，われわれよりもはるかに長い時間を生き延びてきたウミガメ類の生活様式に学ぶところは多い．

引用文献

Andrews, R.D., D.R. Jones, T.M. Williams, P.H. Thorson, G.W. Oliver, D.P. Costa and B.J. LeBoeuf. 1997. Heart rates of northern elephant seals diving at sea and resting on the beach. Journal of Experimental Biology, 200: 2083–2095.

Bradshaw, C.J.A., C.R. McMahon and G.C. Hays. 2007. Behavioral inference of diving metabolic rate in free-ranging leatherback turtles. Physiological and Biochemical Zoology, 80: 209–219.

Butler, P.J. 2006. Aerobic dive limit. What is it and is it always used appropriately? Comparative Biochemistry and Physiology A, 145: 1–6.

Carr, A. 1967. Imperial gift of the sea. National Geographic, 131: 876–890.

Costa, D.P., N.J. Gales and M.E. Goebel. 2001. Aerobic dive limit: how often does it occur in nature? Comparative Biochemistry and Physiology A, 129: 771–783.

Croll, D.A., A.J. Gaston, A.E. Burger and D. Konnoff. 1992. Foraging behavior

and physiological adaptation for diving in thick-billed murres. Ecology, 73: 344-356.
Culik, B.M., R.P. Wilson and R. Bannasch. 1994. Underwater swimming at low energetic cost by Pygoscelid penguins. Journal of Experimental Biology, 197: 65-78.
Eckert, S. 2002. Swim speed and movement patterns of gravid leatherback turtles(*Dermochelys coriacea*) at St. Croix, U.S. Virgin Islands. Journal of Experimental Biology, 205: 3689-3697.
Eckert, S.A., K.L. Eckert, P. Ponganis and G.L. Kooyman. 1989. Diving and foraging behavior of leatherback sea turtles(*Dermochelys coriacea*). Canadian Journal of Zoology, 67: 2834-2840.
Eckert, S.A., D.W. Nellis, K.L. Eckert and G.L. Kooyman. 1986. Diving patterns of two leatherbsack sea turtles(*Dermochelys coriacea*) during internesting intervals at sandy point, St.Croix, U.S. Virgin Islands. Herpetologica, 42: 381-388.
Falke, K.J., R.D. Hill, J. Qvist, R.C. Schneider, M. Guppy, G.C. Liggins, P.W. Hochachka, R.E. Elliott and W.M. Zapol. 1985. Seal lungs collapse during free diving: evidence from arterial nitrogen tensions. Science, 229: 556-558.
Fedak, M.A., P. Lovell, B. McConnell and C. Hunter. 2002. Overcoming the constraints of long range radio telemetry from animals: getting more useful data from smaller packages. Integrative and Comparative Biology, 42: 3-10.
Felger, R.S., K. Cliffton and P.J. Regal. 1976. Winter dormancy in sea turtles: independent discovery and exploitation in the gulf of California by two local cultures. Science, 191: 283-285.
フリント, R. (浜本哲郎訳) 2007. 数値でみる生物学――生物に関わる数のデータブック. シュプリンガー・ジャパン, 東京.
Fossette, S., S. Ferraroli, H. Tanaka, Y. Ropert-Coudert, N. Arai, K. Sato, Y. Naito, Y. Le Maho and J.Y. Georges. 2007. Dispersal and dive patterns in gravid leatherback turtles during the nesting season in French Guiana. Marine Ecology Progress Series, 338: 233-247.
Fossette, S., P. Gaspar, Y. Handrich, Y. Le Maho and J.Y. Georges. 2008. Dive and beak movement patterns in leatherback turtles *Dermochelys coriacea* during internesting intervals in French Guiana. Journal of Animal Ecology, 77: 236-246.
Frair, W., R.G. Ackman and M. Mrosovsky. 1972. Body temperrature of *Delmochelys coriacea*: warm turtle from cold water. Science, 177: 791-793.
藤原由紀子・楢崎友子・佐藤克文. 2007. 太陽放射エネルギーがウミガメ類の体温に及ぼす影響. 国際沿岸海洋研究センター研究報告, 32: 3-6.
Hamel, M.A., C.R. McMahon and C.J.A. Bradshaw. 2008. Flexible inter-nesting behaviour of generalist olive ridley turtles in Australia. Journal of Experimental Marine Biology and Ecology, 359: 47-54.
Hatase, H., K. Omuta and K. Tsukamoto. 2007. Bottom or midwater: alternative

foraging behaviours in adult female loggerhead sea turtles. Journal of Zoology (London), 273: 46-55.
Hatase, H., K. Sato, M. Yamaguchi, K. Takahashi and K. Tsukamoto. 2006. Individual variation in feeding habitat use by adult female green sea turtles (*Chelonia mydas*) : are they obligately neritic herbivores? Oecologia, 149: 52-64.
Hays, G.C., C.R. Adams, A.C. Broderick, B.J. Godley, D.J. Lucas, J.D. Metcalfe and A.A. Prior. 2000. The diving behaviour of green turtles at Ascension Island. Animal Behaviour, 59: 577-586.
Hays, G.C., A.C. Broderick, F. Glen, B.J. Godley, J.D.R. Houghton and J.D. Metcalfe. 2002a. Water temperature and internesting intervals for loggerhead (*Caretta caretta*) and green (*Chelonia mydas*) sea turtles. Journal of Thermal Biology, 27: 429-432.
Hays, G.C., F. Glen, A.C. Broderick, B.J. Godley and J.D. Metcalfe. 2002b. Behavioural plasticity in a large marine berbivore: contrasting patterns of depth utilisation between two green turtle (*Chelonia mydas*) populations. Marine Biology, 141: 985-990.
Hays, G.C., P. Luschi, F. Papi, C.D. Seppia and R. Marsh. 1999. Changes in behaviour during the inter-nesting period and post-nesting migration for Ascension Island green turtles. Marine Ecology Progress Series, 189: 263-273.
Hays, G.C., G. Marshall and J.A. Seminoff. 2007. Flipper beat frequency and amplitude changes in diving green turtles, *Chelonia mydas*. Marine Biology, 150: 1003-1009.
Hays, G.C., J.D. Metcalfe and A.W. Walne. 2004. The implications of lung-regulated buoyancy control for dive depth and duration. Ecology, 85: 1137-1145.
Heath, M.E. and S.M. McGinnis. 1980. Body temperature and heat transfer in the green sea turtle, *Chelonia mydas*. Copeia, 1980: 767-773.
Heithaus, M., J.J. McLash, A. Frid, L.M. Dill and G. Marshall. 2002. Novel insights into green sea turtle behaviour using animal-borne video cameras. Journal of the Marine Biological Assosiation of U.K., 82: 1049-1050.
Hochscheid, S., F. Bentivegna and G.C. Hays. 2005. First records of dive durations for a hibernating sea turtle. Biology Letters, 1: 82-86.
Hochscheid, S., F. Bentivegna and J.R. Speakman. 2003. The duel function of the lung in chelonian sea turtles: buoyancy control and oxygen strage. Journal of Experimental Marine Biology and Ecology, 297: 123-140.
Hochscheid, S., B.J. Godley, A.C. Broderick and R.P. Wilson. 1999. Reptilian diving: highly variable dive patterns in the green turtle *Chelonia mydas*. Marine Ecology Progress Series, 185: 101-112.
Hochscheid, S., C.R. McMahon, C.J.A. Bradshaw, F. Maffucci, F. Bentivegna and G.C. Hays. 2007. Allometric scaling of lung volume and its consequences for marine turtle diving performance. Comparative Biochemistry and Physiology A, 148: 360-367.

Hochscheid, S. and R.P. Wilson. 1999. A new method for the determination of at-sea activity in sea turtles. Marine Ecology Progress Series, 185: 293-296.

Houghton, J.D.R., A.C. Broderick, B.J. Godley, J.D. Metcalfe and G.C. Hays. 2002. Diving behaviour during the internesting interval for loggerhead turtles *Caretta caretta* nesting in Cyprus. Marine Ecology Progress Series, 227: 63-70.

Houghton, J.D.R., T.K. Doyle, J. Davenport, R.P. Wilson and G.C. Hays. 2008. The role of infrequent and extraordinary deep dives in leatherback turtles (*Dermochelys coriacea*). Journal of Experimental Biology, 211: 2566-2575.

Houghton, J.D.R., A. Woolmer and G.G. Hays. 2000. Sea turtle diving and foraging behaviour around the Greek Island of Kefalonia. Journal of Marine Biology, Association of U.K., 80: 761-762.

James, M.C., R.A. Myers and C.A. Ottensmeyer. 2005. Behaviour of leatherback sea turtles, *Dermochelys coriacea*, during the migratory cycle. Proceedings of the Royal Society of London B, 272: 1547-1555.

Kooyman, G.L. 1989. Diverse Divers. Springer-Verlag, Berlin.

Kooyman, G.L., Y. Cherel, Y.L. Maho, J.P. Croxall, P.H. Thorson, V. Ridoux and C.A. Kooyman. 1992. Diving behavior and energetics during foraging cycles in king penguins. Ecological Monographs, 62: 143-163.

Kooyman, G.L. and P.J. Ponganis. 1998. The physiological basis of diving to depth: birds and mammals. Annual Review of Physiology, 60: 19-32.

Kooyman, G.L., E.A. Wahrenbrock, M.A. Castellini, R.W. Davis and E.E. Sinnett. 1980. Aerobic and anaerobic metabolism during voluntary diving in Weddell seals: evidence of preferred pathways from blood chemistry and behavior. Journal of Comparative Physiology, 138: 335-346.

Lapennas, G.N. and P.L. Lutz. 1982. Oxygen affinity of sea turtle blood. Respiration Physiology, 48: 59-74.

Lutcavage, M.E., P.G. Bushnell and D.R. Jones. 1990. Oxygen transport in the leatherback sea turtle *Dermochelys copiacea*. Physiological Zoology, 63: 1012-1024.

Lutcavage, M.E., P.G. Bushnell and D.R. Jones. 1992. Oxygen stores and aerobic metabolism in the leatherback sea turtle. Canadian Journal of Zoology, 70: 348-351.

Lutcavage, M.E. and P.L. Lutz. 1986. Metabolic rate and food energy requirements of the leatherback sea turtle, *Dermochelys coriacea*. Copeia, 1986: 796-798.

Lutcavage, M.E., P.L. Lutz and H. Baier. 1987. Gas exchange in the loggerhead sea turtle *Caretta caretta*. Journal of Experimental Biology, 131: 365-372.

Lutcavage, M.E., P.L. Lutz and H. Baier. 1989. Respiratory mechanics of the loggerhead sea turtle, *Caretta caretta*. Respiration Physiology, 76: 13-24.

Lutz, P.L. and T.B. Bentley. 1985. Respiratory physiology of diving in the sea turtle. Copeia, 1985: 671-679.

McMahon, C.R., C.J.A. Bradshaw and G.C. Hays. 2007. Satellite tracking reveals unusual diving characteristics for a marine reptile, the olive ridley turtle *Lepidochelys olivacea*. Marine Ecology Progress Series, 329: 239-252.

Minamikawa, S., Y. Naito, K. Sato, Y. Matsuzawa, T. Bando and W. Sakamoto. 2000. Maintenance of neutral buoyancy by depth selection in the loggerhead turtle *Caretta caretta*. Journal of Experimental Biology, 203: 2967-2975.

Minamikawa, S., Y. Naito and I. Uchida. 1997. Buoyancy control in diving behavior of the loggerhead turtle, *Caretta caretta*. Journal of Ethology, 15: 109-118.

Moon, D.-Y., D.S. Mackenzie and D.W. Owens. 1997. Simulated hibernation of sea turtles in the laboratory. I. Feeding, breeding frequency, blood pH, and blood gases. Journal of Experimental Zoology, 278: 372-380.

Myers, A.E. and G.C. Hays. 2006. Do leatherback turtles *Dermochelys coriacea* forage during the breeding season? A comparison of data-logging devices provide new insights. Marine Ecology Progress Series, 322: 259-267.

Myers, A.E., P. Lovell and G.C. Hays. 2006. Tools for studying animal behaviour: validation of dive profiles relayed via the Argos satellite system. Animal Behavior, 71: 989-993.

Naito, Y., W. Sakamoto, I. Uchida, K. Kureha and T. Ebisawa. 1990. Estimation of migration route of the loggerhead turtle *Caretta caretta* around the nesting ground. Nippon Suisan Gakkaishi, 56: 255-262.

Narazaki, T., K. Sato, K.J. Abernathy, G.J. Marshall and N. Miyazaki. 2009. Sea turtles compensate deflection of heading at the sea surface during directional travel. Journal of Experimental Biology, 212: 4019-4026.

Paladino, F.V., M.P. O'Connor and J.R. Spotila. 1990. Metabolism of leatherback turtles, gigantothermy and thermoregulation of dinosaurs. Nature, 344: 858-860.

Polovina, J.J., E. Howell, D.M. Parker and G.H. Balazs. 2003. Dive-depth distribution of loggerhead(*Caretta caretta*)and olive ridley(*Lepidochelys olivacea*) sea turtles in the central North Pacific: might deep longline sets catch fewer turtles? Fishery Bulletin, 101: 189-193.

Ponganis, P.J., G.L. Kooyman, L.N. Starke, C.A. Kooyman and T.G. Kooyman. 1997. Post-dive blood lactate concentrations in emperor penguins, *Aptenodytes forsteri*. Journal of Experimental Biology, 200: 1623-1626.

Pütz, K. and Y. Cherel. 2005. The diving behaviour of brooding king penguins (*Aptenodytes patagonicus*)from the Falkland Islands: variation in dive profiles and synchronous underwater swimming provide new insights into their foraging strategies. Marine Biology, 147: 281-290.

Reina, R.D., K.J. Abernathy, G. Marshall and J.R. Spotila. 2005. Respiratory frequency, dive behaviour and social interactions of leatherback turtles, *Dermochelys coriacea* during the inter-nesting interval. Journal of Experimen-

tal Marine Biology and Ecology, 316: 1-16.
Sakamoto, W., K. Sato, H. Tanaka and Y. Naito. 1993. Diving patterns and swimming environment of two loggerhead turtles during internesting. Nippon Suisan Gakkaishi, 59: 1129-1137.
Sakamoto, W., I. Uchida, Y. Naito, K. Kureha, M. Tsujimura and K. Sato. 1990. Deep diving behaviour of the loggerhead turtle near the frontal zone. Nippon Suisan Gakkaishi, 56: 1435-1443.
Sapsford, C.W. and M.V.D. Riet. 1978. Uptake of solar radiation by the sea turtle, *Caretta caretta*, during voluntary surface basking. Comparative Biochemistry and Physiology A, 63: 471-474.
Sato, K., Y. Matsuzawa, H. Tanaka, T. Bando, S. Minamikawa, W. Sakamoto and Y. Naito. 1998. Internesting intervals for loggerhead turtles, *Caretta caretta*, and green turtles, *Chelonia mydas*, are affected by temperature. Canadian Journal of Zoology, 76: 1651-1662.
Sato, K., Y. Naito, A. Kato, Y. Niizuma, Y. Watanuki, J.B. Charrassin, C.-A. Bost, Y. Handrich and Y. Le Maho. 2002. Buoyancy and maximal diving depth in penguins: do they control inhaling air volume? Journal of Experimental Biology, 205: 1189-1197.
Sato, K., W. Sakamoto, Y. Matsuzawa, H. Tanaka and Y. Naito. 1994. Correlation between stomach temperatures and ambient water temperatures in free-ranging loggerhead turtles, *Caretta caretta*. Marine Biology, 118: 343-351.
Sato, K., K. Shiomi, G. Marshall, G.L. Kooyman and P.J. Ponganis. 2012. Stroke rates and diving air volumes of emperor penguins: implications for dive performance. Journal of Experimental Biology, 214: 2854-2863.
Schmidt-Nielsen, K. 1990. Animal Physiology: Adaptation and Environment. Cambridge University Press, Cambridge.
Schreer, J.F. and K.M. Kovacs. 1997. Allometry of diving capacity in air-breathing vertebrates. Canadian Journal of Zoology, 75: 339-358.
Southwood, A.L., R.D. Andrews, M.E. Lutcavage, F.V. Paladino, N.H. West, R.H. George and D.R. Jones. 1999. Heart rates and diving behavior of leatherback sea turtles in the eastern Pacific Ocean. Journal of Experimental Biology, 202: 1115-1125.
Southwood, A.L., R.D. Andrews, F.V. Paladino and D.R. Jones. 2005. Effects of diving and swimming behavior on body temperatures of Pacific leatherback turtles in tropical seas. Physiological and Biochemical Zoology, 78: 285-297.
Standola, E.A., J.R. Spotila and R.E. Foley. 1982. Regional endothermy in the sea turtle. *Chelonia mydas*. Journal of Thermal Biology, 7: 159-165.
Standola, E.A., J.R. Spotila, J.A. Keinath and C.R. Shoop. 1984. Body temperatures, diving cycles, and movement of a subadult leatherback turtle, *Dermochelys coriacea*. Herpetologica, 40: 169-176.
Swimmer, Y., R. Arauz, M. McCracken, L. McNaughton, J. Ballestero, M. Musyl,

K. Bigelow and R. Brill. 2006. Diving behavior and delayed mortality of olive ridley sea turtles *Lepidochelys olivacea* after their release from longline fishing gear. Marine Ecological Progress Series, 329: 239-252.

Tanaka, H., K. Sato, Y. Matsuzawa, W. Sakamoto, Y. Naito and K. Kuroyanagi. 1995. Analysis of possibility of feeding of loggerhead turtles during internesting periods based on stomach temperature measurements (in Japanese). Nippon Suisan Gakkaishi, 61: 339-345.

Thorson, T.B. 1968. Body fluid partitioning in reptiles. Copeia, 1968: 592-601.

Troeng, S., P.H. Dutton and D. Evans. 2005. Migration of hawksbill turtles *Eretmochelys imbricata* from Tortuguero, Costa Rica. Ecography, 28: 394-402.

van Dam, R.P. and C.E. Diez. 1996. Diving behavior of immature hawksbills (*Eretmochelys imbricata*) in a Caribbean cliff-wall habitat. Marine Biology, 127: 171-178.

van Dam, R.P. and C.E. Diez. 1997. Diving behavior of immature hawksbill turtles (*Eretmochelys imbricata*) in a Caribbean reef habitat. Coral Reefs, 16: 133-138.

Wallace, B.P., C.L. Williams, F.V. Paladino, S.J. Morreale, R.T. Lindstrom and J.R. Spotila. 2005. Bioenergetics and diving activity of internesting leatherback turltes *Dermochelys coriacea* at Parque Nacional Marino Las Baulas, Costa Rica. Journal of Experimental Biology, 208: 3873-3884.

Watanuki, Y., A. Kato, Y. Naito, G. Robertson and S. Robinson. 1997. Diving and foraging behaviour of Adelie penguins in areas with and without fast sea-ice. Polar Biology, 17: 296-304.

Wienecke, B., G. Robertson, R. Kirkwood and K. Lawton. 2007. Extreme dives by free-ranging emperor penguins. Polar Biology, 30: 133-142.

8
回 遊
大回遊の戦略

畑瀬英男

　障壁のない海で暮らす体サイズの大きなウミガメは，現生爬虫類のなかでもっとも大規模に移動する生物である．卵の孵化温度の制約から，繁殖場は熱帯から温帯に限られるが，摂餌のためにかなり高緯度にまで進出することもある．たとえば，巨体恒温性（gigantothermy）のおかげで体温を外部水温よりかなり高く保つことができるオサガメ成体が（Paladino et al., 1990），北緯60度の北海北部で捕獲されている（Willgohs, 1957）．またアカウミガメが成長過程で，海流を利用しながら大洋を横断することは広く知られている．本章では，その驚異的な移動現象である「回遊（migration）」に焦点をあてる．「回遊」には読んで字のごとく，もといたところに戻ってくるというニュアンスが含まれる．

　ウミガメの「回遊」には2つある．それらは時間スケールで区分されている．1つは生活史を通じた，成長にともなう大規模な生息域の移行で，これを成長回遊（developmental migration）とよんでいる．もう1つはより短い時間スケールである季節による生息域間の移動で，季節回遊（seasonal migration）である．成長回遊は未成熟個体が行うものであるが，季節回遊は未成熟個体も成熟個体もともに行う．とくに成熟個体は，数年ごとに摂餌場から遠く離れた繁殖場へ向かい，繁殖場で数カ月過ごした後，再び摂餌場へ戻る．ウミガメの長い生活史のなかで唯一，容易に人がアクセスできるの

が，砂浜に上陸してくる産卵期なので，ウミガメ回遊研究の大半は，成体雌を用いた季節回遊の調査である．ウミガメは1つの産卵期に約2週間ごとに複数回の産卵を行うが，この1産卵期の産卵と産卵の間の行動（internesting movement/habitat-use）はふつう回遊には含めない（先駆的な研究に，Soma, 1985；Naito et al., 1990；Yano and Tanaka, 1991 などがある）．本章ではまず，ウミガメの回遊を調べるのにどのような手法が用いられているのかを紹介する．そして，それらを用いて解明された回遊生態を紹介し，なぜ回遊するのか，どのように回遊するのか解説しよう．

8.1　回遊の研究手法

ここではウミガメの回遊を調べるのに用いられているさまざまな手法を紹介する．受動的に個体の出現状況を記録する手法と，個体に対して能動的になにかを働きかける標識法の2つに分けられる．

（1）　捕獲／漂着／目視観測データ解析法

捕獲（capture）や漂着（stranding）もしくは目視観測（sighting）で得られたデータを解析し，密度分布の時空間的な変化から回遊を推察する．（一部の地域を除いて）商業価値のないウミガメの漁獲統計など存在しないので，漁業で混獲された，海岸へ漂着した，もしくは自ら捕獲した個体のデータ，あるいは船舶や航空機からの目視観測（shipboard/aerial survey）で得られた分布のデータを，地道に長期にわたって収集し続ける必要がある．種または個体群レベルでの成長回遊および季節回遊を推察できる．古くは1930年代後半に，アイルランドにおける漂着記録をもとに，ケンプヒメウミガメのメキシコ湾からの海流を利用した成長回遊が推察されている（Deraniyagala, 1938）．日本においても，捕獲および漂着記録をもとに，オサガメ（Nishimura, 1964），タイマイ（Nishimura and Yasuda, 1967），およびヒメウミガメ（Nishimura et al., 1972）の，熱帯／亜熱帯にある繁殖場からの回遊を推察した先駆的な研究がある．

図 8.1 左:プラスチック標識と装着器具(屋久島うみがめ館で用いられている),右:衛星用電波発信器を背甲に装着されたアカウミガメ産卵個体.

(2) 外的標識法

個体になにかを装着して回遊を調べるのが,外的標識法である.これには標識再捕と衛星追跡がある.どちらも標本数を増やすのに長い年月を要するが,直接的な証拠を得るにはもっとも確実な手法である.

標識再捕

もっとも簡便かつふつうにウミガメ回遊研究に用いられているのが標識再捕(mark-recapture method)である.古くは1910年代半ばに記録が残されている(Schmidt, 1916).ウミガメの前肢もしくは後肢に,個体番号や連絡先が刻印されたプラスチック製もしくは金属製(材質はモネル,インコネル,チタンなど)の標識を,専用の器具で装着し放流する(図8.1).その後,漁業による混獲や海岸への漂着などにより,運よく標識の回収もしくは個体番号の読み取りがなされると,その個体の回遊が明らかになる.多くの個体に応用できる反面,標識の回収もしくは個体番号の読み取りを他者の善意に委ねなければならないので,データの収集に長い年月を要する.また放流地点と再捕地点の2点の情報しか得られないので,その間の回遊経路は不明である.成長回遊および季節回遊の両調査に用いられている.ちなみに孵化幼体や若齢個体に標識を付けても,成長過程で標識が脱落することが多いので,何十年か後に標識の付いた個体が生まれた砂浜に産卵に帰ってきたという例は皆無である.

衛星追跡

　電波発信器を個体に装着し，人工衛星を介して信号を受信することで個体の位置を特定するのが，衛星追跡（satellite tracking/telemetry）である．1980年代初頭からウミガメへの応用が始まり，最近ではウミガメ回遊研究のマストツールとなっている（Godley *et al*., 2008）．ウミガメ科のウミガメに対しては一般に，背甲の第二椎甲板上にエポキシパテで土手をつくり，速硬化型エポキシ系接着剤を流し込んで発信器を取り付ける（図8.1）．発信器は数年で自然脱落する．衛星追跡では，従来は個体の位置情報しか得られなかったが，最近では個体の回遊中の潜水深度や経験水温などの情報も得られるようになってきている．この手法の利点は，発信器を付けた個体の再捕が不要で，個体の大規模な移動をリアルタイムに追うことができることである．欠点は，追跡システムに莫大な費用がかかるので，標本数を増やすのがむずかしいことである．たとえば，電波発信器1台約50万円，無線局開設に約10万円，アルゴス衛星システム利用料1日約1500円などの費用がかかる．Satellite Tracking and Analysis Tool（STAT；Coyne and Godley, 2005）を用いれば，処理センターからデータを自動取得できるばかりでなく，その位置にまつわる表面水温や地衡流などの環境情報も同時に得ることができる．この利用にも1台につき100ドルの協力金が必要である．発信器の電池寿命が1-2年で，かつ発信器のサイズも大きいことから，現在のところ衛星追跡の利用は，若齢個体以上の季節回遊の調査に限られる．

（3）　内的標識法

　生体から得た組織試料を，分子生物学的もしくは生物地球化学的に分析することで個体の回遊を推察するのが内的標識法である．標本数を増やすのに長い年月を要する外的標識法に比べ，内的標識法では1検体が1つの回遊標本になるため，定量的もしくは統計的な解析を行いやすい．

遺伝子分析

　産卵群間における遺伝的変異を利用して，捕獲されたウミガメが起源する産卵地を探ることができる．この手法はもともと，ウミガメの母浜回帰（natal homing）と同様に母川回帰を行うサケの，海洋で捕獲された個体の起源

8.1 回遊の研究手法

河川を推定するために開発されたものである（Bowen et al., 1995）．まず血液や標識装着時に副次的にとれる筋肉組織から全 DNA を抽出する．母系遺伝するミトコンドリア DNA（mtDNA）における調節領域の 300-500 塩基を PCR 増幅し，配列をシーケンサーで決定する．個体間で塩基配列を比較し，塩基置換にもとづいて遺伝子型（ハプロタイプ haplotype）を決定する．捕獲個体群に対する各起源地からの寄与率を推定するには，GIRLSEM（Masuda et al., 1991）や BAYES（Pella and Masuda, 2001）などのプログラムを用いて混合系群分析（mixed-stock analysis）を行う．産卵群間においてハプロタイプ出現頻度の違いが大きければ大きいほど，起源地推定の精度は高まる．おもに成長回遊を調べるのに，1990 年代半ばから用いられてきた．

安定同位体分析

食性から回遊を知ることも可能である．捕食者の安定同位体比（stable isotope ratios）は，餌のそれを一定の割合で濃縮し反映する（DeNiro and Epstein, 1978; Minagawa and Wada, 1984）．ゆえに生息域間で餌の安定同位体比が大きく異なれば，捕食者であるウミガメの安定同位体比もそれにつられて大きな変異を示す．餌とウミガメの安定同位体比を比較することで，ウミガメがどの生息域をおもに利用していたのかを推察することができる．おもに成体雌の季節回遊を調べるのに，2000 年代初頭から用いられてきた．この手法を用いて回遊を調べる際の前提条件は，①消化管内容物調査などで各生息域におけるおもな食性がわかっていること，②生息域間でおもな餌生物の安定同位体比が大きく異なっていること，③測定に用いる組織の安定同位体比の回転率（turnover rate）から，何年／何カ月／何日間の食性を反映しているのかがわかっていること，そして④餌と組織の間で安定同位体比の分別係数（fractionation/discrimination factor，もしくは濃縮率）がわかっていることである．この手法でウミガメ成体雌の摂餌域を調べる際には，母体を傷つけずに採取できる卵黄を用いることが多い（Hatase et al., 2002d, 2006, 2010; Wallace et al., 2006; Caut et al., 2008; Zbinden et al., 2011）．卵黄は代謝回転せず，回帰間隔（remigration interval；産卵期とつぎの産卵期の間の年数）と等しい年数の食性を反映していると考えられている．粉末試

料を燃焼させて，元素分析計と接続した質量分析計で安定同位体比を測定する．炭素と窒素の安定同位体比（$\delta^{13}C \cdot \delta^{15}N$）を同時測定することが多い．安定同位体比は，標準試料に対する同位体比の千分率偏差（‰；パーミル）で表される．捕食者に対する各餌の寄与率を客観的に推定するには，混合モデル（mixing model）を用いる（Phillips and Gregg, 2001, 2003 など）．Rubenstein and Hobson（2004）が，この手法を用いた生物の移動／回遊研究を総括している．

8.2 解明された回遊ルート

ここでは前節で紹介した手法を用いて明らかにされてきたウミガメの回遊生態について，未成熟個体の成長回遊と，未成熟および成熟個体の季節回遊に分けて述べる．

（1）未成熟個体の成長回遊

ウミガメのなかには，大洋を大回遊しながら成長する種がいる．もっとも典型的な例はアカウミガメである．Bowen *et al.*（1995）は，①北太平洋にはアカウミガメの産卵場は西部の日本にしかないのに，東部のメキシコのバハ・カリフォルニア沖でアカウミガメ未成熟個体がみられることと，②沖縄近海で孵化後約1年間飼育された後，標識放流されたアカウミガメ若齢個体が，バハ・カリフォルニア沖で1頭捕獲されたことから，「アカウミガメは北太平洋を循環流（gyre）に乗って時計回りに回遊しながら成長するのではないか」と仮説を立てた．太平洋のもう1つのアカウミガメの主要な産卵場であるオーストラリアと日本の間で mtDNA ハプロタイプを共有していなかったので（Bowen *et al.*, 1994），もし仮説どおりならば，北太平洋全域で捕獲されるアカウミガメのハプロタイプは，日本のそれと一致することになる．結果は予想どおり，中央北太平洋のハワイ北部における公海流し網漁で混獲された未成熟個体とバハ・カリフォルニア沖で捕獲された未成熟個体はほとんど日本起源であった（図8.2）．少数のオーストラリアのハプロタイプが混じっていたが，後にこのハプロタイプが日本の産卵場でも発見されたことから，北太平洋でみられるアカウミガメはほぼ100％日本起源である

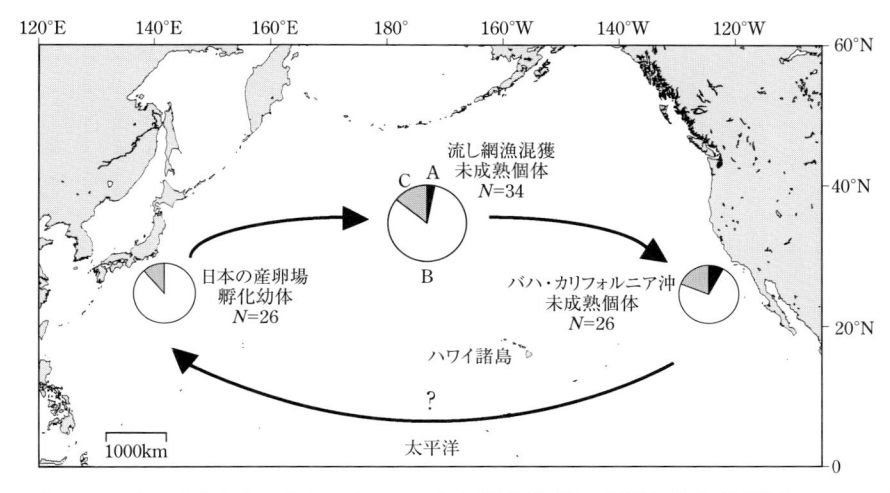

図 8.2 日本で生まれたアカウミガメの，北太平洋循環流を利用した成長回遊（Bowen et al., 1995 より改変）．円グラフは，3 つの mtDNA ハプロタイプの出現頻度を示す．N は標本数．ハプロタイプ A は，オーストラリアの産卵場で典型的にみられる．バハ・カリフォルニアから日本へ戻る際に，ハワイ南部を西へ流れる北赤道海流を利用するかどうかは不明．

と推定されている（Hatase et al., 2002b）．逆に，バハ・カリフォルニア沖で捕獲した若齢個体を，8-10 年間飼育して成熟サイズにした後，標識放流や衛星追跡を行い，日本近海への回帰を示した研究もある（Resendiz et al., 1998; Nichols et al., 2000）．衛星追跡された 1 頭は，ハワイの北側を通過して日本へ向かった．ここで重大な疑問が 1 つある．日本で生まれたアカウミガメはすべて想定されたように海流に乗ってバハ・カリフォルニア沖に達する成長回遊を行うのであろうか．最近ハワイのグループが，中央北太平洋の延縄漁で混獲されたアカウミガメ未成熟個体の衛星追跡を頻繁に行っている（Polovina et al., 2000, 2004, 2006）．その結果をみると，必ずしも海流に沿って一定方向へ循環遊泳しているようにはみえない．むしろ海流に逆らって遊泳している個体もいる．ゆえに，アカウミガメ未成熟個体のなかには，バハ・カリフォルニア沖に達する成長回遊を行う個体もいるが，中央北太平洋にとどまって成長する個体もいると考えるのが妥当であろう．Okuyama et al.（2011）は数値シミュレーションによりこの推察を裏付ける結果を得てい

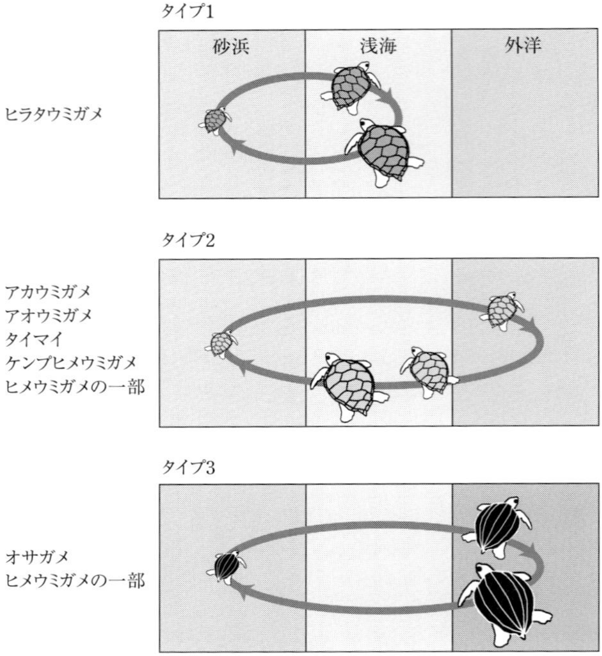

タイプ1
砂浜　浅海　外洋
ヒラタウミガメ

タイプ2
アカウミガメ
アオウミガメ
タイマイ
ケンプヒメウミガメ
ヒメウミガメの一部

タイプ3
オサガメ
ヒメウミガメの一部

図 8.3 ウミガメの3つの生活史様式(Bolten, 2003b より改変). 浅海は 200 m 以浅, 外洋は 200 m 以深.

る．また，バハ・カリフォルニア沖に達した天然個体が，実際にハワイ南部を西向きに流れている北赤道海流を利用して日本近海へ回帰するのかも不明である．北太平洋と同じく北大西洋や南太平洋においても，アカウミガメが西部の産卵場から東部の成育場へ成長回遊を行うことが，同様の遺伝子分析で示されている (Bolten et al., 1998; Boyle et al., 2009).

アカウミガメ以外の種については，大洋を横断するような成長回遊を行うのかどうかはよくわかっていない．しかし沿岸で発見される個体のサイズ組成から，ヒラタウミガメ以外の6種は初期生活を外洋 (oceanic area; 200 m 以深) で過ごしていることは確かなようである (Musick and Limpus, 1997; Bolten, 2003b). ヒラタウミガメは生涯を浅海 (neritic area; 200 m 以浅) で全うする．Bolten (2003b) は，この生活史をタイプ1と名付けた (図 8.3). オサガメとヒメウミガメの一部の個体群は，孵化直後と繁殖期を

除いて，一生を外洋で過ごす（タイプ3；図8.3）．Eckert（2002）は，オサガメの発見記録をもとに，成長とともに高緯度海域へ進出していく傾向を見出している．曲甲長が100 cmを超えると，水温26℃以下の海域へ進出できるようだ．ほかの5種（アカウミガメ，アオウミガメ，タイマイ，ケンプヒメウミガメ，およびヒメウミガメの一部の個体群）は，初期生活を外洋で過ごした後，ある程度成長すると浅海へ加入し，そこで性成熟に達する（タイプ2；図8.3）．産卵場と浅海の摂餌場で捕獲された個体のハプロタイプ組成の比較から，北西大西洋のアカウミガメやカリブ海のタイマイの若齢個体は，生まれた砂浜に近い浅海の摂餌場へ加入すると考えられている（Bowen *et al.*, 2004, 2007）．また，カリブ海の浅海の摂餌場で捕獲されたタイマイ若齢個体1頭のハプロタイプが，アフリカ西部ギニア湾のサントメ島でみられるものと一致したことから，タイマイにも大西洋を横断する成長回遊を行う個体がいることが示唆されている（Bowen *et al.*, 2007）．

（2） 未成熟個体の季節回遊

人が容易にアクセスできない外洋において，ウミガメ未成熟個体の季節回遊を調べるには，衛星追跡がもっともふさわしい．中央北太平洋において，ハワイの延縄漁で混獲されたアカウミガメ未成熟個体を用いた衛星追跡が頻繁に行われている（Polovina *et al.*, 2000, 2004, 2006）．黒潮続流と親潮続流の間は移行域（transition zone）とよばれている．この移行域をクロロフィル前線（chlorophyll front）が夏に北上，冬に南下する．このクロロフィル前線の季節移動とともに餌となる浮遊生物の密度分布が変わるので，アカウミガメ未成熟個体もそれに合わせて南北回遊を行うようである．地中海のアカウミガメ未成熟個体も同様に，水温の季節変化とともに季節回遊を行うようである（Bentivegna, 2002）．水温の低下する秋から冬にかけて西部から東部へ移動し，春になると再び餌の豊富な西部へ戻る．

浅海における未成熟個体の季節回遊に関しては，米国東海岸において，捕獲／目視観測データ解析，標識再捕，および衛星追跡などにより，活発に調べられている（Musick and Limpus, 1997）．とくにアカウミガメに関するものが多い（Hopkins-Murphy *et al.*, 2003）．どの種も季節的な水温変化とともに，分布を南北に変化させる．夏には北緯40度のニューヨーク近海にも出

現するようである（Shoop and Kennedy, 1992）．一方，オーストラリア東海岸（北緯27度）のアカウミガメ未成熟個体は，季節的な南北回遊を行わず，年中定住しているようである（Limpus et al., 1994）．これには両海域におけるウミガメの体サイズ組成の違い，すなわち低水温耐性の違いや，緯度的な餌密度分布の違いがかかわっているのかもしれない．なお，米国東海岸で捕獲されるアカウミガメ未成熟個体のなかに，浅海にとどまって季節回遊を行わずに生活史初期のように外洋へ向かう個体がいることが，衛星追跡で確認されている（McClellan and Read, 2007）．浅海にとどまった個体と外洋へ向かった個体の間で体サイズに有意な違いはなく，理由は不明とされている．

日本においては，八重山諸島で捕獲されたタイマイ未成熟個体の季節回遊が，標識再捕で調べられている（Kamezaki and Hirate, 1992）．ほとんど放流地点の近海で約1年以内に再捕されたが，8月に放流された1頭は約2カ月後に470 km離れた沖縄本島沿岸で再捕されている．

（3） 成熟個体の季節回遊

成体雌

ウミガメ回遊研究のなかでは，最初に述べたとおり成体雌の季節回遊に関するものがもっとも多い．ここでは日本で行われた研究を中心に紹介する．亜熱帯／温帯に位置する日本において，ウミガメの繁殖期は春から夏である（Uchida and Nishiwaki, 1982）．アカウミガメからみてみよう．Iwamoto et al.（1985）は，宮崎県で産卵するアカウミガメの標識放流を行った．東シナ海の大陸棚における底曳網漁船から混獲報告を多く受けたことから，そこがおもな摂餌場であることを示した．その後，和歌山県南部町（現みなべ町；Sato et al., 1997），および宮崎県と南部町を含む全国16産卵地（亀崎ほか，1997）で産卵を終えたアカウミガメ成体雌に対して行われた標識放流も，同様の結果を得ている．またSakamoto et al.（1997）は南部町で産卵を終えたアカウミガメ2頭の衛星追跡を行い，東シナ海陸棚までの黒潮の北側と南側を通る2つの回遊経路を明らかにした．これら標識再捕と衛星追跡の結果は，アカウミガメ成体雌は浅海でおもに底生動物を食べてつぎの繁殖に備えるとする従来の食性観と一致していた（Dodd, 1988; Bjorndal, 1997）．しかし遠洋水産研究所や日本水産資源保護協会が行った数多くの衛星追跡の結果，産

8.2 解明された回遊ルート

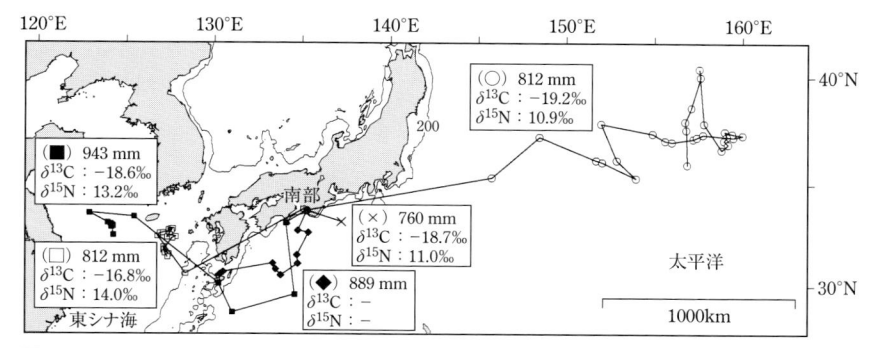

図 8.4 和歌山県南部町で産卵を終えたアカウミガメ 5 頭の，人工衛星を介して調べられた回遊経路（Hatase et al., 2002d より改変）. 等深線：200 m. 各個体の標準直甲長と卵黄の炭素・窒素安定同位体比（$\delta^{13}C \cdot \delta^{15}N$）も示されている. $\delta^{13}C$ と $\delta^{15}N$ から推察された，外洋へ向かった 2 個体の産卵前の主食は外洋の浮遊生物，浅海へ向かった 2 個体のそれは浅海の底生動物であった（図 8.5 参照）.

卵後，浅海へ向かわずに，黒潮に沿って中央北太平洋の外洋へ向かう個体もいることがわかってきた．当初，これらの個体は回遊方向をまちがえただけで，また浅海へ戻ってくるのだろうと思われていた．Hatase et al.（2002d）が安定同位体分析と衛星追跡を併用して調べたところ，産卵後，外洋へ向かった個体の産卵前のおもな餌は未成熟期のように外洋の浮遊生物であったし，浅海へ向かった個体のそれは浅海の底生動物であった（図 8.4）．これらの結果が意味することは，個体により摂餌域に一貫した嗜好性があるということである．ウミガメ成体雌が示す摂餌域への固執性は，他海域でも確認されている．Limpus and Limpus（2001）は，オーストラリア東海岸の摂餌場で捕獲されたアカウミガメ成体雌の衛星追跡を行い，産卵場への移動後，再び同じような経路で捕獲された摂餌場へ戻ってくることを示した．Broderick et al.（2007）は，地中海キプロス北部で産卵するアカウミガメとアオウミガメにおいて，同一個体の衛星追跡を 2 度行い，産卵期以後，同じような経路で同じ浅海の摂餌場へ戻ることを示した．安定同位体分析の結果をみると，日本で産卵するアカウミガメの 8 割が浅海を，2 割が外洋をおもな摂餌域としているようである（図 8.5）．また興味深いことに，浅海利用者のほうが外洋利用者よりも体サイズが有意に大きかった．雌ウミガメは性成熟に達した後はほとんど成長しないので（Hatase et al., 2004），これは成体雌が加齢

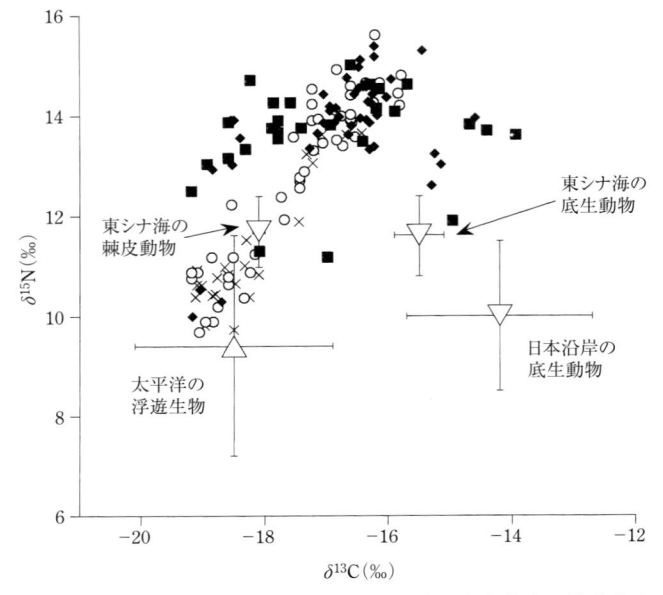

図 8.5 アカウミガメの卵黄と餌生物の炭素・窒素安定同位体比（δ^{13}C・δ^{15}N）（Hatase *et al.*, 2002d より改変）. 149 個体の卵を和歌山県南部町と屋久島で採取した. 1つのプロットが1個体の卵の同位体比を示している. 標準直甲長で4つのグループに分けている. ×：<800 mm, ○：800-850 mm, ◆：850-900 mm, ■：≥ 900 mm. 餌生物の値は平均と標準偏差（大きいシンボル［△：浮遊生物, ▽：底生動物］とエラーバー）で表されている. 東シナ海の底生動物のうち, 棘皮動物のみ δ^{13}C が低かった. 卵黄と餌生物の間の δ^{13}C・δ^{15}N の分別係数を各々約 1‰（DeNiro and Epstein, 1978）, 3-4‰（Minagawa and Wada, 1984）とすると, δ^{13}C が −18‰ 未満かつ δ^{15}N が 12‰ 未満の卵黄をもつ個体の主食は外洋の浮遊生物, それ以外の値の卵黄をもつ個体の主食は浅海の底生動物であると推定される.

とともに外洋から浅海へ摂餌域を変えることを意味しない. かつては衛星追跡で得られた1日あたりの位置決定回数などのデータから回遊中の潜水行動を推察していたが（Hatase and Sakamoto, 2004）, 最近では衛星追跡の技術が進歩し, 回遊中の潜水データも取得できるようになってきた（図 8.6）. 浅海における大型と外洋における小型のアカウミガメ成体雌の潜水行動は, それぞれ推定されていた食性と完全に一致していた（Hatase *et al.*, 2007）.

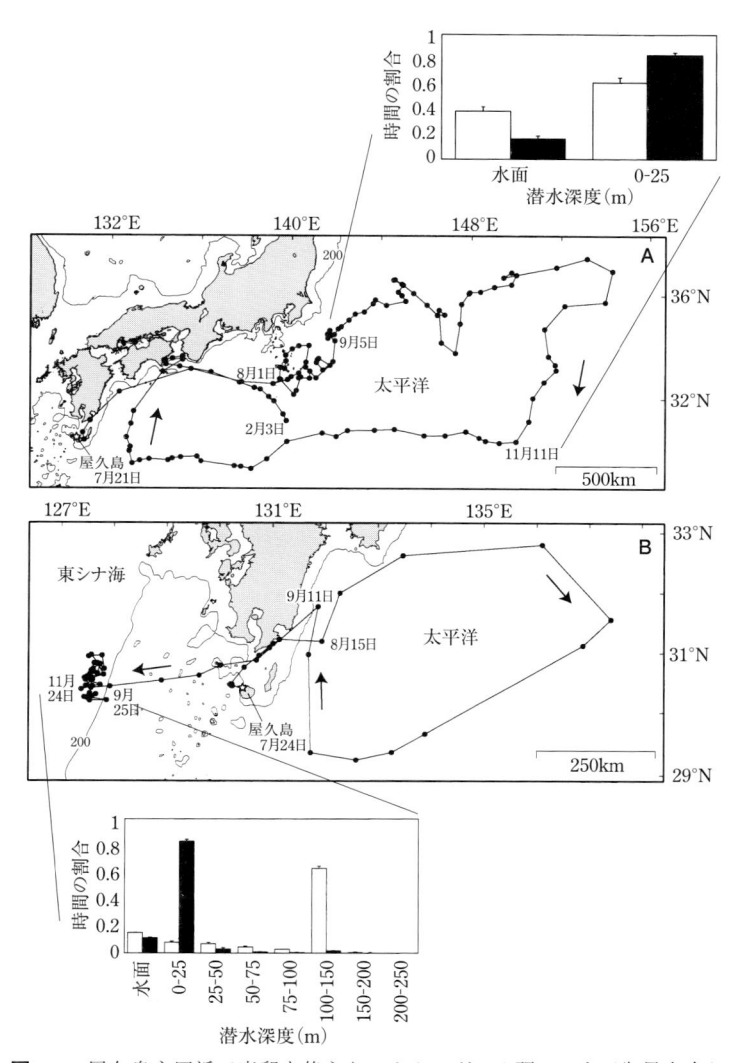

図 8.6 屋久島永田浜で産卵を終えたアカウミガメ 2 頭の，人工衛星を介して調べられた回遊経路と潜水深度 (Hatase *et al.*, 2007 より改変). 矢印は回遊方向を示す．等深線：200m．潜水深度は，昼（白：9-15 時）と夜（黒：21-3 時）に，各深度層で過ごした時間の割合で表している．値は平均と標準誤差．A は小型個体（標準直甲長 795 mm）．前線が発達する黒潮続流域では，昼に水面滞在時間が長く，夜はおもに 0-25 m で過ごしていた．B は大型個体（甲長 900 mm）．東シナ海陸棚縁辺部では，昼はおもに 100-150 m（海底）で過ごし，夜はおもに 0-25 m で過ごしていた．

すなわち，浅海の大型は 120-150 m の海底まで頻繁に潜っていたし，外洋の小型は 0-25 m の表層に滞在していた．同様のアカウミガメ成体雌が示す体サイズによる摂餌域利用の違いは，西アフリカのカーボベルデにおいても確認されてきた（Hawkes *et al.*, 2006）．

摂餌域利用における個体群内変異は，他種においてもみられる．従来アオウミガメは，産卵を終えると浅海へ回遊し，おもに海藻や海草を食べてつぎの繁殖に備えると考えられてきた（Bjorndal, 1997; Hirth, 1997; Yasuda *et al.*, 2006）．しかし，日本水産資源保護協会が実施した小笠原諸島で産卵するアオウミガメの衛星追跡から，アカウミガメ同様に，日本列島沿岸の浅海へ向かわずに外洋を利用し続ける個体がいることがわかってきた．Hatase *et al.* (2006) は，外洋がアオウミガメ成体雌の摂餌域であることを検証すべく，安定同位体分析と衛星追跡を併用して，小笠原諸島で産卵するアオウミガメの産卵前後の摂餌域を調べた．追跡期間が短かったので（28-42 日間），

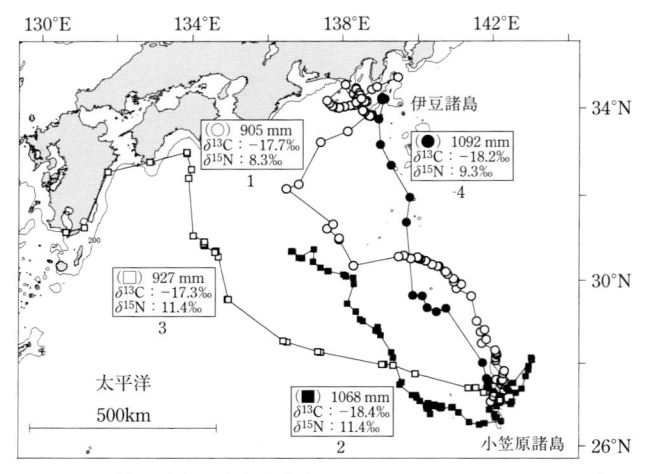

図 8.7 小笠原諸島で産卵を終えたアオウミガメ 4 頭の，人工衛星を介して調べられた回遊経路(Hatase *et al.*, 2006 より改変)．等深線：200m．各個体の標準直甲長と卵黄の炭素・窒素安定同位体比（$\delta^{13}C \cdot \delta^{15}N$）も示されている．$\delta^{13}C$ と $\delta^{15}N$ から推察された，伊豆諸島沿岸へ向かった 2 個体(Nos. 1 と 4)の産卵前の主食は浅海の海藻，外洋で発信が途絶えた 1 個体(No. 2)と九州南岸へ向かった 1 個体(No. 3)のそれは外洋の浮遊生物であった(図 8.9 参照)．

安定同位体分析から推察された産卵前の摂餌域と，衛星追跡でみた産卵後の摂餌域は，完全には一致しなかった（図8.7）．一方，外洋遊泳中の潜水行動は，浅海をおもな摂餌域としていると推察された個体は浅い潜水を，外洋をおもな摂餌域としていると推察された個体は深い潜水を頻繁に行っていた（図8.8）．とくに夜間に顕著な違いが確認された．浅海をおもな摂餌域としていると推察された個体は夜間，中性浮力（neutral buoyancy）を利用しておもに休息していたと思われる．外洋をおもな摂餌域としていると推察された個体は，夜間に休息だけでなく，中性浮力を保てる最大深度（17-20 m; Hays et al., 2000, 2004）を超えて潜り，日中鉛直移動で浮上してきた浮遊生物の摂餌も行っていたと思われた．したがって，安定同位体分析から推察された食性と衛星追跡で調べられた外洋遊泳中の潜水行動は一致していた．小笠原諸島で産卵するアオウミガメでは，7割が浅海を3割が外洋をおもな摂餌域としているようである（図8.9）．アオウミガメにおいては，アカウミガメでみられたような体サイズと摂餌域の相関はみられなかった．同様の摂餌域利用における個体群内変異は，ガラパゴス諸島で産卵するアオウミガメでも確認されてきた（Seminoff et al., 2008）．

　長期間の衛星追跡から，摂餌域内での季節移動も報告されてきている．季節的な水温変化の激しい北部の摂餌場を利用する北西大西洋のオサガメ（北緯40-45度; James et al., 2005）やアカウミガメ（北緯35-40度; Hawkes et al., 2007）の成熟個体は，未成熟個体のように寒冷期を南部の摂餌場（北緯10-20度; オサガメ，北緯33-34度; アカウミガメ）へ移動して過ごす．

成体雄

　産卵上陸してくる雌に比べ，孵化直後を除いて一生を海中で暮らす雄の回遊生態に関しては，ほとんど知見がない．砂浜での日光浴中に捕獲できたり，浅瀬で交尾中に捕獲できたり，もしくは運よく漁業により混獲された成体雄を利用できれば，標識放流や衛星追跡が可能である．今のところ，標識再捕で成体雄の季節回遊を明らかにしたという原著論文は皆無のようである．一方，衛星追跡で成体雄の季節回遊を調べた研究は，ヒラタウミガメを除く6種において10件ある（Godley et al., 2008）．そのなかから日本で行われた仕事を紹介する．Sakamoto et al. (1997) は，和歌山県串本町の定置網で，1

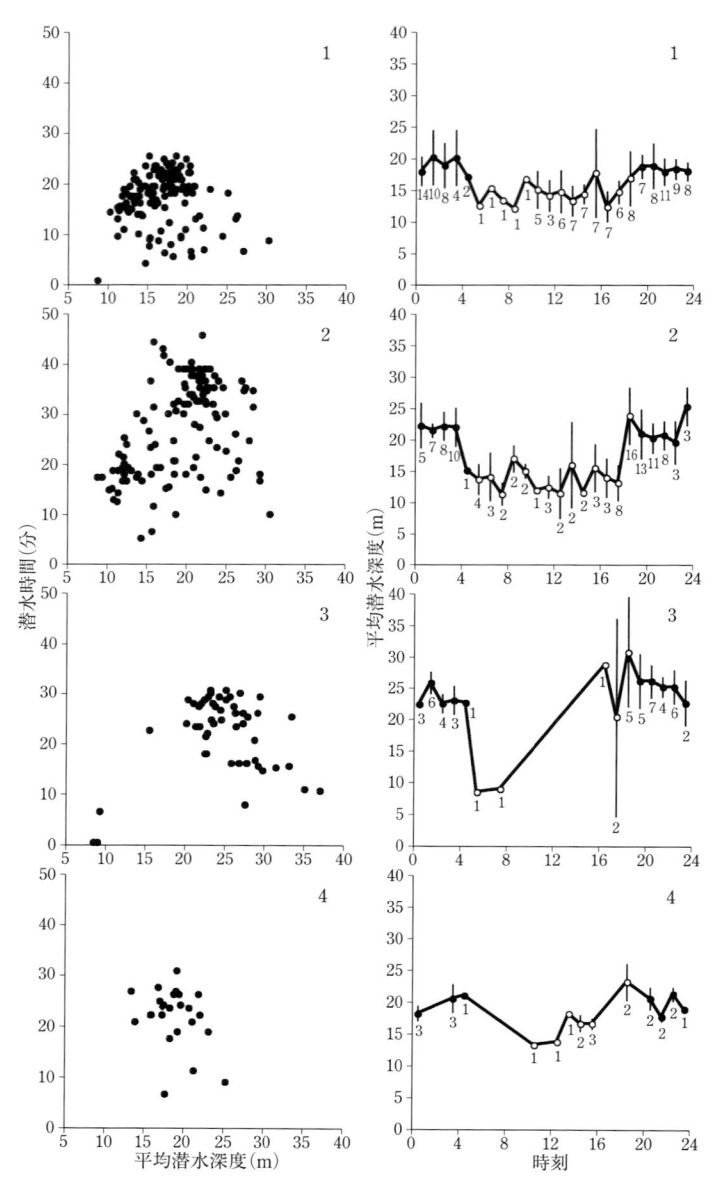

図 8.8 小笠原諸島で産卵を終えたアオウミガメ4頭(Nos. 1-4)の,衛星追跡で得られた外洋遊泳中の潜水行動(Hatase *et al.*, 2006より改変).左:平均潜水深度と潜水時間の関係.1つのプロットが1つの潜水を示す.右:平均潜水深度の日周変化.値は平均と標準偏差.白丸が昼,黒丸が夜.シンボル下の数字は標本数.$\delta^{13}C$ と $\delta^{15}N$ から推察された,浅い潜水行動を示した2個体(Nos. 1と4)の産卵前の主食は浅海の海藻,深い潜水行動を示した2個体(Nos. 2と3)のそれは外洋の浮遊生物であった.

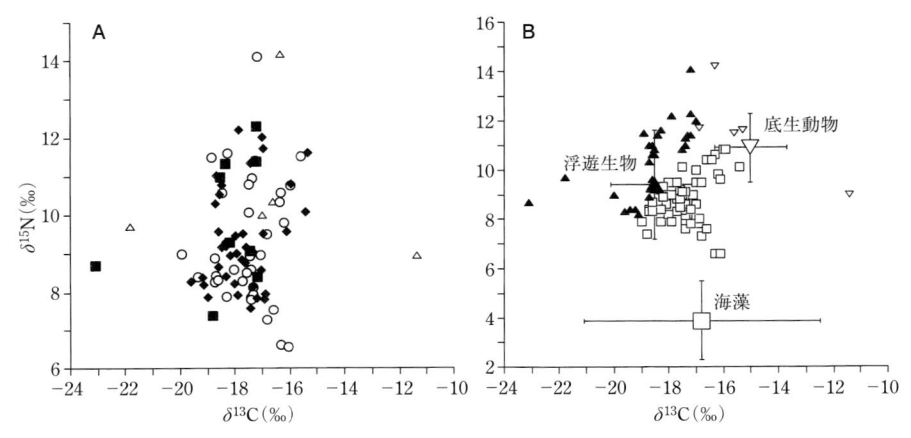

図 8.9 アオウミガメの卵黄と餌生物の炭素・窒素安定同位体比(δ^{13}C・δ^{15}N)(Hatase *et al.*, 2006 より改変).A は小笠原諸島で産卵したアオウミガメ 89 個体の卵黄である.1 つのプロットが 1 個体の卵の同位体比を示している.標準直甲長で 4 つのグループに分けている.△:<900 mm,○:900-950 mm,◆:950-1000 mm,■:≧1000 mm.B は餌生物と,混合モデルでそれらを主食すると推定されたアオウミガメを示す.餌生物の値は平均と標準偏差(大きいシンボル [□:海藻,▲:浮遊生物,▽:底生動物] とエラーバー)で表されている.小さいシンボルはアオウミガメ.□:浅海海藻食,▲:外洋浮遊生物食,▽:浅海底生動物食.

月に偶然捕獲されたアカウミガメ成体雄 1 頭の衛星追跡を行った.その結果,小型の成体雌のように黒潮南部の外洋太平洋へ向かうことがわかった.さらに Hatase *et al.* (2002c) が,同じ串本町の定置網で 11 月に混獲された成体雄 1 頭の衛星追跡を行ったところ,Sakamoto *et al.* (1997) と同様の結果を得ることができた.Sakamoto *et al.* (1997) と Hatase *et al.* (2002c) の成体雄の体サイズは,定置網で混獲される成体雄のなかでも小型であったことから,雄も雌のように体サイズにより摂餌域利用を異にしていることが示唆された.他海域で行われた研究にも,雌雄間での季節回遊の類似性を指摘しているものが多い(Godley *et al.*, 2008).なお,このアカウミガメ成体が示す回遊多型には遺伝的基盤がなく,それは後天的なものであると考えられている(Watanabe *et al.*, 2011).

8.3　なぜ回遊するのか──回遊の究極要因

ここでは前節でみてきたような大規模な回遊をなぜウミガメは行うのかを，コストと利益をふまえた進化の観点から考えてみたい．

(1)　成長回遊の理由

ウミガメに限らず，個体発生（成長）にともない生息域を移行する（ontogenetic habitat shifts）生物は数多く存在する．イモムシは限られた葉っぱの上の生活から，変態してチョウになり，自由に飛び回って花の蜜を吸う生活へ移行する．カエルやサンショウウオは，水中で幼体期を過ごし，変態して陸で生活するようになる．サケやウナギは河川／海洋での稚魚期から，海洋／河川での生活へ移行する（塚本, 2010）．Werner and Gilliam (1984) は，成長速度と死亡率を二大要因としてこの現象を説明する理論を構築している．それには，①成長速度の最大化，②死亡率の最小化，および③成長速度の最大化と死亡率の最小化の間にトレードオフ（trade-off）が存在する場合，成長速度に対する死亡率の比の最小化，の3つの仮説がある（図8.10）．まず①では，ある生息域においてある生物個体の成長速度が成長とともに低下し，別の生息域に移ることで成長速度の低下を緩和できるのであれば，その個体は生息域を移行したほうが適応度（fitness）を高めることができると予想される．つぎに②では，ある生息域においてある生物個体の死亡率が成長とともに低下するものの，別の生息域に移ることで死亡率をさらに下げられるのであれば，その個体は生息域を移行したほうが適応度を高めることができると予想される．そして③では，ある生息域においてある生物個体の成長速度に対する死亡率の比が成長とともに上昇し，別の生息域に移ることでそれの上昇を緩和できるのであれば，その個体は生息域を移行したほうが適応度を高めることができると予想される．たとえば，体が小さいときには，餌条件がよくてよりよい成長を望めるが，捕食されやすい生息域を利用するより，よい成長は望めないまでも捕食されにくい生息域を利用する．体が大きくなって捕食されにくくなったら，餌条件がよい生息域へ移り，成長速度の低下を緩和することで適応度を高めることができると予想される（Dahlgren and Eggleston, 2000）．

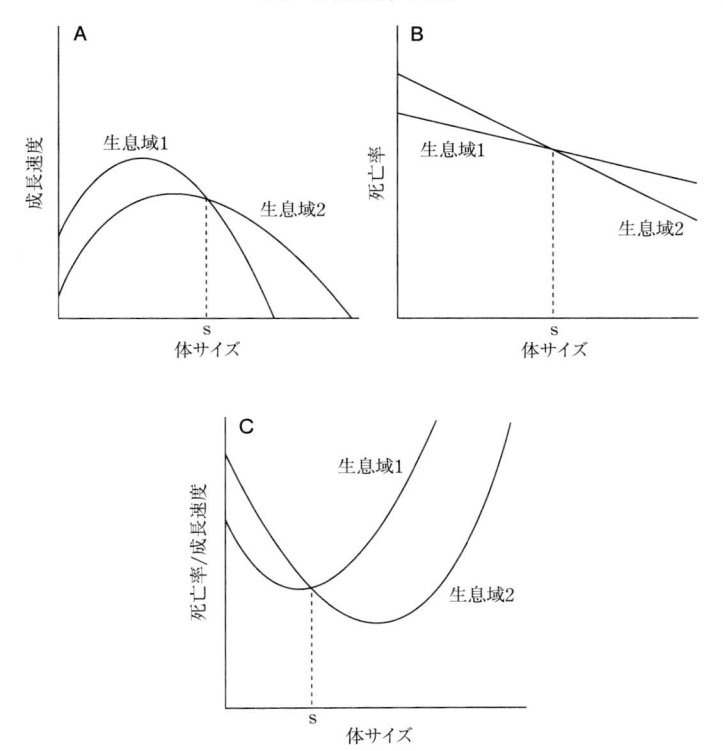

図 8.10 個体発生にともなう生息域移行を説明する3つの仮説(Werner and Gilliam, 1984 より改変).Aは成長速度の最大化,Bは死亡率の最小化,そしてCは成長速度に対する死亡率の比の最小化.s:生息域1から2へ移行する際の最適体サイズ.

　Bolten (2003a) は,これら3つの仮説をもとに,ウミガメの個体発生にともなう生息域移行,すなわち成長回遊を説明しようと試みている.ヒラタウミガメ以外のウミガメにおいては,孵化幼体はすぐに浅海を離れ外洋へ向かう(タイプ2と3の生活史:図8.3).ヒラタウミガメの幼体はオサガメを除く他種のものに比べ大きいことから,浅海での捕食を受けにくいと考えられている (Walker and Parmenter, 1990).このことから,この生活史最初期の浅海から外洋への移行は,②の仮説で説明できるであろう.浅海での成長と死亡の間にトレードオフがあるとすれば,③の仮説で説明できるであろう.またタイプ2の生活史をもつ5種が示す,生活史半ばの外洋から浅海へ

の移行は，北大西洋の外洋におけるアカウミガメの体サイズと成長速度の回帰直線を外挿して浅海のそれと比較すると，浅海の直線の傾きのほうが緩やかで2本が交差することから，①の仮説で説明できると考えられている．ある程度成長した後では，浅海と外洋で死亡率に顕著な差はないのかもしれない．

アカウミガメやアオウミガメの成体雌が示す摂餌域（浅海か外洋）利用における個体群内多型（Hatase et al., 2002d, 2006, 2007; Hawkes et al., 2006; Seminoff et al., 2008; 図8.4-8.9）は，個体発生にともなう任意の生息域移行に起因する生活史の個体群内多型（タイプ2と3の生活史の共存；図8.3）ととらえられるかもしれない．任意の生息域移行から生じる生活史多型は，昆虫（Harrison, 1980），魚類（Jonsson and Jonsson, 1993），両生類（Denoël et al., 2005），および鳥類（Lundberg, 1988; Berthold, 1991）など，動物界において広く報告されている．孵化後，浅海から外洋へ出たアカウミガメやアオウミガメのなかには，外洋でうまく成長できる個体もいればそうでない個体もいる．外洋でうまく成長できる個体は，成長速度を鈍らせることなく（すなわち，外洋での体サイズと成長速度の回帰直線が浅海でのそれと交差せず），そのまま外洋で性成熟に達するのであろう．一方，外洋でそれほどうまく成長できない個体は，そのまま外洋にとどまっていても成長速度が低下してくるので，先述のように浅海へ移行して餌を変えたほうがうまく成長できるのかもしれない．各々の生息域への嗜好性は，生涯を通じて続くのであろう．もしこの仮説どおりならば，外洋摂餌者は浅海摂餌者に比べ，若くして繁殖に加入してくると予想される（Hatase et al., 2004）．Hatase et al.（2010）は，生きたウミガメの新たな年齢形質として期待される表皮テロメア長（Hatase et al., 2008）の測定を，初産のアカウミガメに実施し，この仮説の検証を試みた．しかし，外洋摂餌者と浅海摂餌者の間でテロメア長に有意な違いがみられなかったことから，上記の初期成長条件に応じた生息域選択仮説を支持する有力な証拠とはならなかった．外洋でうまく成長できなかった個体が浅海移行後に成長・成熟を速め，結果的に繁殖開始齢に摂餌群間で差がなくなるのかもしれない．

（2） 季節回遊の理由

爬虫類であるウミガメは変温動物である．体が小さく，体温や代謝が水温の影響を受けやすい未成熟個体にとって，季節回遊の主因は避寒と摂餌である．低水温により体温や代謝が低下し，摂餌量が減って成長が滞ったり，活動が鈍って捕食されたり，あるいは低温失神（cold stunning）から死へ至るのを避けるために暖かい海域へ移動する．では，なぜ年中温暖なところで摂餌し続けないのであろうか．季節的な温度上昇にともない，年中温暖な低緯度域よりも，相対的に良好な高緯度域の餌場が利用可能になるためなのかもしれない．一部の成熟個体にみられる摂餌場間の季節移動も，同じ理由で説明できるであろう．

成熟個体は摂餌場と繁殖場の間を季節的に何百 km から何千 km 回遊する．なぜ繁殖場近辺にとどまって回遊コストを節約する個体がいないのであろうか．おそらく繁殖場近辺より摂餌場のほうが，相対的に餌が豊富で，回遊コストをかけても摂餌場へ戻ったほうが，つぎの繁殖のためのエネルギーを効率よく蓄えられるからであろう．逆に，なぜ回遊コストを削って摂餌場近辺の砂浜で繁殖する個体がいないのであろうか．ウミガメには産卵場固執性があり，めったに産卵場を変えることはない（亀崎ほか，1997; Miller, 1997）．この繰り返し利用される砂浜は，その個体が生まれた砂浜，もしくはそれに近い砂浜であると考えられている（Bowen and Karl, 1997, 2007; Hatase *et al*., 2002b; Watanabe *et al*., 2011）．すなわちウミガメはサケが母川回帰するように母浜回帰するのだろう．サケの「母川」が特定の河川を対象とするのに対し，ウミガメの「母浜」は生まれた砂浜を含むより広い地域を対象とする．自分が生まれた場所へ戻って繁殖することでもっとも確実に子の生残を保証できるので，このような性質が進化したと考えられている（Cury, 1994; Lohmann *et al*., 2008c）．不慣れな場所での繁殖は，適応度の低下を招くのかもしれない．

また繁殖場は同じでも，個体によって好みの摂餌場が異なり，回遊距離が異なる．とくにアカウミガメにおいては，浅海で栄養価の高い底生動物を主食している個体もいれば，外洋で栄養価の低い浮遊生物を主食している個体もいる（Hatase *et al*., 2002d, 2007; Hawkes *et al*., 2006; 図 8.4-8.6）．この

摂餌行動の違いは，生活史特性の違いを招く（Hatase et al., 2002a, 2004; Hatase and Tsukamoto, 2008). なぜこのような個体による摂餌行動の特化がみられるのであろうか. 餌場や摂餌方法をころころ変えるよりも，慣れ親しんだ環境において摂餌行動を特化させることで餌獲得効率が高まり，結果として個体の適応度が上昇するのかもしれない（Bolnick et al., 2003).

8.4　どのように回遊するのか——回遊のメカニズム

ウミガメはなにをたよりに大海原を行き交い，目的地にたどり着くのであろうか. 現在のところ，ウミガメの回遊メカニズムを実験的に検証した研究は日本において存在せず，欧米で行われた仕事ばかりである. 陸にすむ鳥は，おもに視覚的な地上の目印にもとづく位置（地図）感覚と，太陽，星，地球磁場／地磁気（Earth's magnetic/geomagnetic field）などにもとづく方向（コンパス）感覚を統合して，季節的な渡りを行う（ベーカー, 1994). 視覚的な目印のない海にすむウミガメは，おもに地球磁場にもとづくコンパス感覚や地図感覚を用いて，定位（orientation）や航海（navigation）を行うとする説が優勢である.

（1）成長回遊の方法

浅海で生活史を全うするヒラタウミガメ以外のウミガメは，孵化後，捕食される危険性が高い浅海を離れて，うまく外洋へ到達しなければならない（図 8.3). Lohmann et al.（1997）は，孵化幼体が陸から外洋へ移動する際の定位に，3 つの手がかり（cue）を用いていると想定している. 夜間に砂浜で孵化した幼体は，まず海の方向を知らなければならない. 孵化幼体は視覚をたよりに，陸より明るい水平線を目指して移動する. 海に入ると 24 時間は活発に遊泳し続け，できるだけ陸から離れようとする. この期間はフレンジー（frenzy）とよばれている（Wyneken, 1997). 孵化幼体は，波による自らの回転運動の方向から波の方向を感受して，波に正対して遊泳することで沖へ出ていく. ある程度沖へ出ると，波の方向が海岸線と正対しなくなる. 孵化幼体は，巣から波打ち際まで這う間の光や，泳いでいる間の波の方向をもとに，外洋への方向を地磁気で獲得している. 沖へ出ると，磁気コン

パスに切り替えて外洋へ定位し続けると考えられている．

3つの手がかりを用いてうまく外洋へ出た孵化幼体は，海流に依存した初期生活を送る．北大西洋において，西部の産卵場で孵化したアカウミガメは，循環流に乗って時計回りに大回遊しながら成長すると考えられている（Bolten *et al.*, 1998）．循環流を離れて高緯度や低緯度へ流されると生存を脅かされるので，循環流滞在を可能にする能力がアカウミガメ未成熟個体には備わっていると Lohmann *et al.* (2001) は考えた．彼らは，フロリダ東海岸産のアカウミガメ孵化幼体を，循環流の西北部，東北部，および南部を模した地球磁場（伏角 inclination angle と全磁力 total intensity）にさらして，どちらの方角へ定位するのか調べた．幼体は，循環流西北部の地球磁場において南西へ，東北部の地球磁場において南へ，そして南部の地球磁場において北西へ定位した．すなわち，幼体は循環流に滞在できるような方角へ定位したことになる．このことから，北大西洋のアカウミガメ未成熟個体は，地域の磁場を航海マーカーとして循環流にとどまりながら成長回遊を行っていると考えられている．

(2) 季節回遊の方法

外洋での成長回遊を終えて浅海へ加入したウミガメ未成熟個体は，特定の摂餌場に対して強い固執性を示す．季節回遊の後や人為的にほかの場所へ連れていった後でも正確にそこへ帰ってくる（Avens *et al.*, 2003; Avens and Lohmann, 2004）．ゆえに，ウミガメ未成熟個体には目的地に対して自らの位置を正確に決定する能力，すなわち地図にもとづく航海能力が備わっていると予想される．Lohmann *et al.* (2004) は，ウミガメの航海地図が少なくとも部分的に地磁気情報にもとづいていることを検証すべく，フロリダ東海岸で捕獲されたアオウミガメ若齢個体を，捕獲地点の南北約 300 km を模した地球磁場にさらした．北部の地球磁場において南へ，南部の地球磁場において北へ定位した．すなわち，捕獲地点へ向かう方角へ定位したことになる．したがって，アオウミガメ若齢個体は少なくとも部分的に地磁気地図を用いて，特定の場所へ回遊すると考えられている．

成熟個体も，正確に繁殖場と摂餌場の間を行き来するために，未成熟個体同様，地磁気を利用しているのではないかと考えられている．Luschi *et al.*

(2007) は，アフリカ南東部のマヨット島で産卵するアオウミガメを，船で約 100 km 離れた外洋へ運び，頭部に磁石を付けて地磁気の感受を攪乱することで，産卵場への回帰行動がどう変化するのか衛星追跡で調べた．実験群は産卵場へ回帰することができたが，対照群に比べ長い距離を泳いで回帰していた．このことから，成熟個体も部分的に地磁気を用いて回遊することが示された．地磁気以外に，中央大西洋のアセンション島で産卵するアオウミガメのように（Luschi *et al.*, 2001; Hays *et al.*, 2003），島から風によって運ばれてくる匂いや音を利用して島に回帰したのかもしれないと考察されている．反対に，アセンション島で産卵を終えたアオウミガメに磁石を取り付けて，2000 km 離れたブラジル沿岸の摂餌場まで無事にたどり着けるのかどうかも衛星追跡で調べられている（Papi *et al.*, 2000）．その結果，実験群と対照群の間で回遊行動にまったく違いがみられなかった．アセンション島からブラジル沿岸のような大きな目的地にたどり着くには，単純に西へ定位し続ければよい．ゆえにこの場合，地磁気にもとづく正確な位置決定は必須ではないのだろうと考えられている．Lohmann *et al.*（2008a, 2008b, 2008c）は，ウミガメやサケが遠く離れた目的地付近へ向かう際には地磁気を，目的地に近づいたら局所的な手がかりを用いて微調整するというように，2 段階の過程で回遊しているのではないかと述べている．目的地が母浜の場合，孵化前後にどちらの手がかりに対しても刷り込み（imprinting）が行われる必要がある．

引用文献

Avens, L., J. Braun-McNeill, S. Epperly and K.J. Lohmann. 2003. Site fidelity and homing behavior in juvenile loggerhead sea turtles(*Caretta caretta*). Marine Biology, 143: 211-220.

Avens, L. and K.J. Lohmann. 2004. Navigation and seasonal migratory orientation in juvenile sea turtles. Journal of Experimental Biology, 207: 1771-1778.

ベーカー，R. R.(網野ゆき子訳，中村司監修)．1994．鳥の渡りの謎．平凡社，東京．

Bentivegna, F. 2002. Intra-Mediterranean migrations of loggerhead sea turtles (*Caretta caretta*)monitored by satellite telemetry. Marine Biology, 141: 795-800.

Berthold, P. 1991. Genetic control of migratory behaviour in birds. Trends in

Ecology and Evolution, 6: 254-257.

Bjorndal, K.A. 1997. Foraging ecology and nutrition of sea turtles. *In* (Lutz, P.L. and J.A. Musick, eds.) The Biology of Sea Turtles. pp.199-231. CRC Press, Boca Raton.

Bolnick, D.I., R. Svanbäck, J.A. Fordyce, L.H. Yang, J.M, Davis, C.D. Hulsey and M.L. Forister. 2003. The ecology of individuals: incidence and implications of individual specialization. American Naturalist, 161: 1-28.

Bolten, A.B. 2003a. Active swimmers-passive drifters: the oceanic juvenile stage of loggerheads in the Atlantic system. *In* (Bolten, A.B. and B.E. Witherington, eds.) Loggerhead Sea Turtles. pp.63-78. Smithsonian Books, Washington, D. C.

Bolten, A.B. 2003b. Variation in sea turtle life history patterns: neritic vs. oceanic developmental stages. *In* (Lutz, P.L., J.A. Musick and J. Wyneken, eds.) The Biology of Sea Turtles. Vol. II. pp.243-257. CRC Press, Boca Raton.

Bolten, A.B., K.A. Bjorndal, H.R. Martins, T. Dellinger, M.J. Biscoito, S.E. Encalada and B.W. Bowen. 1998. Transatlantic developmental migrations of loggerhead sea turtles demonstrated by mtDNA sequence analysis. Ecological Applications, 8: 1-7.

Bowen, B.W., F.A. Abreu-Grobois, G.H. Balazs, N. Kamezaki, C.J. Limpus and R.J. Ferl. 1995. Trans-Pacific migrations of the loggerhead turtle (*Caretta caretta*) demonstrated with mitochondrial DNA markers. Proceedings of the National Academy of Sciences of the USA, 92: 3731-3734.

Bowen, B.W., A.L. Bass, S.-M. Chow, M. Bostrom, K.A. Bjorndal, A.B. Bolten, T. Okuyama, B.M. Bolker, S. Epperly, E. Lacasella, D. Shaver, M. Dodd, S.R. Hopkins-Murphy, J.A. Musick, M. Swingle, K. Rankin-Baransky, W. Teas, W.N. Witzell and P.H. Dutton. 2004. Natal homing in juvenile loggerhead turtles (*Caretta caretta*). Molecular Ecology, 13: 3797-3808.

Bowen, B.W., W.S. Grant, Z. Hillis-Starr, D.J. Shaver, K.A. Bjorndal, A.B. Bolten and A.L. Bass. 2007. Mixed-stock analysis reveals the migrations of juvenile hawksbill turtles (*Eretmochelys imbricata*) in the Caribbean Sea. Molecular Ecology, 16: 49-60.

Bowen, B.W., N. Kamezaki, C.J. Limpus, G.R. Hughes, A.B. Meylan and J.C. Avise. 1994. Global phylogeography of the loggerhead turtle (*Caretta caretta*) as indicated by mitochondrial DNA haplotypes. Evolution, 48: 1820-1828.

Bowen, B.W. and S.A. Karl. 1997. Population genetics, phylogeography, and molecular evolution. *In* (Lutz, P.L. and J.A. Musick, eds.) The Biology of Sea Turtles. pp.29-50. CRC Press, Boca Raton.

Bowen, B.W. and S.A. Karl. 2007. Population genetics and phylogeography of sea turtles. Molecular Ecology, 16: 4886-4907.

Boyle, M.C., N.N. FitzSimmons, C.J. Limpus, S. Kelez, X. Velez-Zuazo and M. Waycott. 2009. Evidence for transoceanic migrations by loggerhead sea turtles in the southern Pacific Ocean. Proceedings of the Royal Society B,

276: 1993-1999.
Broderick, A.C., M.S. Coyne, W.J. Fuller, F. Glen and B.J. Godley. 2007. Fidelity and over-wintering of sea turtles. Proceedings of the Royal Society B, 274: 1533-1538.
Caut, S., E. Guirlet, E. Angulo, K. Das and M. Girondot. 2008. Isotope analysis reveals foraging area dichotomy for Atlantic leatherback turtles. PLoS ONE, 3: e1845.
Coyne, M.S. and B.J. Godley. 2005. Satellite Tracking and Analysis Tool (STAT): an integrated system for archiving, analyzing and mapping animal tracking data. Marine Ecology Progress Series, 301: 1-7.
Cury, P. 1994. Obstinate nature: an ecology of individuals. Thoughts on reproductive behavior and biodiversity. Canadian Journal of Fisheries and Aquatic Sciences, 51: 1664-1673.
Dahlgren, C.P. and D.B. Eggleston. 2000. Ecological processes underlying ontogenetic habitat shifts in a coral reef fish. Ecology, 81: 2227-2240.
DeNiro, M.J. and S. Epstein. 1978. Influence of diet on the distribution of carbon isotopes in animals. Geochimica et Cosmochimica Acta, 42: 495-509.
Denoël, M., P. Joly and H.H. Whiteman. 2005. Evolutionary ecology of facultative paedomorphosis in newts and salamanders. Biological Reviews, 80: 663-671.
Deraniyagala, P.E.P. 1938. The Mexican loggerhead turtle in Europe. Nature, 142: 540.
Dodd, C.K., Jr. 1988. Synopsis of the biological data on the loggerhead sea turtle *Caretta caretta* (Linnaeus 1758). U.S. Fish and Wildlife Service Biological Report, 88: 1-110.
Eckert, S.A. 2002. Distribution of juvenile leatherback sea turtle *Dermochelys coriacea* sightings. Marine Ecology Progress Series, 230: 289-293.
Godley, B.J., J.M. Blumenthal, A.C. Broderick, M.S. Coyne, M.H. Godfrey, L.A. Hawkes and M.J. Witt. 2008. Satellite tracking of sea turtles: where have we been and where do we go next? Endangered Species Research, 4: 3-22.
Harrison, R.G. 1980. Dispersal polymorphisms in insects. Annual Review of Ecology and Systematics, 11: 95-118.
Hatase, H., K. Goto, K. Sato, T. Bando, Y. Matsuzawa and W. Sakamoto. 2002a. Using annual body size fluctuations to explore potential causes for the decline in a nesting population of the loggerhead turtle *Caretta caretta* at Senri Beach, Japan. Marine Ecology Progress Series, 245: 299-304.
Hatase, H., M. Kinoshita, T. Bando, N. Kamezaki, K. Sato, Y. Matsuzawa, K. Goto, K. Omuta, Y. Nakashima, H. Takeshita and W. Sakamoto. 2002b. Population structure of loggerhead turtles, *Caretta caretta*, nesting in Japan: bottlenecks on the Pacific population. Marine Biology, 141: 299-305.
Hatase, H., Y. Matsuzawa, W. Sakamoto, N. Baba and I. Miyawaki. 2002c. Pelagic habitat use of an adult Japanese male loggerhead turtle *Caretta caretta*

examined by the Argos satellite system. Fisheries Science, 68: 945-947.
Hatase, H., N. Takai, Y. Matsuzawa, W. Sakamoto, K. Omuta, K. Goto, N. Arai and T. Fujiwara. 2002d. Size-related differences in feeding habitat use of adult female loggerhead turtles *Caretta caretta* around Japan determined by stable isotope analyses and satellite telemetry. Marine Ecology Progress Series, 233: 273-281.
Hatase, H., Y. Matsuzawa, K. Sato, T. Bando and K. Goto. 2004. Remigration and growth of loggerhead turtles (*Caretta caretta*) nesting on Senri Beach in Minabe, Japan: life-history polymorphism in a sea turtle population. Marine Biology, 144: 807-811.
Hatase, H., K. Omuta and K. Tsukamoto. 2007. Bottom or midwater: alternative foraging behaviours in adult female loggerhead sea turtles. Journal of Zoology, 273: 46-55.
Hatase, H., K. Omuta and K. Tsukamoto. 2010. Oceanic residents, neritic migrants: a possible mechanism underlying foraging dichotomy in adult female loggerhead turtles (*Caretta caretta*). Marine Biology, 157: 1337-1342.
Hatase, H. and W. Sakamoto. 2004. Forage-diving behaviour of adult Japanese female loggerhead turtles (*Caretta caretta*) inferred from Argos location data. Journal of the Marine Biological Association of the United Kingdom, 84: 855-856.
Hatase, H., K. Sato, M. Yamaguchi, K. Takahashi and K. Tsukamoto. 2006. Individual variation in feeding habitat use by adult female green sea turtles (*Chelonia mydas*): are they obligately neritic herbivores? Oecologia, 149: 52-64.
Hatase, H., R. Sudo, K.K. Watanabe, T. Kasugai, T. Saito, H. Okamoto, I. Uchida and K. Tsukamoto. 2008. Shorter telomere length with age in the loggerhead turtle: a new hope for live sea turtle age estimation. Genes and Genetic Systems, 83: 423-426.
Hatase, H. and K. Tsukamoto. 2008. Smaller longer, larger shorter: energy budget calculations explain intrapopulation variation in remigration intervals for loggerhead sea turtles (*Caretta caretta*). Canadian Journal of Zoology, 86: 595-600.
Hawkes, L.A., A.C. Broderick, M.S. Coyne, M.H. Godfrey and B.J. Godley. 2007. Only some like it hot: quantifying the environmental niche of the loggerhead sea turtle. Diversity and Distributions, 13: 447-457.
Hawkes, L.A., A.C. Broderick, M.S. Coyne, M.H. Godfrey, L.-F. Lopez-Jurado, P. Lopez-Suarez, S.E. Merino, N. Varo-Cruz and B.J. Godley. 2006. Phenotypically linked dichotomy in sea turtle foraging requires multiple conservation approaches. Current Biology, 16: 990-995.
Hays, G.C., C.R. Adams, A.C. Broderick, B.J. Godley, D.J. Lucas, J.D. Metcalfe and A.A. Prior. 2000. The diving behaviour of green turtles at Ascension Island. Animal Behaviour, 59: 577-586.

Hays, G.C., S. Åkesson, A. Broderick, F. Glen, B.J. Godley, F. Papi and P. Luschi. 2003. Island-finding ability of marine turtles. Proceedings of the Royal Society B (Supplement), 270: S5-S7.

Hays, G.C., J.D. Metcalfe and A.W. Walne. 2004. The implications of lung regulated buoyancy control for dive depth and duration. Ecology, 85: 1137-1145.

Hirth, H.F. 1997. Synopsis of the biological data on the green turtle *Chelonia mydas* (Linnaeus 1758). U.S. Fish and Wildlife Service Biological Report, 97: 1-120.

Hopkins-Murphy, S.R., D.W. Owens and T.M. Murphy. 2003. Ecology of immature loggerheads on foraging grounds and adults in internesting habitat in the eastern United States. *In* (Bolten, A.B. and B.E. Witherington, eds.) Loggerhead Sea Turtles. pp. 79-92. Smithsonian Books, Washington, D. C.

Iwamoto, T., M. Ishii, Y. Nakashima, H. Takeshita and A. Itoh. 1985. Nesting cycles and migrations of the loggerhead sea turtle in Miyazaki, Japan. Japanese Journal of Ecology, 35: 505-511.

James, M.C., R.A. Myers and C.A. Ottensmeyer. 2005. Behaviour of leatherback sea turtles, *Dermochelys coriacea*, during the migratory cycle. Proceedings of the Royal Society B, 272: 1547-1555.

Jonsson, B. and N. Jonsson. 1993. Partial migration: niche shift versus sexual maturation in fishes. Reviews in Fish Biology and Fisheries, 3: 348-365.

Kamezaki, N. and K. Hirate. 1992. Size composition and migratory cases of hawksbill turtles, *Eretmochelys imbricata*, inhabiting the waters of the Yaeyama Islands, Ryukyu Archipelago. Japanese Journal of Herpetology, 14: 166-169.

亀崎直樹・宮脇逸郎・菅沼弘行・大牟田一美・中島義人・後藤清・佐藤克文・松沢慶将・鮫島正道・石井正敏・岩本俊孝. 1997. 日本産アカウミガメ (*Caretta caretta*) の産卵後の回遊. 野生生物保護, 3:29-39.

Limpus, C.J., P.J. Couper and M.A. Read. 1994. The loggerhead turtle, *Caretta caretta*, in Queensland: population structure in a warm temperature feeding area. Memoirs of the Queensland Museum, 37: 195-204.

Limpus, C.J. and D.J. Limpus. 2001. The loggerhead turtle, *Caretta caretta*, in Queensland: breeding migrations and fidelity to a warm temperate feeding area. Chelonian Conservation and Biology, 4: 142-153.

Lohmann, K.J., S.D. Cain, S.A. Dodge and C.M.F. Lohmann. 2001. Regional magnetic fields as navigational markers for sea turtles. Science, 294: 364-366.

Lohmann, K.J., C.M.F. Lohmann, L.M. Ehrhart, D.A. Bagley and T. Swing. 2004. Geomagnetic map used in sea-turtle navigation. Nature, 428: 909-910.

Lohmann, K.J., C.M.F. Lohmann and C.S. Endres. 2008a. The sensory ecology of ocean navigation. Journal of Experimental Biology, 211: 1719-1728.

Lohmann, K.J., P. Luschi and G.C. Hays. 2008b. Goal navigation and island-finding in sea turtles. Journal of Experimental Marine Biology and Ecology, 356: 83-95.

Lohmann, K.J., N.F. Putman and C.M.F. Lohmann. 2008c. Geomagnetic imprinting: a unifying hypothesis of long-distance natal homing in salmon and sea turtles. Proceedings of the National Academy of Sciences of the USA, 105: 19096-19101.

Lohmann, K.J., B.E. Witherington, C.M.F. Lohmann and M. Salmon. 1997. Orientation, navigation, and natal beach homing in sea turtles. In (Lutz, P.L. and J.A. Musick, eds.) The Biology of Sea Turtles, pp.107-135. CRC Press, Boca Raton.

Lundberg, P. 1988. The evolution of partial migration in birds. Trends in Ecology and Evolution, 3: 172-175.

Luschi, P., S. Åkesson, A.C. Broderick, F. Glen, B.J. Godley, F. Papi and G.C. Hays. 2001. Testing the navigational abilities of ocean migrants: displacement experiments on green sea turtles (*Chelonia mydas*). Behavioral Ecology and Sociobiology, 50: 528-534.

Luschi, P., S. Benhamou, C. Girard, S. Ciccione, D. Roos, J. Sudre and S. Benvenuti. 2007. Marine turtles use geomagnetic cues during open-sea homing. Current Biology, 17: 126-133.

Masuda, M., S. Nelson and J. Pella. 1991. User's manual for GIRLSEM, GIRLSYM, and CONSQRT. USA-DOC-NOAA-NMFS, Auke Bay Laboratory, US-Canada Salmon Program, Juneau, Alaska.

McClellan, C.M. and A.J. Read. 2007. Complexity and variation in loggerhead sea turtle life history. Biology Letters, 3: 592-594.

Miller, J.D. 1997. Reproduction in sea turtles. In (Lutz, P.L. and J.A. Musick, eds.) The Biology of Sea Turtles. pp.51-81. CRC Press, Boca Raton.

Minagawa, M. and E. Wada. 1984. Stepwise enrichment of ^{15}N along food chains: further evidence and the relation between δ^{15}N and animal age. Geochimica et Cosmochimica Acta, 48: 1135-1140.

Musick, J.A. and C.J. Limpus. 1997. Habitat utilization and migration in juvenile sea turtles. In (Lutz, P.L. and J.A. Musick, eds.) The Biology of Sea Turtles. pp.137-163. CRC Press, Boca Raton.

Naito, Y., W. Sakamoto, I. Uchida, K. Kureha and T. Ebisawa. 1990. Estimation of migration route of the loggerhead turtle *Caretta caretta* around the nesting ground. Nippon Suisan Gakkaishi, 56: 255-262.

Nichols, W.J., A. Resendiz, J.A. Seminoff and B. Resendiz. 2000. Transpacific migration of a loggerhead turtle monitored by satellite telemetry. Bulletin of Marine Science, 67: 937-947.

Nishimura, S. 1964. Considerations on the migration of the leatherback turtle, *Dermochelys coriacea* (L.), in the Japanese and adjacent waters. Publications of the Seto Marine Biological Laboratory, 12: 177-189.

Nishimura, S., K. Shirai, T. Tatsuki and C. Sugihara. 1972. The Pacific ridley turtle in Japanese and adjacent waters. Publications of the Seto Marine Biological Laboratory, 19: 415-426.

Nishimura, S. and T. Yasuda. 1967. Records of the hawksbill turtle, *Eretmochelys imbricata* (Linne), in the Japan Sea. Publications of the Seto Marine Biological Laboratory, 15: 297-302.

Okuyama, J., T. Kitagawa, K. Zenimoto, S. Kimura, N. Arai, Y. Sasai and H. Sasaki. 2011. Trans-Pacific dispersal of loggerhead turtle hatchlings inferred from numerical simulation modeling. Marine Biology, 158: 2055-2063.

Paladino, F.V., M.P. O'Connor and J.R. Spotila. 1990. Metabolism of leatherback turtles, gigantothermy, and thermoregulation of dinosaurs. Nature, 344: 858-860.

Papi, F., P. Luschi, S. Åkesson, S. Capogrossi and G.C. Hays. 2000. Open-sea migration of magnetically disturbed sea turtles. Journal of Experimental Biology, 203: 3435-3443.

Pella, J. and M. Masuda. 2001. Bayesian methods for analysis of stock mixtures from genetic characters. Fishery Bulletin, 99: 151-167.

Phillips, D.L. and J.W. Gregg. 2001. Uncertainty in source partitioning using stable isotopes. Oecologia, 127: 171-179.

Phillips, D.L. and J.W. Gregg. 2003. Source partitioning using stable isotopes: coping with too many sources. Oecologia, 136: 261-269.

Polovina, J.J., G.H. Balazs, E.A. Howell, D.M. Parker, M.P. Seki and P.H. Dutton. 2004. Forage and migration habitat of loggerhead (*Caretta caretta*) and olive ridley (*Leptochelys olivacea*) sea turtles in the central North Pacific Ocean. Fisheries Oceanography, 13: 36-51.

Polovina, J.J., D.R. Kobayashi, D.M. Parker, M.P. Seki and G.H. Balazs. 2000. Turtles on the edge: movement of loggerhead turtles (*Caretta caretta*) along oceanic fronts, spanning longline fishing grounds in the central North Pacific, 1997-1998. Fisheries Oceanography, 9: 71-82.

Polovina, J., I. Uchida, G. Balazs, E.A. Howell, D. Parker and P. Dutton. 2006. The Kuroshio Extension Bifurcation Region: a pelagic hotspot for juvenile loggerhead sea turtles. Deep-Sea Research Part II, 53: 326-339.

Resendiz, A., B. Resendiz, W.J. Nichols, J.A. Seminoff and N. Kamezaki. 1998. First confirmed east-west transpacific movement of a loggerhead sea turtle, *Caretta caretta*, released in Baja California, Mexico. Pacific Science, 52: 151-153.

Rubenstein, D.R. and K.A. Hobson. 2004. From birds to butterflies: animal movement patterns and stable isotopes. Trends in Ecology and Evolution, 19: 256-263.

Sakamoto, W., T. Bando, N. Arai and N. Baba. 1997. Migration paths of the adult female and male loggerhead turtles *Caretta caretta* determined through satellite telemetry. Fisheries Science, 63: 547-552.

Sato, K., T. Bando, Y. Matsuzawa, H. Tanaka, W. Sakamoto, S. Minamikawa and K. Goto. 1997. Decline of the loggerhead turtle, *Caretta caretta*, nesting on Senri Beach in Minabe, Wakayama, Japan. Chelonian Conservation and Bi-

ology, 2: 600-603.
Schmidt, J. 1916. Marking experiments with turtles in the Danish West Indies. Meddelelser fra Kommissionen for havundersøgelser. Serie fiskeri, 5: 1-26.
Seminoff, J.A., P. Zárate, M. Coyne, D.G. Foley, D. Parker, B.N. Lyon and P.H. Dutton. 2008. Post-nesting migrations of Galápagos green turtles *Chelonia mydas* in relation to oceanographic conditions: integrating satellite telemetry with remotely sensed ocean data. Endangered Species Research, 4: 57-72.
Shoop, C.R. and R.D. Kennedy. 1992. Seasonal distributions and abundances of loggerhead and leatherback sea turtles in waters of the northeastern United States. Herpetological Monographs, 6: 43-67.
Soma, M. 1985. Radio biotelemetry system applied to migratory study of turtle. Journal of the Faculty of Marine Science and Technology, Tokai University, 21: 47-56.
塚本勝巳. 2010. 回遊. (塚本勝巳, 編: 魚類生態学の基礎) pp.57-72. 恒星社厚生閣, 東京.
Uchida, I. and M. Nishiwaki. 1982. Sea turtles in the waters adjacent to Japan. *In* (Bjorndal, K.A., ed.) Biology and Conservation of Sea Turtles. pp.317-319. Smithsonian Institution Press, Washington, D.C.
Walker, T.A. and C.J. Parmenter. 1990. Absence of a pelagic phase in the life cycle of the flatback turtle, *Natator depressa* (Garman). Journal of Biogeography, 17: 275-278.
Wallace, B.P., J.A. Seminoff, S.S. Kilham, J.R. Spotila and P.H. Dutton. 2006. Leatherback turtles as oceanographic indicators: stable isotope analyses reveal a trophic dichotomy between ocean basins. Marine Biology,149: 953-960.
Watanabe, K.K., H. Hatase, M. Kinoshita, K. Omuta, T. Bando, N. Kamezaki, K. Sato, Y. Matsuzawa, K. Goto, Y. Nakashima, H. Takeshita, J. Aoyama and K. Tsukamoto. 2011. Population structure of the loggerhead turtle *Caretta caretta*, a large marine carnivore that exhibits alternative foraging behaviors. Marine Ecology Progress Series, 424: 273-283.
Werner, E.E. and J.F. Gilliam. 1984. The ontogenetic niche and species interactions in size-structured populations. Annual Review of Ecology and Systematics, 15: 393-425.
Willgohs, J.F. 1957. Occurrence of the leathery turtle in the northern North Sea and off western Norway. Nature, 179: 163-164.
Wyneken, J. 1997. Sea turtle locomotion: mechanics, behavior, and energetics. *In* (Lutz, P.L. and J.A. Musick, eds.) The Biology of Sea Turtles. pp.165-198. CRC Press, Boca Raton.
Yano, K. and S. Tanaka. 1991. Diurnal swimming patterns of loggerhead turtles during their breeding period as observed by ultrasonic telemetry. Nippon Suisan Gakkaishi, 57: 1669-1678.

Yasuda, T., H. Tanaka, K. Kittiwattanawong, H. Mitamura, W. Klom-in and N. Arai. 2006. Do female green turtles exhibit reproductive seasonality in a year-round nesting rookery? Journal of Zoology, 269: 451-457.

Zbinden, J.A., S. Bearhop, P. Bradshaw, B. Gill, D. Margaritoulis, J. Newton and B.J. Godley. 2011. Migratory dichotomy and associated phenotypic variation in marine turtles revealed by satellite tracking and stable isotope analysis. Marine Ecology Progress Series, 421: 291-302.

9

保 全
絶滅危惧種を守る

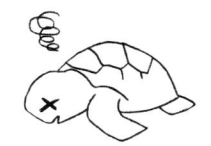

松沢慶将・亀崎直樹

さまざまな人間活動の影響を受けて，世界各地でウミガメは絶滅の危機に瀕している．なにが原因で，どう対処すべきなのか．歴史的背景や保全の基本的な考え方，関連法令や保全を取り巻く諸問題などとあわせて概説する．

9.1 減少するウミガメ

ある種の動物の個体数が減少しており，保護する必要がある状況にあることを示すことはむずかしい．しかし，ウミガメ類は産卵する際に砂浜に上陸して特徴的な痕跡を残すので，その数を継続的に記録することで，個体群サイズの変化をある程度推測することができる．世界各地で，産卵回数（産卵巣数）の減少を通じて，ウミガメの減少が確認された例が知られている．ここでは2例について紹介する．

（1） ランチョ・ヌエボにおけるケンプヒメウミガメの例

メキシコ湾に生息するケンプヒメウミガメは，「アリバダ」とよばれる集団産卵をするため，長年，産卵地が特定されずにいたが，1947年にメキシコのランチョ・ヌエボで撮影されたアリバダの映像が，後に研究者に知られるところとなって，初めて確認されることになる（Carr, 1963）．その映像

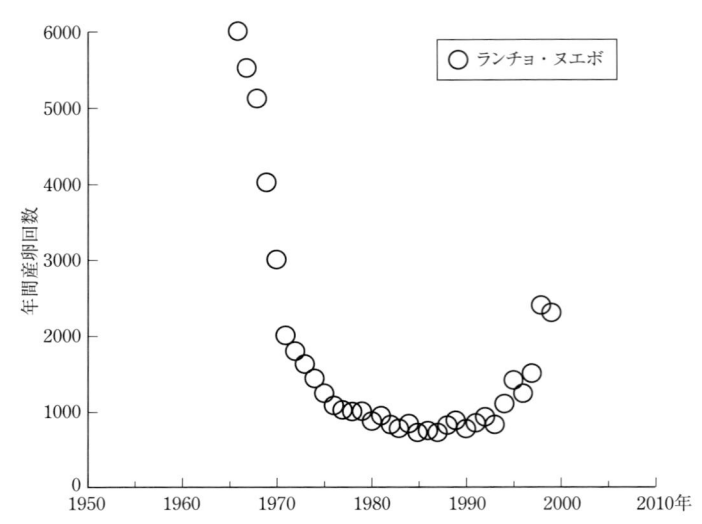

図 9.1 ランチョ・ヌエボにおけるケンプヒメウミガメ上陸回数の減少．データは Turtle Expert Working Group(2000)より．

では，4万頭規模の産卵と推定された．1966年にメキシコ国立水産局が開始した産卵モニタリングは，その後，米国魚類野生生物局，グラディスポーター（Gladys Porter）動物園も参画して現在まで継続されている．1966年に約 6000 回確認された産卵回数は，そこから急激に減少し，1980年には 900 回にまで落ち込んでいる（図 9.1）．1980 年代は 700-900 回程度で推移し絶滅が心配されたが，1990 年代以降は回復に向かっている．

このように個体群サイズが急激に減少したのは，1966年にここが保護区にされるまで，地元住民によって8割以上の卵が利用されていたことと，1940 年代後半以降にメキシコ湾西部でエビトロール漁がさかんになり，1990 年代に入ってウミガメ排除装置（Turtle Excluder Device; TED）が普及するまでに多くの成体や亜成体が混獲死したことがおもな原因だと考えられている（National Research Council, 1990; Turtle Expert Working Group, 2000）．

（2） マレーシア・トレンガヌ州のオサガメの例

マレー半島の中央部で太平洋に面したトレンガヌ州は，古くからオサガメ

の産卵地として有名であった．この海岸で最初に産卵回数が数えられたのは1956年のことで，そのシーズンのオサガメの産卵回数は10155巣であった．それが，1978年には3500巣に減少し，1984年には788巣と1000巣を下回り，93年には58巣，94年には213巣，95年には37巣と，ほぼ絶滅に近い状態になっている（Chan and Liew, 1996）．

このように個体群サイズが急激に減少した理由として，Chan and Liew (1996) は，1980年代に回遊域である北太平洋の流し網によって多くのオサガメが混獲死したことや過剰な卵の採取，さらには観光客によって産卵地の環境が悪くなったことに加え，1960年ごろより実施された行政による卵の管理が失敗したとしている．つまり，採取した卵の一部は孵化小屋の発泡スチロールの箱のなかで孵化させ，孵化幼体は保護を目的に海に放流された．ところが，この移植は孵化率の低下を招き，さらに温度が高かったために性比が雌に大きく傾いていたことも原因ではないかと考えられている．

以上のように，産卵回数の減少という形で，個体群サイズの衰微が確認され，それが保護の議論を促している個体群はいくつかある．しかし，ウミガメ類の場合，成熟までにかなりの年数がかかることや，雌は毎シーズン産卵するわけではないこと，個体によってシーズン内の産卵回数にばらつきがあることなどから，産卵回数から個体群サイズを推定するところまでは行われていない．

9.2　ウミガメの利用と保全の歴史

有史以前から人類はさまざまな形でウミガメとかかわり，そして利用してきた．ペルシア湾沿岸では約7000年前の貝塚からウミガメの骨が出土しており，当時から食用としてきたことがうかがえる（Frazier, 2003）．砂浜に上陸したウミガメは俊敏な陸上動物に比べて捕獲が容易で，利用しやすかったことであろう．日本においても，縄文時代の貝塚からもウミガメの骨が出土することから（Workman and McCartney, 1998），古くから食用として利用されてきたことはまちがいない．ただ，大規模な流通をともなわないこれらの利用は，ウミガメに対して脅威ではなかったと考えられる．

それが，大航海時代になり，長期間活かしておくことが可能なウミガメが食料として重宝されるようになると，事態は一変する．とくにアオウミガメは美味だったことから欧州へもさかんに運び出され，結果として多くの個体群で乱獲状態に陥ることになる．たとえば，カリブ海の英領ケイマン諸島では，コロンブスらによる発見当初，周囲の海には船が座礁しそうなほど多くのアオウミガメが生息していたが，1650 年代にジャマイカに入植していた英国人たちが組織的な捕獲を開始し，17 世紀末から 18 世紀にかけて毎年 13000 頭ほどのペースで捕獲した結果，18 世紀末にはここでの産卵個体群はほぼ壊滅してしまっている（Lewis, 1940）．バミューダ諸島，西インド洋のモーリシャス，仏領レユニオン，香港などでアオウミガメの産卵が消滅したのも，西欧人による乱獲がおもな原因だと考えられている（Parsons, 1962; King, 1982; Groombridge and Luxmoore, 1989; National Research Council, 1990）．南大西洋の英領アセンション島や小笠原諸島においても，19 世紀に行われた食用目的の捕獲が原因で資源を大きく減らしてきた（菅沼，1994; Broderick *et al.*, 2006）．

ウミガメは皮革製品や剥製，宝飾品として利用する目的でも捕獲されてきた．とくにタイマイの鱗板は有史以来，世界各地で宝飾品として珍重されて世界的に取引されてきたが，近世以降は流通量が増大して乱獲を招き，本種の減少要因になったと考えられる．英国は 19 世紀には毎年 5 万-6 万ポンドの鱗板（16961-20353 頭分）を輸入しており，世界中で流通したタイマイの鱗板の総量は 1920 年に 9 万-10 万ポンド（30500-33900 頭分）に達していたと見積もられている（Parsons, 1972）．べっ甲細工の技巧が発達した日本は 20 世紀において世界最大の輸入国であり，1950 年から 92 年までの輸入総量は 200 万個体分にも相当する（Donnelly, 2008）．

卵は，現在に至るまで世界中で種を問わず広く利用されてきている（Thorbjarnarson *et al.*, 2000）．媚薬効果が信じられている地域も少なくなく（Campbell, 2003），販売目的での採取・盗掘により，個体群を著しく減少させてきた例も数多く知られている．マレーシアのサラワク州のアオウミガメの産卵地では，地元のイスラム教徒たちは肉を食べない代わりに，長年にわたり卵を消費してきた．1930 年代には 200 万個以上の卵が採取されていたが，その数はしだいに減少し，60 年代にはおよそ 10 分の 1 にまで減少した

(King, 1982). コスタリカのラスバウラス (Las Baulas) 海洋国立公園では，オサガメの卵が組織的に盗掘され，約20年間にわたり毎年約9割の卵がもち去られ，その後の産卵の急激な減少を引き起こすおもな原因となった (Tomillo *et al.*, 2008). 日本においても，1970年代に宮崎の海岸ではアカウミガメの産卵巣の85%が盗掘されていた (Takeshita, 2006). 屋久島でも，おそらく明治期から1970年代まで，アカウミガメの卵の大部分が合法的に採取・利用されていた (菅野, 1976; 内田, 1976).

ただ，ここで確認しておきたいことは，乱獲をもたらしたのは，そこに住んでいた先住民ではなく，来訪者であることが多いことである. そこに自然資源の略奪的利用がみられる. 実際，鹿児島や南西諸島ではウミガメの卵をすべて獲らないようにする不文律があったことは，老人の話を聞くと容易にうかがい知ることができる.

このような近世以降の過度の利用は，20世紀後半になると見直されることになる. フロリダ大学のCarrが1956年に出版した著書 "The Windward Road" のなかでウミガメの窮状について警鐘を鳴らして以降，各地でつぎつぎとウミガメの危機的状況が明らかになり，自然保護に対する世界的な機運の高まりもあって，多くの国や地域で利用が制限されるようになっていった. また，タイマイの鱗板など捕獲地以外で利用されるものについては，「絶滅のおそれのある野生動植物の種の国際取引に関する条約」(ワシントン条約) により国際取引が規制されることで，間接的にも捕獲が抑制されるようになっていった. その結果，たとえばコスタリカのトルチュゲロ (Tortuguero) では，1970年に約16000回であったアオウミガメの産卵は，1996年には57000回にまで増加した (Bjorndal *et al.*, 1999). 南大西洋の英領アセンション島のアオウミガメの産卵は，1970年代以降285%も増加した (Broderick *et al.*, 2006). いずれも，利用を制限したことが効いたとの解析結果が得られている (Chaloupka *et al.*, 2008).

ウミガメ保護が目指すところは，レッドリストから外すことであり，それに向けた最重要課題は，減少の直接的な原因となる脅威を特定し，取り除くことである. 上述のとおり，真っ先に注目された脅威は乱獲であり，これを軽減することに多くの労力が割かれてきた. その活動のなかには，法整備や啓発だけではなく，ウミガメや卵を捕獲・採取していた人々の雇用や，その

ための地域経済・社会資本の整備支援なども含まれる．都会の論理で定められる法令や制度は，地方の現場においてなんら実効性をもたないことが多いからである（Marcovaldi and Thome, 1999）．しかし，ウミガメの生活史や生態に対する理解が進むにつれて，次節で述べるようにじつに多様な脅威にさらされていることが明らかになり，中心課題は，これらの問題への対応にシフトしてきている．また，そのツールのなかには，孵化場への卵の移植やヘッドスターティングのように，脅威には直接向き合わない対症療法も含まれるが，これについての議論も次節でくわしく述べる．

9.3　脅威と対策と諸問題

　ウミガメの減少の原因が乱獲だけならば，その対策は比較的容易であるが，現実的にはそれよりも大きい脅威も存在している．それを暗示しているのが海岸に漂着するウミガメの死体である．たとえば，2007年の1年間に全国で216個体のアカウミガメの死体がみつかっている（日本ウミガメ協議会まとめ）．同じ年に確認されたアカウミガメの産卵は約3700回で，1頭あたり2.5回産卵したと仮定すると，産卵のために来遊した雌の数は1500頭程度と推定される．漂着死体の数はこれの約15％に相当する．漂着しなかったものや，漂着しても集計に含まれなかったものもあるだろう．現在，日本の沿岸では，相当数のアカウミガメが死んでいることになる．上陸・産卵回数の回復を抑えている要因かもしれない．

（1）　漁業による混獲

　漂着死体は激しく腐敗していることが多く，死因を突き止めるのは困難である．しかし，手がかりになりそうな特徴はある．まず，致命傷と思しき外傷を負ったものはまれである．アカウミガメの死体を解剖して消化管内を精査しても，一般にいわれているようなプラスチック類がみつかることはまれである（亀崎，1995）．あったとしても，死因になったとは考えにくいものばかりである．その一方で，胃や食道からは未消化の餌がみつかる例が少なくない．これらは，死亡する直前までこの個体が正常であったことを示しており，漁網に誤って絡むなどの事故死をうかがわせる．

図 9.2 水中に沈む形式の定置網で溺死したアカウミガメ(写真提供:石原孝).

　海外でも，1970年代以降，米国南部では，アカウミガメとケンプヒメウミガメの死亡漂着が問題となった．多い年には年間で5万頭にものぼり，ケンプヒメウミガメは絶滅寸前まで追い込まれた（図9.1）．調査の結果，National Research Council（1990）はこのおもな原因をエビトロール網による混獲であったと結論づけた．混獲とは漁具や魚網に目的としない種が捕獲されることを指す．ウミガメ類は息継ぎのために海面に浮上しなければならない．混獲され浮上が妨げられると溺死してしまう（図9.2）．National Research Council（1990）の推計によれば，1980年代には毎年5000から50000頭のアカウミガメと，500から5000頭のケンプヒメウミガメが，それぞれ米国領海内のエビトロール漁が直接の原因で死亡したという．米国政府を中心に，ウミガメ排除装置（TED）とよばれる網に入ったウミガメが自力で脱出できる装置が開発され，1987年からエビトロール漁船に対して段階的に使用を義務づけてきた結果（Epperly, 2003），死亡漂着は半減し（Crowder et al., 1995），ケンプヒメウミガメが奇跡的な回復を遂げている（図9.1）．死亡漂着と混獲の因果関係を疑う余地はない．

日本でも，刺網，巻網，底曳網，定置網などにウミガメが混獲され，溺死するものも少なくないことが明らかになってきた（小島，2003; 塩出ほか，2006; Ishihara, 2007）．確かに，溺死であれば，直前まで餌を食べていても，外傷がなくても不思議ではない．もちろん，死亡漂着のすべてが混獲で死亡したとは限らない．しかし，少なくとも，餌とまちがえて飲み込んだプラスチックが原因で死んでいるものより，混獲され溺死しているもののほうがはるかに多いと考えられる．

海岸への死亡漂着とは関係ないが，混獲は遠洋漁業でも生じる．北太平洋の公海で1980年代にさかんに行われた流し網漁もその1つで，1990年のオブザーバー監視で得られた混獲率と漁獲努力量からの推定では，この年の日本，韓国，台湾の操業により，6056頭のウミガメ類が混獲されたと見積もられている（Wetherall et al., 1993）．マグロやカジキ，シイラなどを対象とした延縄漁に混獲されるウミガメも少なくない．40カ国以上の操業データと13のオブザーバー監視プログラムのデータにもとづく概算では，2000年の1年間だけで，世界全体でアカウミガメは20万頭，オサガメは5万頭がそれぞれ混獲されたと見積られている（Lewison et al., 2004）．乱獲が抑制されるようになった今，漁業による混獲は，ウミガメに対するもっとも大きな脅威の1つである．

混獲の実態がつぎつぎと明らかになるなかで，さまざまな対策が講じられている．エビトロールに対するTEDは上述のとおりである．流し網については，国連決議により1992年をもって公海での操業が中止となった．延縄漁に対しては，釣り針の形状や餌，設置水深の改良や見直しが行われた（Gilman et al., 2007; 塩出，2010）．米国西部太平洋区漁業管理評議会は，このような有効な対策が打ち出されるまでの間，ハワイを基地にもつメカジキ漁を中止し，再開後も，所属漁船による年間累計混獲数が17個体に達したところで，その年は全面操業中止になるという厳しい管理措置をとっている（Simonds, 2009）．混獲回避削減の技術開発が進むなかで，2003年に国連食糧農業機関（FAO）水産委員会はウミガメ保護と漁業に関する技術諮問委員会を招集して，混獲削減に向けたガイドラインの策定を要請した．2005年には，そのガイドラインを承認したうえで，速やかな履行を加盟各国と地域漁業管理団体に求めるなどの動きをみせている．

9.3 脅威と対策と諸問題　　　　　　　　　　235

　このように，画一的に操業される大規模漁業については，当局の管理下に置かれて，影響評価も対策も比較的容易に進んできた．国際問題として注目を集めたことも，解決を後押ししてきた．しかし，沿岸漁業については状況がまったく異なる．操業形態が多様で規模も小さく変化も激しいために，当局による管理も状況把握も困難である．全体としての影響はときに大規模漁業にも匹敵しうるが（塩出ほか，2006; Peckham et al., 2007），漁具，漁法，海域ごとに混獲状況が異なることが予想され，闇雲に規制を進めると，むだに零細漁業を逼迫させることになりかねない．効果的な対策を講じるために，速やかに情報を収集しながら，とくに影響が大きいものから優先的に手当てしていくべきであろう．

（2）　産卵地の機能を失う砂浜

　安全な繁殖地は，ウミガメに限らず，野生動物が存続するための必須条件である．卵と孵化幼体にとっての安全とは，孵化・脱出までの間，温度や湿度，ガス交換などが適切な範囲内に保たれ，容易に地表へ脱出でき，確実に海へ到達できることである（第4章参照）．そのような環境は，自然の砂浜では，波・風による擾乱と海浜植物の成長とが拮抗する植生帯の際付近に形成されやすい（亀崎，2003; 第4章参照）．しかし，わが国では全国的に砂浜の侵食が進行するなかで，このような空間も急速に失われつつある．また，物理的には存在しても，利用できなかったり，好ましくない環境に変容していたりしている．

　侵食の原因には，砂利の採取やダム建設にともなう河川からの砂の供給量の低下のほかにも，港湾施設や離岸堤の設置に起因した沿岸漂砂系の変化があげられる．具体例として，愛知県田原市の赤羽根漁港をあげよう（図9.3）．ここでは掘り込み式の漁港の突堤が東側からの漂砂をせき止めたため，砂の供給が途絶えた西側で侵食が進んだ．離岸堤を設置した部分では一時的に砂の堆積が回復したものの，今度はその西隣の砂浜が侵食され，またそこへ離岸堤が設置されることになり，以下，渥美半島の先端まで同じことの繰り返しである．似たような事例はいたるところでみられるが，宮崎港の北に位置する住吉海岸，御前崎港に隣接する御前崎海岸，高知県室戸市の室津港の西側の元海岸，熊野川河口の鵜殿港北東側に延びる熊野七里御浜などでは，

図 9.3 侵食対策がつぎなる侵食を引き起こす例.

事態は深刻である.

　このような連鎖的な侵食の原因の1つは，海岸はある程度の広がりのなかでたがいに作用しあう1つのシステムであるのに，それを複数の当局が分断的に所管して，侵食を局所的な問題として対処してきたことにある．最近になって広域的な海岸管理計画が策定されるようになってきたが，ただちに改善できるものではない．侵食は長期的に続く脅威である.

　やっかいなことに，侵食対策として外から砂を投入して砂浜を造成する「養浜」にも，先進地である米国フロリダ州ではさまざまな悪影響が指摘されている．繁殖期中の施工が上陸産卵を妨害したり卵や孵化幼体を危険にしたりすることはいうにおよばず，施工後に砂浜が硬くなり産卵率が低下するほか（Crain et al., 1995），砂質が本来のものと異なることで，砂中温度にも変化をきたし，生まれてくる孵化幼体の性比を人為的に操作することなどの懸念もある（Milton, 1997）．それに加えて，わが国では，投入した砂が失わ

れないように，ヘッドランドや突堤，離岸堤や潜堤などの設置と組み合わせて実施されるため，動かなくなった砂の間にはシルトや有機物が蓄積して硬くなってしまう．孵化場では同じ砂を使い続けると年々孵化率が低下していくことが経験的に知られており，波による擾乱を受けなくなった砂浜でも同じことが予想される．Kikukawa *et al.* (1999) は，ウミガメの産卵地選択に砂浜の軟度が関係していることを報告している．これは，季節的に侵食と堆積が繰り返されるような，自然の砂浜環境を雌が好むことを物語っている．海岸管理当局がウミガメに配慮した砂浜づくりを謳うのであれば，このように動的に砂の収支バランスがとれる本来の砂浜のシステムを復元するか，それと同じ効果をなんらかの形で担保しなければなるまい．

　さまざまな目的があって砂浜に設置される構造物も，産卵地としての機能を著しく劣化させる．堤防は植生帯の際に設置されることが多いが，その場合，上陸した雌は産卵に至らないことが多い（渡辺ほか，2001）．また，植生帯の海側に構造物が設置されると，適した場所へ上陸を試みる雌はむだに疲弊し（図9.4），結果的に構造物の海側で産卵することになれば，卵が波をかぶって窒息したり流されたりする危険が高くなる（Witherington *et al.*, 2011）．かりに隙間から陸側へ抜けて産卵に成功したとしても，海へ戻ることが困難になり，ブロックの隙間にはまり込んで動けなくなることもある．産卵地としての機能を残すためには，構造物の設置位置は見直さなければならない．

　砂浜やその後背地に設置される照明も，大きな脅威である．孵化幼体には正の走光性が備わっており（Mrosovsky and Shettleworth, 1968），夜間に地表に脱出すると，海のほうがほのかに明るいことを手がかりにして海を目指す（Witherington and Martin, 1996）．光源や照らされた砂浜が視界に入ると，孵化幼体はそこへ誘引されてしまう．こうして，後背地の車道に出て轢死したり，側溝に落下したり，迷走したまま朝を迎えて鳥に捕食されるなどの危険にさらされる（McFarlane, 1963; Peters and Verhoeven, 1994; Witherington and Martin, 1996）．海にたどり着いたとしても，迷走して体力と時間を浪費すれば，その後の生残率の低下が予想される．また，産卵のために砂浜に上陸する雌は，明るく照らされた砂浜を避ける傾向がある（Witherington, 1992）．砂浜とその後背地における無思慮な灯火は，ウミガ

図 9.4 消波ブロックに行く手を阻まれたウミガメの足跡(写真提供:表浜ネットワーク).

メから産卵地の選択肢を奪うことにほかならない.

　このような問題は「光害」とよばれる. 光害対策の先進事例は，米国フロリダ州にみることができる. ここでは産卵のために上陸する雌の行動や孵化幼体の海への定位と移動を阻害しないように，照明設備を適切に管理することが州条例で定められている. 具体的には，海側の窓にはカーテンを使用し，光源の位置を低くしたり，砂浜へ漏れる光をカットルーバーや植栽で遮るなどしたうえで，消すことのできない灯りについては，出力を抑えたり，比較的影響の少ない黄色から赤色の波長の光源に変更したりすることなどが提示されている (Witherington and Martin, 1996).

(3) 野生動物による被食

　地球上に生息する動物のほとんどが被食されることで生態系が成立しているが，ウミガメも例外ではない. とくに，ウミガメの卵はさまざまな野生動物によって捕食される. そして，それが人間活動の影響で拡大して壊滅的な被害をもたらす例もある. たとえば，米国東海岸では，肉食獣が狩猟された

ことや人間が海岸近くで生活するようになり，その残飯などを餌とすることでアライグマの数が増え（Riley et al., 1998; Smith and Engeman, 2002），アカウミガメの卵や脱出前の幼体が捕食されることが多くなっている（Stancyk, 1982; William-Walls et al., 1983）．フロリダ州中東部のケープカナベラルでは 60-70％ の巣が，南東部のホーブ国立野生保護区では 95％ の巣が被害にあっており（Antworth et al., 2006; Bain et al., 1997），胚の発生過程において最大の死亡要因となっている．産卵巣を金属製のフェンスで被うことで，一時的には防除できるが（Antworth et al., 2006），対症療法にすぎないうえに，逆に捕食者に目標物を与えてしまい，かえって被害が拡大する場合もある（Mroziak et al., 2000）．また，フェンスの材質によっては磁場を乱しかねないため，ウミガメの定位能力になんらかの悪影響がおよぶと懸念する声もある（Irwin et al., 2004）．

（4） 汚染など

海域の汚染も脅威となる．2010年メキシコ湾での原油流出事故で，多くのウミガメが油にまみれたのは記憶に新しい．流出した石油は表層に広がる．流出海域のウミガメは呼吸のたびに石油に触れるうえに，揮発性の石油を吸引することになる．石油にさらされると，白血球数の大幅上昇，ヘマトクリット値とヘモグロビン濃度の低下（Lutcavage et al., 1997），一時的な塩類腺の機能停止（Lutcavage et al., 1995），皮膚炎や組織の破壊など（Lutcavage et al., 1995），さまざまな障害が生じる．タールボールを飲み込むことで摂餌や消化吸収が妨げられ飢餓に陥る恐れもある．ただちに死に至るとは限らないが，生き残ったとしても，長期的かつ複合的に悪影響をおよぼすことが予想される．

人工物の誤食と絡まりも脅威である．死体の消化管内容物の検査では，とくにアオウミガメ，アカウミガメ，オサガメからプラスチック類がみつかる例が多い（Balazs, 1985; National Research Council, 1990; Hutchinson and Simmonds, 1992）．漂着死体のうち，誤食そのものが直接の死因になった例がどれだけあるかは不明であるが，少なくとも，消化管の損傷や摂食障害などが懸念される（亀崎，1995）．また，投棄された魚網などに絡まった場合には，溺死しないにしても，四肢の壊死や成長の阻害につながることもある

図 9.5 絡まったまま成長したタイマイ(写真提供:島達也).

(図 9.5).

(5) 気候変動

気候変動もウミガメ類にとっては大きな脅威である．温暖化が急激に進行した場合には，海面上昇にともなう産卵地の消失（Davenport, 1997），砂中温度の上昇にともなう性比の著しい偏り（Davenport, 1997），砂中温度の上昇にともなう孵化率や脱出率の急激な低下（Matsuzawa et al., 2002）などが，それぞれ予想されている．

(6) 卵の移植と放流会

砂浜に産卵された卵はさまざまな脅威にさらされる．第4章や本章ですでに述べたもののほかにも，観光客による踏みつけ（Kudo et al., 2003）も含まれる．これらが原因となり孵化率が低下することが確実で，しかも，その場では脅威から守るための有効な手立てがない場合には，保護の観点から卵

を安全な場所へ移動させざるをえないこともある．これを「移植」とよぶ．
規模が大きくなったり，管理上の都合から囲いを施したりした場合，移動先
は「孵化場」とよばれる．国内においては，とくに静岡県において大々的な
移植が行われている．しかし，脅威を取り除くわけではない点において，移
植はあくまで対症療法的な処置にすぎず (Frazer, 1992)．国内においては
後述の放流とあわせて早くからその問題点が指摘されてきた（菅沼・中島，
1993）．現在では，少なくとも以下にあげる弊害があることが国際的にも広
く認識されている．

・一般的に孵化場の孵化率は自然巣の孵化率よりも低くなる．
・移植により温度環境を変化させてしまうと，孵化幼体の性比を人為的に操
  作してしまう恐れがある（第 4 章参照）．
・移植という操作は注目されやすく，達成感も得られるため，それ自体が目
  的化されてしまい，地味ではあるが効果の高い本質的な保護活動がおろそ
  かにされてしまう．
・そもそも移植をしなければならなくなった根本原因を解決する機会を奪っ
  てしまう．
・不適切な方法で人為的に海へ放されると，孵化幼体の生残率が低下してし
  まう．

　これらのことを十分に理解したうえで，移植はやむをえない明確な理由が
ある場合に限定し，"Marine Turtle Specialist Group" による「ウミガメ保護
のための研究管理技術」などを参考に，慎重に実施するようにしなければな
らない (Boulon, 1999; Mortimer, 1999)．

　また，移植にともない国内各所では人為的に孵化幼体を海へ放す行為，い
わゆる「放流会」が行われている．社会教育的な側面からはある程度の効果
が期待されるものの，本来の目的であるはずの保護の観点からは，少なくと
も以下の点でまったくの逆効果である．

・地表へ脱出したばかりの孵化幼体はフレンジーとよばれる活発な状態で，
  捕食者の多い沿岸域をすばやく離れ，外洋に泳ぎだす．この活発な状態は
  数日間で終わってしまうため，その間，保管することにより，放流後の生
  存率の低下が予想される (Wyneken and Salmon, 1992)．
・孵化幼体は，捕食者の目を避けて，夜のうちに地表へ脱出する．しかし，

放流会は昼間や夕方に行われるため，生存率の低下が予想される．
・放流会では孵化幼体が特定の場所から放されることが多く，それを学習した捕食者に襲われやすくなる（Stewart and Wyneken, 2004; Whelan and Wyneken, 2007）．

このような弊害を避けるためには，脱出してきた孵化幼体は夜のうちに放流しなければならない．それが困難であるならば，移植をすることになった脅威に十分配慮したうえで，孵化前に再び砂浜へ埋め戻すなどして自然に海へ向かわせるというのも1つである．なお，ウミガメを教育目的で用いる場合の注意事項については，亀崎・黒柳（2000）も参照されたし．

（7）ヘッドスターティング

一般的に，野生動物は若齢期における死亡率が高い．そこで，人為的な環境下である程度育成してから放流することで，効率的に資源を回復させようという考え方がある．これは，ヘッドスタートとよばれる．ウミガメのヘッドスタートとしては，ケンプヒメウミガメを対象に行われた例が知られている．これは，本種の資源回復プログラムの一環として行われた「実験」であり，じつは，いまだにその効果は実証されていない．というよりは，むしろ，検証のしようがないというのが正しい．しかし，資源回復への寄与が期待されたり，謳われたりしていたため，確立された手法だと誤解されることが多く，保全計画策定の際にしばしば引き合いに出されては混乱を招いている．そこで，以下に経緯を紹介する．

1970年代末，ケンプヒメウミガメの絶滅が目の前まで迫った段階で，米国政府は，TEDの開発と平行してメキシコ政府と共同でヘッドスタートを開始した．ランチョ・ヌエボで産卵された卵の一部をテキサス州のサウス・パドレ島に空輸して人工孵化させ，生まれた孵化幼体は砂浜を歩かせて海に入りしばらくしたところで回収し，別の施設に収容して約8カ月間飼育した後にメキシコ湾に放流したのだ（Klima and McVery, 1982; Shaver and Wibbels, 2007）．島の海岸を歩かせたり泳がせたりしたのは，ウミガメ類は生まれた浜に回帰して産卵するという仮説と，砂浜から沖へと旅立つ際に刷り込みが起こるのではないかという仮説を受けて，ここに新たな産卵地を創設することを狙ったためである．放流する個体には標識が装着されたほか，

1984年以降はリビングタグとよばれる生体標識もあわせて実施された．これは，たがいに色が異なる腹甲の鱗板と背甲の鱗板をパンチで抜き取り交換移植し，その移植を施した鱗板の位置で識別する手法である（Hendrickson and Hendrickson, 1981）．1988年までの11年間に22507個の卵から15857匹の孵化幼体が生まれ，そのうち14484個体が放流され（Shaver, 2005），このうち14個体によるのべ25回の産卵が，2002年までに確認され，サウス・パドレ島での産卵も含まれている（Shaver and Wibbels, 2007）．

この事業により，ヘッドスタート放流個体のなかには，野生下においても生き残り，成熟して産卵する個体もいることが明らかになった．しかし，放流した個体に対して，産卵が確認されている個体の割合があまりにも少なすぎて，費用対効果の点からはまったく評価できない．プロジェクトの関係者は，それを，産卵調査の手法や努力量，標識の耐久性やリビングタグの永続性などの問題とし，実際にはより多くの個体が産卵に加わっていると主張している．今後，産卵確認例が劇的に増加して評価が変わる可能性も残されてはいるが，少なくとも，効果を定量的に説明できない現段階においては，適切な管理ツールとは認めるわけにはいかない．

9.4　保全と法令

急激に個体数が減少した種については，その種を保護することを念頭に置いた法令がさまざまなレベルで制定されている．ただし，行政府が法令を定めるわけであるから，対象種ごとにその根拠が必要となる．また，保全を実施するにも，その優先順位も考える必要が生じる．その根拠として，現在，利用されているのがレッドリストである．レッドリストとは，世界最大の自然保護団体である国際自然保護連合（IUCN）の種の保存委員会が作成する冊子，「絶滅のおそれのある野生動植物のリスト」の通称名であるが，現在では，環境省，水産庁，さらには都道府県や市町村でも，その地域に生息する生物に関するレッドリストを作成し，保全行政の根拠としている．

（1）　IUCNのレッドリストと絶滅危惧の評価

IUCNのレッドリストでは，図9.6のような絶滅の危険度に応じたカテゴ

リーが設けられており，各分類群の専門家で組織される"Specialist Group"により，種ごとに評価され，該当するカテゴリーに区分される．ウミガメ類7種の評価は，"Marine Turtle Specialist Group"が担当し，数年おきに見直される．2011年の段階では，オサガメ，タイマイ，ケンプヒメウミガメが絶滅危惧 IA 類，アカウミガメとアオウミガメが絶滅危惧 IB 類，ヒメウミガメが絶滅危惧 II 類，ヒラタウミガメがデータ不足に，それぞれ区分されている．ジャイアントパンダやシロナガスクジラが絶滅危惧 IB 類であることに照らせば，総じてウミガメ類は絶滅の危険度が高く，それだけ取り組みに対する優先順位も高いということになる．

しかし，このようなカテゴリー区分は，めだたない種の切迫した状況が見落されたり，逆に注目されやすい種の絶滅が過剰に評価されたりすることがないように，客観的な判定基準とそれを満たす科学的データにもとづかなければならない．そこで IUCN のレッドリストでは，判定基準として個体数，個体数の減少率，生息範囲，絶滅確率の 4 つの尺度を定めている．ウミガメのように世界中に広く分布し，回遊規模の大きな種では，個体数の減少率を適用することになる．ただし，個体数の把握は現実的ではない．そこで，実際には，産卵回数を成熟雌の個体数の指標として代用している．産卵回数が

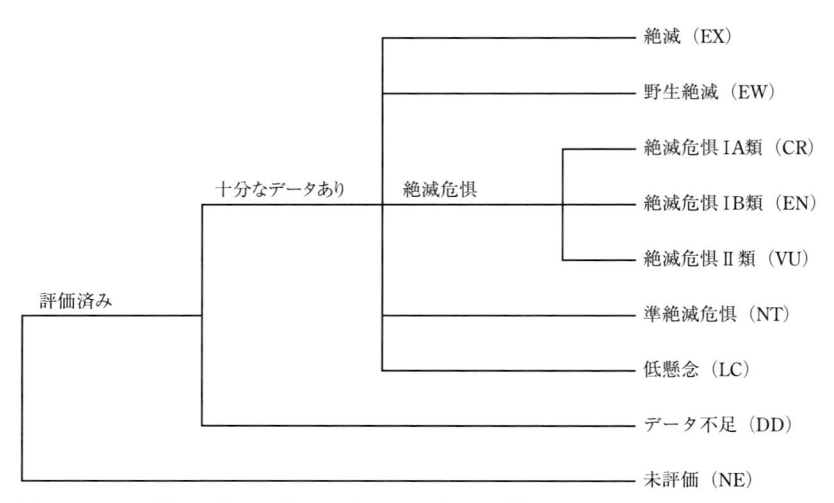

図 9.6 IUCN 版レッドリストにおけるカテゴリー区分.

成熟雌の実数ではなく指標にすぎないのは，成熟雌が繁殖シーズン内に何度も産卵する一方で，毎年繁殖するとは限らないからである（第5章参照）．いずれにしても，ウミガメが絶滅危惧にあるという評価は，産卵回数のモニタリングデータにもとづいている．その意味において産卵地における長期モニタリングは，ウミガメの保全の根幹をなす重要な意義をもつということを強調しておきたい．

（2） 国際的な取り組み

ウミガメ類のように広く海洋を移動する動物の保全を考えるには国際的な取り組みが必要になるが，実際はそれぞれの国の領域内での保全に委ねる部分が多い．そのようななかにおいてワシントン条約は，絶滅の恐れのある動植物を附属書に掲載し，それに掲載された種については輸出入を厳しく制限している．ウミガメ類は全種が附属書Ⅰというもっとも厳しく制限がかかるカテゴリーにリストアップされており，国際間の商取引はほとんどできない状態に至っている．日本もこの条約に1980年に加盟したものの，1994年までタイマイ，アオウミガメ，ヒメウミガメについては留保を付しており，とくにタイマイについては輸入を続けていた．

タイマイの背甲や腹甲の鱗板は，べっ甲細工の材料となり，日本ではその細工技術が世界的に優れており，それなりの産業として成立していた．そのため，その材料となる鱗板はキューバやインドネシアなど世界各国から輸入を続けていた．しかし，べっ甲が必要性の説明しにくい装飾品に加工されていたことや，その輸入統計に信頼性が薄いことなどから，輸入の継続に対しては世界的な批判が強く，1994年に留保を撤回した経緯がある．

また，日本がまだ加盟していない国際的な条約としてボン条約（移動性野生動物の種の保存に関する条約）がある．この条約は，複数の国にまたがり移動する動物とその生息地を直接保護することを目的とした枠組条約であり，渡り鳥やウミガメ，クジラ類が附属書に掲載されており，ウミガメ類に関してはインド洋や東南アジアなどで覚書が交わされている．また，国連食糧農業機関（FAO）は，漁業によってウミガメが混獲されることを問題視し，それを削減するためのガイドラインを作成し，関係各国に対応を求めている．

（3） NGOなどによる活動

近年，野生動物の保全の現場においては，NGO（非政府組織）の活動は無視できない．野生動物，とくにウミガメ類のように移動能力の高い動物の保全においては，国際協力が不可欠であるが，そこには政府に属さない，かつ，営利目的ではない組織の存在が不可欠である．この存在の重要性は国連も認めており，NGOという用語は国連憲章第71条で初めて使用された．

NGOにはさまざまなレベルの組織があり，多くの寄付金を集め，適切な活動を資金的に支援するNGOや，現地において実際に保全活動を実践する現場型NGOが存在する．現場型NGOは，先進国の政府やNGOからの資金によって運営されており，実際の活動にあたる．しかしながら，資金獲得のために本質的な活動を忘れ，過剰な広報活動によって資金の誘導を促すような団体も少なからず存在する．また，資金を供与する側も，それらめだつ団体に支援してしまうことも多い．保全活動には，教育，調査研究，社会構造の改変など，さまざまな活動形態があるが，その活動の評価ができる国際情勢ではないことも問題である．今後の実際の保全活動を担うのは，そのような現場型NGOが中心になっていくことは必然であるが，それらがどのような組織に育つのかは重要な問題である．

（4） 日本における保全活動

日本でも浦島太郎伝説にみるように，ウミガメは人間社会においてめだつ野生動物であった．その保全活動は民間レベルと行政レベルで，相互にあまり干渉がない状態で進行してきた．民間レベルでの活動については終章にくわしい．ここでは，行政レベルでどのような取り組み，すなわち法律条例などの制定が行われたのかを簡単に説明しておく．

自然公園法

優れた自然の風景地を保護するとともに，その利用の増進を図り，もって国民の保健，休養および教化に資することを目的としている．ウミガメについては，環境大臣が指定する特別保護地区に上陸した雌，卵，幼体，および衰弱して漂着した個体を，捕獲・採取・損傷・殺傷する行為が原則禁止され

る．また，西表国立公園，霧島屋久島国立公園・屋久島地域，沖縄海岸国定公園・慶良間地域においては，特別地域内においても捕獲・採取が禁止される．さらに，ウミガメ保護のために必要に応じて，各地の国立公園・国定公園内の指定された海岸への車の乗り入れが禁止される．

種の保存法

ワシントン条約に対応した国内法で，ウミガメ類のように附属書Ⅰ掲載種は，国内に生息する個体も含めて「国際希少野生動植物種」に区分され，生きている個体，死体，標本，剥製，器官およびその加工品の譲渡・授受が禁止される．学術研究，教育などのために，譲渡・授受しようとする場合は，環境大臣の許可が必要となる．また，登録を受けたものを除き，販売または頒布の目的で陳列が禁止される．ウミガメ類の場合，水産資源保護法などの規定により適法に捕獲された個体については，適用対象外とされる．

文化財保護法

文化財を保存し，かつ，その活用を図り，もって国民の文化的向上に資するとともに，世界文化の進歩に貢献することを目的とする．文化財には，動物とその生息地など学術上価値の高いものが含まれ，これらは「記念物」と規定される．記念物のうち，重要なものが天然記念物として，種，特定の地域内の個体群，生息地などの地域が指定される．ウミガメ類では，静岡県御前崎町（現御前崎市）と徳島県日和佐町（現美波町）とで，それぞれ上陸したウミガメと産卵地である砂浜が国指定の天然記念物に指定されている．

水産資源保護法

水産資源の保護培養を図り，かつ，その効果を将来にわたって維持することにより，漁業の発展に寄与することを目的としている．同法第4条にもとづき，施行規則により捕獲などが禁止される水産動植物を定めている．このなかで，北緯60度以南，南緯40度以北の海域においてヒメウミガメおよびその卵を捕獲することと，北緯70度以南，南緯50度以北の海域においてオサガメおよびその卵を採捕することを禁じている．また，これに違反して採捕されたものを所持・販売することを禁じている．

漁業調整規則

　漁業法，水産資源保護法にもとづき，水産資源の保護培養，漁業取締そのほか漁業調整を図り，あわせて漁業秩序の確立を期することを目的として都道府県が定めるものである．このうち，東京都漁業調整規則と沖縄県漁業調整規則には，それぞれウミガメの捕獲に関して規制が盛り込まれている．詳細は海区漁業調整委員会の指示において随時規制される．

海区漁業調整委員会指示

　ウミガメの産卵地が分布する太平洋側の都道府県では，神奈川県，愛知県，徳島県を除き，海区漁業調整委員会がウミガメとその卵の採捕の制限などについて委員会指示を出している．静岡海区と三重海区以外では，研究・増殖以外の目的であっても委員会がとくに認めた者に対しては採捕が許可される．また，許可された者であってもほとんどの場合，雌の捕獲は禁止されている．西日本では産卵期を禁漁期と定めている海区がほとんどであるが，和歌山県だけは逆に産卵期の6，7，8月を解禁としている．また，千葉県においては，ウミガメの遺骸についても採捕規制の対象にあげられている．

ウミガメ保護条例

　地方では，直接ウミガメの保護を目的とした条例を制定して，積極的に保護や啓蒙活動に取り組んでいる自治体もある．都道府県では，鹿児島県と高知県，市町村では，三重県紀宝町，徳島県美波町，福岡県福津市，静岡県南伊豆町，徳島県阿南市，千葉県いすみ市などである．いずれの場合も，原則的に海岸に上陸したウミガメとその卵を採捕・殺傷・毀損することを禁じており，保護監視員の設置を定めているところもある．

文化財保護条例・自然保護条例・希少野生生物の保護および継承に関する条例

　各地の文化財保護条例や自然保護条例にもとづき都道府県，市町村の記念物などの指定を受けているウミガメの産卵地がある．また，地方自治体が独自に指定した希少野生動植物種について，学術研究などの例外を除き捕獲・採取・売買などの制限，生息・生育地の保全に関する規制などが規定されており，違反した場合には罰則が設けられている．熊本県（2005年），徳島県

(2007年), 愛知県 (2010年) でそれぞれアカウミガメが指定されている.

(5) 今後の保全の方向性

　ウミガメ類に限らず野生動物の保全は, その動物が生態系のなかに存在している以上, 他種とのバランスのなかで成立しており, 多くの要素との関係を考える必要があり, きわめて複雑な問題である. まして, ウミガメは海域を広く移動するうえに, 繁殖の場は砂浜という陸域と海域の境界で行われる. さらに, 明らかにはされていないが, その寿命は長く, その個体群サイズの変動を解釈するには多大な労力と経費を要する. これに, 漁業や観光といった産業の観点, さらには動物愛護の概念までが介入する.

　このような複雑な様相を呈する保全現場において, 究極的な考え方をもちだすならば, ウミガメが関与する生態系の保全をいかに行うかがウミガメの保全に重要な問題であろう. その生態系のなかにヒトという動物を加えるのか, 除外するのかという議論はあるが, 少なくとも産業革命以前は, ヒトは生態系のなかの一構成要素であり, その存在によってウミガメ類は絶滅することはなかった. ウミガメが危機的な状況に陥ってきたのは, 産業革命によって変化した自然環境の変化によるといえる. 具体的には, 漁船の巨大化, 漁具の近代化, 砂浜の開発, そして冷蔵庫や輸送手段の普及などである. これらの影響をなくすことができたら, あるいは軽微にできたら, 少なくともこのようにウミガメ類は絶滅の危機に瀕することはなかったはずである.

　ところが, 現代のウミガメ類の保全の方向, とりわけ日本の方向は, そのような重要な問題には積極的に取り組もうとはせず, 捕獲や利用を禁止したり, 砂浜の車両走行の制限や花火の禁止など, 些細で制限しやすい要因に対して制限を加える方向にある. このような行為がまったく無意味とはいわないが, 今後はより重要な課題, 具体的には, 沿岸の漁業における混獲問題の解決は急ぐべきであろう. さらに, 砂浜の保護, とくに海に構築し, 漂砂の動きに影響を与える構造物の建設は, 周辺の砂浜を消失させる可能性が大である. これに関しては, より慎重に行うための法整備が必要である.

引用文献

Antworth, R.L., D.A. Pike and J.C. Stiner. 2006. Nesting ecology, current status, and conservation of sea turtles on an uninhabited beach in Florida, USA. Biological Conservation, 130: 10-15.

Bain, R.E., S.D. Jewell, J. Schwagerl and B.S. Neely, Jr. 1997. Sea turtle nesting and reproductive success at Hobe Sound National Wildlife Refuge (Florida), 1972-1995. Report to the US FWS, ARM Loxahatchee NWR.

Balazs, G.H. 1985. Impact of ocean debris on marine turtles: entanglement and ingestion. In (Shomura, R.S. and H.O. Yoshida, eds.) Proceedings of the Workshop on the Fate and Impact of Marine Debris. pp. 387-429. NOAA Technical Memorandum NMFS, NOAA-TM-NMFS-SWFC-54.

Bjorndal, K.A., J.A. Wetherall, A.B. Bolten and J.A. Mortimer. 1999. Twenty-six years of green turtle nesting at Tortuguero, Costa Rica: an encouraging trend. Conservation Biology, 13: 126-134.

Boulon, R.H., Jr. 1999. Reducing threats to eggs and hatchlings: *in situ* protection. In (Eckert, K.L., K.A. Bjorndal, F.A. Abreu-Grobois and M. Donnelly, eds.) Research and Management Techniques for the Conservation of Sea Turtles. pp. 169-174. IUCN/SSC Marine Turtle Specialist Group Publication 4.

Broderick, A.C., R. Fraunstein, F. Glen, G.C. Hays, A.L. Jackson, T. Pelember, G.D. Ruxton and B.J. Godley. 2006. Are green turtles globally endangered? Global Ecology and Biogeography, 15: 21-26.

Campbell, L.M. 2003. Contemporary culture, use, and conservation of sea turtles. In (Lutz, P.L., J.A. Musick and J. Wyneken, eds.) Biology of Sea Turtles. pp.307-338. CRC Press, Boca Raton.

Carr, A.F. 1963. Panspecific reproductive convergence *Lepidochelys kempii*. Ergebnisse der Biologie, 26: 298-303.

Chaloupka, M., K.A. Bjorndal, G.H. Balazs, A.B. Bolten, L.M. Ehrhart, C.J. Limpus, H. Suganuma, S. Trong and M. Yamaguchi. 2008. Encouraging outlook for recovery of a once severely exploited marine megaherbivore. Global Ecology and Biogeography, 17: 297-304.

Chan, E.H. and H.C. Liew. 1996. Decline of the leatherback population in Terengganu, Malaysia, 1956-1995. Chelonian Conservation and Biology, 2: 196-203.

Crowder, L.B., S.R. Hopkins-Murphy and J.A. Royle. 1995. Effects of turtle excluder devices (TEDs) on loggerhead sea turtle strandings with implications for conservation. Copeia, 1995: 773-779.

Davenport, J. 1997. Temperature and the life-history strategies of sea turtles. Journal of Thermal Biology, 22: 479-488.

Donnelly, M. 2008. Trade route for Tortoiseshell. SWOT Report, 3: 24-25.

Epperly, S.P. 2003. Fisheries-relatied mortality and Turtle Excluder Devices (TEDs). In (Lutz, P.L., J.A. Musick and J. Wyneken, eds.) The Biology of

Sea Turtles. Vol. II. pp.339-353. CRC Press, Boca Raton.
Frazer, N. 1992. Sea turtle conservation and halfway technology. Conservation Biology, 6: 179-184.
Frazier, J. 2003. Prehistoric and ancient historic interactions between humans and marine turtles. *In* (Luts, P., J. Musick and J. Wyneken, eds.) The Biology of Sea Turtles. Vol. II. pp.1-38. CRC Press, Boca Raton.
Crain, D.A., A.B. Bolten and K.A. Bjorndal. 1995. Effects of beach nourishment on sea turtles: review and research initiatives. Restoration Ecology, 3: 95-104.
Gilman, E., D. Kobayashi, T. Swenarton, N. Brothers, P. Dalzell and I. Kinan-Kelly. 2007. Reducing sea turtle interactions in the Hawaii-based longline swordfish fishery. Biolological Conservation, 139: 19-28.
Groombridge, B. and R. Luxmoore. 1989. The green turtle and hawksbill (Reptilia: Cheloniidae): world status, exploitation and trade. CITES Secretariat, Lausanne.
Hendrickson, J.R. and L.P. Hendrickson. 1981. A new method for marking sea turtles. Marine Turtle Newsletter, 19: 6-7.
Hutchinson, J. and M. Simmonds. 1992. Escalation of threats to marine turtles. Oryx, 26: 95-102.
Irwin, W.P., A.J. Horner and K.J. Lohmann. 2004. Magnetic field distortions produced by protective cages around sea turtle nests: unintended consequences for orientation and navigation? Biological Conservation, 118: 117-120.
Ishihara, T. 2007. Coastal bycatch investigations. *In* (Dalzell, P., ed.) Proceedings of North Pacific Loggerhead Sea Turtle Expert Workshop 2007. pp.21-22. Western Pacific Regional Fishery Management Council, Honolulu.
鎌田武．1994．蒲生田海岸のウミガメ情報．（亀崎直樹・籔田慎司・菅沼弘行，編：日本のウミガメの産卵地）pp.59-65．日本ウミガメ協議会，大阪．
亀崎直樹．1995．海洋廃棄物とうみがめ．（佐尾和子・丹後玲子・根本稔，編：プラスチックの海）pp.36-51．海洋工学研究所出版部，東京．
亀崎直樹．2003．ウミガメからみた沿岸域，とくに砂浜と海岸の現状と未来．沿岸域，16: 45-53.
亀崎直樹・黒柳賢治．2000．ウミガメを教材として使う教育活動とその際の注意事項．うみがめニュースレター，44: 7-10.
菅野健夫．1976．屋久島のウミガメ．自然保護，174: 24-26.
Kikukawa, A., N. Kamezaki and H. Ota. 1999. Factors affecting nesting beach selection by loggerhead turtles (*Caretta caretta*): a multiple regression approach. Journal of Zoology, 249: 447-454.
King, F.W. 1982. Historical review of the decline of the green turtle and hawksbill. *In* (Bjorndal, K.A., ed.) Biology and Conservation of Sea Turtles. pp. 183-188. Smithsonian Institution Press, Washington, D.C.
Klima, E.F. and J.P. McVery. 1982. Headstarting the Kemp's ridley turtle, *Lepidochelys kempi*. *In* (Bjorndal, K.A., ed.) Biology and Conservation of Sea

Turtles. pp.481-487. Smithsonian Institution Press, Washington, D.C.

小島孝夫. 2003. 漁業の近代化と漁撈儀礼の変容――千葉県銚子市川口神社ウミガメ埋葬習俗を事例に. 日本常民文化紀要, 23: 141-205.

Kudo, H., A. Murakami and S. Watanabe. 2003. Effects of sand hardness and human beach use on emergence success of loggerhead sea turtles on Yakushima Island, Japan. Chelonian Conservation and Biology, 4: 695-696.

Lewis, C.B. 1940. The Cayman Islands and marine turtle. Bulletin of the Institute of Jamaica. Science Series, 2: 56-65.

Lewison, R.L., S.A. Freeman and L.B. Crowder. 2004. Quantifying the effects of fisheries on threatened species: the impact of pelagic longlines on loggerhead and leatherback sea turtles. Ecology Letters, 7: 221-231.

Lutcavage, M.E., P.L. Lutz, G.D. Bossart and D.M. Hudson. 1995. Physiologic and clinicopathologic effects of crude oil on loggerhead sea turtles. Archives of Environmental Contamination and Toxicology, 28: 417-422.

Lutcavage, M.E., P. Plotkin, B. Witherington and P.L. Lutz. 1997. Human impacts on sea turtle survival. In (Lutz, P.L. and J.A. Musick, eds.) The Biology of Sea Turtles. pp.387-409. CRC Press, Boca Raton.

Marcovaldi, M.A.G. and J.C.A. Thome. 1999. Reducing threats to turtles. In (Eckert, K.L., K.A. Bjorndal, F.A. Abreu-Grobois and M. Donnelly, eds.) Research and Management Techniques for the Conservation of Sea Turtles. pp.165-168. IUCN/SSC Marine Turtle Specialist Group Publication 4.

Matsuzawa, Y., K. Sato, W. Sakamoto and K.A. Bjorndal. 2002. Seasonal fluctuations in sand temperature: effects on the incubation period and mortality of loggerhead sea turtle (*Caretta caretta*) pre-emergent hatchlings in Minabe, Japan. Marine Biology, 140: 639-646.

McFarlane, R.W. 1963. Disorientation of loggerhead hatchlings by artificial road lighting. Copeia, 1963: 153.

Milton, S.L. 1997. The effect of beach nourishment with aragonite versus silicate sand on beach temperature and loggerhead sea turtle nesting success. Journal of Coastal Research, 13: 904-915.

Mortimer, J.A. 1999. Reducing threats to eggs and hatchlings: hatcheries. In (Eckert, K.L., K.A. Bjorndal, F.A. Abreu-Grobois and M. Donnelly, eds.) Research and Management Techniques for the Conservation of Sea Turtles. pp.175-178. IUCN/SSC Marine Turtle Specialist Group Publication 4.

Mrosovsky, N. and S.J. Shettleworth. 1968. Wavelength preferences and brightness cues in the water-finding behavior of sea turtles. Behaviour, 32: 211-257.

Mroziak, M.L., M. Salmon and K. Rusenko. 2000. Do wire cages protect sea turtles from foot traffic and mammalian predators? Chelonian Conservation and Biology, 3: 693-698.

National Research Council. 1990. Decline of Sea Turtles: Cause and Prevention. National Academy Press, New York.

引用文献

Parsons, J.J. 1962. The Green Turtle and Man. University of Florida Press, Gainesvill.
Parsons, J.J. 1972. The hawksbill turtle and the tortoise shell trade. In (Gourou, P., ed.) Etudes de Geographie Tropicale Offertes a Pierre Gourou. pp.45-60. Mouton, Paris.
Peckham, S.H., D. Maldonado-Diaz, A. Walli, G. Ruiz, L.B. Crowder and W.J. Nichols. 2007. Small-scale fisheries bycatch jeopardizes endangered Pacific loggerheadturtles. PLoS ONE, 2: e1041.
Peters, A. and K.J.F. Verhoeven. 1994. Impact of artificial lighting on the seaward orientation of hatchling loggerhead turtles. Journal of Herpetology, 28: 112-114.
Riley, S.P.D., J. Hadidian and D.A. Manski. 1998. Population density, survival and rabies in raccoons in an urban national park. Canadian Journal of Zoolology, 76: 1153-1164.
Shaver, D.J. 2005. Analysis of the Kemp's ridley imprinting and headstart project at Padre Island National Seashore, Texas, 1978-88, with subsequent nesting and stranding records on the Texas coast. Chelonian Conservation and Biolology, 4: 846-859.
Shaver, D.J. and T. Wibbels. 2007. Head-starting the Kemp's ridley sea turtle. In (Plotkin, P.T., ed.) Biology and Conservation of Ridley Sea Turtles. pp.297-323. The Johns Hopkins University Press, Baltimore.
塩出大輔．2010．まぐろ延縄漁業における海亀類の混獲回避に関する研究．日本水産学会誌，76: 605-608.
塩出大輔・川原林奈美・東海正．2006．大型定置網へのウミガメ入網に関するアンケート調査の結果について．ていち，109: 54-141.
Simonds, K. 2009. 米国ハワイにおける漁業とウミガメ保全．（宮原尚子・水野康次郎，編：日本ウミガメ誌 2009）pp.7-9．日本ウミガメ協議会，大阪．
Smith, H.T. and R.M. Engeman. 2002. An extraordinary raccoon, *Procyon lotor*, density at an urban park. Canadian Field-Naturalist, 116: 636-639.
Stancyk, S.E. 1982. Non-human predators of sea turtles and their control. In (Bjorndal, K.A., ed.) Biology and Conservation of Sea Turtles. pp.139-152. Smithsonian Institution Press, Washington, D.C.
Stewart, K.R. and J. Wyneken. 2004. Predation risk to loggerhead hatchlings at a high-density nesting beach in Southeast Florida. Bulletin of Marine Science, 74: 325-335.
菅沼弘行．1994．アオウミガメ．（水産資源保護協会，編：日本の希少な野生水生生物に関する基礎資料Ⅰ）pp.469-478．水産資源保護協会，東京．
菅沼弘之・中島義人．1993．第3回日本ウミガメ会議・ラウンドテーブルの報告　テーマ2．卵の移植と人工ふ化放流の問題点．うみがめニュースレター，15: 28-30.
Takeshita, H. 2006. The current status of loggerhead sea turtle rookeries in Miyazaki, Japan. In (Kinan, I., ed.) Proceedings of the Western Pacific Sea

Turtle Cooperative Research and Management Workshop. Vol. II: North Pacific Loggerhead Sea Turtles. pp.27-29. Western Pacific Regional Fishery Management Council, Honolulu.

Thorbjarnarson, J.B., C.J. Lagueux, D. Bolze, M.W. Klemens and A.B. Meylan. 2000. Human use of turtles: a worldwide perspective. In (Klemens, M.W., ed.) Turtle Conservation. pp.33-84. Smithsonian Institution Press, Washington, D.C.

Tomillo, P.S., V.S. Saba, R. Piedra, F.V. Paladino and J.R. Spotila. 2008. Effects of illegal harvest of eggs on the population decline of leatherback turtles in Las Baulas Marine National Park, Costa Rica. Conservation Biology, 22: 1216-1224.

Turtle Expert Working Group. 2000. Assesment update for Kemp's ridley and loggerhead sea turtle populations in the Western North Atlantic. NOAA Techinical Memorandumn NMFS-SEFSC-444.

内田至．1976．菅野氏の観察記録を読んで．自然保護，174: 26.

渡辺国広・清野聡子・宇多高明．2001．海浜部における海岸堤防建設がアカウミガメの産卵に及ぼした影響．海洋開発論文集，17: 381-386.

Wetherall, J.A., G.H. Balazs, R.A. Tokunaga and M.Y.Y. Yong. 1993. Bycatch of marine turtles in north Pacific high-seas driftnet fisheries and impacts on the stocks. International North Pacific Fisheries Commission Bulletin, 53: 519-538.

Whelan, C. L and J. Wyneken. 2007. Estimating predation levels and site-specific survival of hatchling loggerhead sea turtles (*Caretta caretta*) from south Florida beaches. Copeia, 2007: 745-754.

William-Walls, N.J., J. O'Haea, R.M. Gallagher, D.F. Worth, B.D. Peery and J.R. Wilcox. 1983. Spatial and temporal trends of sea turtle nesting on Hutchinson Island, Florida, 1971-1979. Bulletin of Marine Science, 33: 55-66.

Witherington, B.E. 1992. Behavioral responses of nesting sea turtles to artificial lighting. Herpetologica, 48: 31-39.

Witherington, B.E., S. Hirama and A. Mosier. 2011. Sea turtle responses to barriers on their nesting beach. Journal of Experimental Marine Biology and Ecology, 401: 1-6.

Witherington, B.E. and R.E. Martin. 1996. Understanding, assessing, and resolving light pollution problems on sea turtle nesting beaches. FMRI Technical Reports TR-2. Florida Marine Research Institute, St. Petersburg.

Workman, W.B. and A.P. McCartney. 1998. Coast to coast: prehistoric maritime cultures in the North Pacific. Arctic Anthropology, 35: 361-370.

Wyneken, J. and M. Salmon. 1992. Frenzy and postfrenzy swimming activity in loggerhead, green, and leatherback hatchling sea turtles. Copeia, 1992: 478-484.

10 民俗

ヒトとウミガメの関係史

藤井弘章

　ウミガメは古くから人間にとって多様な民俗を生み出す生物であった．日本列島においても，数千年にわたり，南西諸島から北海道までの広範囲において，きわめて多様なかかわり方が存在した．とくに直接接触する機会がある沿海地域の人々は，ウミガメに関する知識を蓄積し，肉や卵，脂の食用のほか，甲羅の利用などを行ってきた．また，捕獲方法にもさまざまな工夫がみられた．一方で，ウミガメは神話や説話などに登場し，中国伝来の思想とも融合して神聖視されることがあった．沿海地域では，ウミガメの産卵を見守り，網などにかかった場合にも酒を飲ませて海に帰すという行為が行われてきた．あるいは，死んでいる場合に祭祀・供養したり，ウミガメがまとわりついていた流木を宝物のように考えて祀ることもあった．ウミガメを漁の神などとして食用を禁忌とする地域も多かった．これらのかかわり方は，同じ時代，同じ地域に同時に存在した場合もあるが，時代や地域によって偏差がある場合も多い．ウミガメとのかかわり方の歴史を示す資料は限られるが，民俗調査（聞き取りなど）を行うと，昭和時代初期から中期にみられた多様なウミガメの民俗が浮かび上がってくる．以下，ウミガメの回遊・産卵が多い地域から具体的にみていきたい．

10.1　日本列島各地におけるウミガメの民俗

（1）　沖縄・奄美

　南西諸島のうち奄美諸島以南の島々は，本土とは別の琉球文化圏を形成していた．狩猟採集が中心の生活が長かったこれらの島々からは多量のウミガメ遺体が出土するため，ウミガメは重要なタンパク源であったことがうかがえる．また，『おもろさうし』（12-17世紀の歌集）には，ジュゴンとウミガメを捕るという歌詞もみられる．琉球王朝時代，中国の冊封使（琉球国王即位に際して中国皇帝から派遣される正使）をもてなす歓待料理に，ジュゴンとともにアオウミガメが吸い物として出されたという記録もある．
　沖縄本島北部（名護市辺野古，本部町崎本部など）には，ウミガメ捕獲のまねをする儀礼が現在も伝承されている（図10.1）．各集落において，神役がウミガメ・イルカ・魚などの海の生物と，イノシシなどの山の生物が捕れるようにという歌を謡い，若者たちがそれらを捕る所作をし，それらの豊漁を祈るという儀礼である．この儀礼は琉球王朝時代に起源があると思われる．
　沖縄・奄美地方では，昭和50年代まではさかんにウミガメを捕獲していた．したがって，現在でもウミガメに対する民俗知識が豊富である．沖縄ではカーミー（カメ）といえば，ウミガメのことを指す．アオウミガメはミジガーミーやミジャー（水亀），アカウミガメはアカガメ，タイマイはガラサーガーミーという．アオウミガメは炊くと水が出てくること，タイマイは口がカラス（ガラサー）に似ていることに由来した名前である．
　ウミガメの産卵に関する知識も豊富であった．旧暦4月ごろから産卵する，満潮の夜に上がる，アカウミガメよりもアオウミガメのほうが産卵は遅い，アカショウビンが鳴くとウミガメが上がる（奄美大島，加計呂麻島），などという民俗知識があった．また，足跡でアカウミガメとアオウミガメを区別もしていた．こうした知識は，ウミガメや卵がほしいために蓄積されたという性格もある．
　卵は海からの恵みとしてごくふつうに食べられてきた．砂浜に残されたカメの足跡をたどって，砂浜に棒を突き刺しながら歩き，卵を探した．しかし，1穴全部を掘り採るのではなく，半分程度を残したという話もよく聞く．卵

図 10.1 ウミガメ捕獲模倣儀礼(沖縄県名護市).

は煮て食べることが多かったが，鶏の卵のように固まらないという．サツマイモのデンプンに混ぜて固め，餅のようにして食べることもあった．産卵場所の位置によって，その年の波が高いかどうかを判断することもあった．

　産卵を待ち受けて，ウミガメをひっくり返して捕獲することもあった．この方法による捕獲は簡単であるため，漁民でなくても行うことができた．ただし，ある程度の技術は必要であった．産卵を終えて海へ帰るところを狙い，尻のほうに手を掛けて，前方に向けて斜めに返した．カメは手を張っているから縦には返らず，縦に返そうとするとカメを海へ押していくだけになってしまうという．旧暦8日から15日ごろの明るい月夜を選び，「今日はカメ捕り日だ」などといって出かけることが多かった．浜の奥に群生するアダンの陰で寝転がってカメを待っていることもあった．産卵を終えたカメを狙うという言い伝えもあった．「アガリガメ（上がり亀）は捕るものではない，サガリガメ（下がり亀）を捕りなさい」という言葉も聞かれる（名護市）．同様の言い伝えは，沖縄・奄美地方で広く語られる．海へ帰るところを返すのは，下りになっているので返しやすいという物理的な理由や，産んだ卵も採

りたいという理由もあるという．ただし，卵を産ませてから捕獲することにより，ウミガメの資源を守るという意味合いもあったと思われる．めずらしい習俗としては，カメを返すとき，罰があたらないようにするため死んだ人の名前を名乗る，ということもあった（奄美大島）．

　また，潜水漁を得意とする糸満の漁民などは，潜水してアオウミガメを捕獲した．アオウミガメは1年中近海にいるので年中捕獲できるが，4-7月ごろが捕獲の最盛期であった．アオウミガメは昼には海底の岩場（カーミノヤー，カメの家）で寝ていることが多い．そこをめがけて潜って捕る場合のほか，夕方に海藻を食べるために浅瀬にきたところを狙う場合もあった．アオウミガメをみつけると，後ろから近づき，首に鉤（カーミージー）を掛ける．鉤にはロープがつけられているため，カメが疲れるまで泳がせておき，カメが疲れてきたころにロープをたぐりよせて船へ上げた．こうした方法をカーミーカケ（亀掛け）という．素手でカメの甲羅をつかんで，尻を足で押さえ，頭を海面に向けて一緒に泳いで船へ上げたという人もいる．八重山ではスンカリヤーという方法でウミガメを追いかけた．これは，1人が船の舵を取り，1人が潜水してカメを追うという方法である．こうした方法はだれでもできるものではない．奄美大島では，潜水でアオウミガメを捕獲するのは，糸満漁民か，糸満へ修行に行っていた奄美漁民か，糸満漁民から習った奄美の漁民，のいずれかであった．奄美大島では，カツオ漁船において，船上から銛でアカウミガメを突き捕ることもあった．沖永良部島では，泳ぎながら針のついた鉛を沈めて，アオウミガメを引っ掛けて捕るという方法もあった．沖縄本島では，3月の交尾期に，板を投げてカメに抱き着かせてロープでくくって捕ることもあった．

　産卵地周辺では，砂浜で捕獲したウミガメを食用としていたが，糸満の女性たちが，「カーミノシシ，コーランナー（カメの肉買わないか）」などといいながら，頭にカメ肉や魚を載せて那覇市内まで売り歩くことがあった．肉だけでなく内臓なども混ぜて販売していた．肉などを藁や竹に刺して売ることもあった．とくに珍重されたのは旧暦6月である．この時期には薬（とくに胃腸や喘息の薬など）としてアオウミガメを食べた．この時期になると，内陸部の人々も糸満などの漁村から肉を売りにくるのを待ったという．

　食べ方は汁物にすることが多かった．水も入れずに炊く（体内から水が出

てだしになる),味噌で炊く,などがあった.臭い消しとしてフーチバ(ヨモギ)を入れることもあった.血と肉を炒め物(チイリチャー)にもした.沖縄ではアオウミガメは刺身で食べることもあった.妊婦や出産後にカメを食べさせるとよいという.血は肺病や血圧の薬になるといい,解体時に生で飲む人もいた.脂は傷薬にも使った.

　沖縄・奄美では,漁民が捕獲したタイマイやアオウミガメは剝製業者が剝製にして販売することもさかんであった.土産物として販売されるほか,地元では新築祝いなどに際して,ウミガメの剝製を贈る習慣があった.剝製は昭和40-50年代に流行したため,この時期には沖縄・奄美でのアオウミガメ,タイマイの捕獲が急激に増加し,肉の販売も増加した.

　産卵時にウミガメが涙を流すことに対して共感をすることもあった.また,子ガメが孵化して海へ戻るときには,布を敷くなどした人もいる.ウミガメを食べない家系の伝承も伝わっている.琉球王朝の歴史書『球陽』には,中国皇帝への使者団が遭難した際,蔡譲という人物が1匹の「大亀」に背負われ,2匹のフカに支えられて無事に任務を終えて帰国したため,蔡譲の子孫は絶対にウミガメとサメの肉を食べないと記されている.類似の伝承は現在でも沖縄各地に伝承されている.とくに沖縄本島に集中的に分布している.

　沖縄・奄美地方では,本土のようにウミガメに酒を飲ませて放す,埋葬して供養塔をつくる,ウミガメがまとわりついている流木を祀る,などの習俗はみられない.ただし,ウミガメの甲羅に文字を書いて放すという行為は行われることがあった.

(2) 薩南諸島・九州南部

　種子島では,ウミガメのことを魚の種類という意味でカメノイオ(亀の魚)といい,魚類の仲間として食用にしてきた.クロガメ(アオウミガメ)とアカガメ(アカウミガメ)を区別し,南部ではアカウミガメ,北部ではアオウミガメを好む傾向がある.北部西海岸(西之表市)では,馬毛島周辺でアオウミガメを釣りによって捕獲した.これは,ウミガメの肉を正月の魚として販売するためであった.この海域でもアオウミガメのいる岩場(カメゾネ)が知られている.夏場のトビウオ漁の時期,ここへ潜って捕獲することもあった.北部東海岸(西之表市)では,夏のテングサ採りが終わった時期

図 10.2 ウミガメの卵を売り歩く少年たち（鹿児島県屋久島町栗生，昭和38年ごろ，屋久島うみがめ館提供）．

図 10.3 先祖が助けられたためにウミガメを食べない羽生家の家紋．

に共同でアオウミガメを捕獲した．これは，船を2艘出して網を張り，潜水によってアオウミガメを追い込んで捕獲するという方法であった．一方，南種子町茎永では，春の浦祭りで人々に振る舞うために，船上からアカウミガメを銛で突いて捕獲した．カメの心臓をエビスに供え，周辺地域の人々も招いて浜でウミガメの肉を共食していた．この行事は漁の祈願が目的であるが，海の彼方からやってくるアカウミガメを食べることで稲の豊作も祈っていたようである．種子島では，交尾期のカメをフタツガメといい，雌を突くと雄も捕れるという．また，南種子町では食用後のウミガメの甲羅を，田の整地のときに土を入れて馬に曳かせることもあった．種子島での食べ方は，味噌や砂糖で味付けして炊くことが多く，臭い消しとしてセリを入れた．茎永の浦祭りでは，水炊きして，塩やしょうゆをつけて食べた．血は食用以外に，漁網の染料にも使用した．

　種子島以外では，佐多岬周辺でもアカウミガメを銛で突いて捕獲した．屋

久島は昭和時代にはウミガメの食用は限られていたが，産卵の多かった永田，栗生では卵を採っていた（図10.2）．これらの集落では，昭和40年代まで，子どもたちが産卵時期の夜に砂浜で番をして卵を掘り採り，集落の家々に卵を販売し，その収益で学校の備品などを買いそろえていた．

佐多岬以外の鹿児島県本土では，少なくとも昭和時代にはウミガメを食べない地域が広がっていた．種子島，屋久島では，沖縄と同じく，先祖がウミガメに助けられたのでウミガメを食べないという家系の伝承もみられる（図10.3）．鹿児島県本土などのウミガメを食べない地域では，生きたウミガメが定置網などに入ると，焼酎を飲ませて海に放した．種子島でも南部の西海岸などはウミガメを食べなかった．死んだウミガメを祭祀・供養する習俗は天草南部の長島などにあるが，その事例は限られている．屋久島の栗生には，ウミガメがまとわりついた流木を拾い上げると大漁になる，という習俗もみられる．

（3） 九州北中部

古代，対馬，壱岐では，伊豆諸島などとともに，ウミガメの甲羅を焼いて占う亀卜が行われた．対馬，壱岐からは占いに使用した甲羅（卜甲）も出土している．占いをする卜部という人々は，奈良・平安時代には，対馬，壱岐，伊豆から朝廷に召し出されていた．卜部とは，潜水漁を得意とし，アオウミガメを捕獲する技術をもった海の民であったと思われる．対馬ではウミガメ捕獲を卜部に限ったため，ウミガメは捕獲してはいけないもの，という意識が江戸時代には広まっており，ウミガメ捕獲のタブー視につながった．大正時代以降，卜部のウミガメ捕獲も行われていない．

江戸時代の長崎では，輸入されるべっ甲をもとにしたべっ甲細工がさかんになった．江戸時代には，平戸付近の捕鯨者が灯油を採取するため，ヤサバ（オサガメ）の捕獲を行っていた．

この地方では，昭和時代になってからウミガメを食用とする地域は佐賀県北部ぐらいであり，全体としては産卵を見守る習俗が広がっていた（図10.4）．産卵は見守ってカメを捕らなくても，卵は薬用として食べたという地域も多い．産卵を見守る地域でも，カメは「おっかない」という感覚もあった．有明海周辺や長崎県の壱岐，平戸周辺，大分県臼杵市では，死んだウ

図 10.4 産卵時に上陸したウミガメに乗る子ども
(熊本県長洲町, 平成 5 年, 海ガメを呼び戻す会提供).

ミガメを祭祀・供養した習俗もみられる．この地方でも，生きたウミガメが定置網に入ると酒を飲ませて放した．産卵したカメに酒を飲ませたところもある．ウミガメがまとわりつく流木を祀る習俗も対馬の一部にみられる．

（4） 四国南部

　愛媛県南部，高知県，徳島県南部では，アカウミガメを捕獲してきた．明治時代には，愛媛県南部の漁民は瀬戸内海方面まで出漁して，銛による突き捕りでウミガメを捕獲している．高知県では，ほぼ全域において船上からの銛による突き捕りでアカウミガメを捕獲してきた．カツオ漁のときにカメに出会うと喜んで捕獲し，逃がすと漁がなくなるといった．室戸，足摺では定置網でも捕獲した．しかし，産卵のために上陸したウミガメを捕ることはあまりなかった．ヤツボネ（オサガメ）は特別視して捕獲しなかった．大漁を願って，食用後の頭や甲羅を神社や浜に埋葬したり，酒などをかけて海へ流すこともあった．シデ（手）を船霊に供えることもあった．その年の初めに

図 10.5 床の間に祀られたカメノウキギ(徳島県海陽町).

定置網に入ったウミガメには，酒を飲ませて放す場合もあった．

どの部分がおいしいかは好き好きであったが，「ヤウチ（喉），ハランダ（腹回り），シデ（手）うまい」という言葉もある．室戸，足摺では夏のカメは臭くて食べないといい，冬に捕ったカメを食べてきた．食べ方は，味噌煮が一般的で，臭い消しとしてショウガなどを入れた．漁がないからカメ食べる，漁があったからカメを食べる，などという．不漁や大漁の際にカメを食べるという意識がある．また，田植えが終わってドロオトシ（田植え祝いの行事）のときにもカメを食べた．カメを食べるとムカデが寄ってきた．稲刈りの際に，甲羅に稲束を載せるなどして利用することもあった（室戸市）．

高知県南西部には，先祖がウミガメに乗ってきたので，ウミガメを食べないという家系の伝承もある．また，食べる地域であっても，ウミガメを買ってまで逃がす人もいた．高知県南国市では，明治時代にウミガメを祀り，流行神になったこともあった．徳島県海陽町鞆浦などでは，ウミガメがまとわりつく流木を拾い上げる習俗がみられる．流木はカメノウキギ（亀の浮木），

カメノセオイギ（亀の背負い木）などとよばれる．鞆浦では流木は床の間に祀るか，一部を漁船の船霊のご神体として祀る（図10.5）．カメから流木を取り上げる際には，必ず代わりの木を投げ入れるという．

（5） 瀬戸内海周辺

『日本霊異記』や『今昔物語集』に記載されるウミガメの報恩説話は，いずれも瀬戸内海を舞台にしたものであった．一方で，中世都市の草戸千軒町（広島県）などでは食用になっていた．江戸時代の大坂の道修町からは，薬として使用されたと思われるウミガメの甲羅が出土している．江戸時代には卵も食用としていた．明治時代には，岡山県瀬戸内市でタイマイを捕獲していたという．

瀬戸内海沿岸では，死んだウミガメを供養する習俗が広がっている．全域でみられるが，とくに香川県や兵庫県の淡路島に集中的に分布している．香川県丸亀市には明治時代の供養塔がある．神戸市にも供養塔がある．ウミガメがまとわりついていた流木を拾い上げる習俗は，香川県高松市に江戸時代，兵庫県南あわじ市に明治時代の事例がある．この地方でも，生きたウミガメが定置網に入ると酒を飲ませて放した．ウミガメの産卵する場所によって，波の高さを知るという民俗知識もある．浜の奥で産卵すると，その年は高い波がくるというものである．江戸時代には瀬戸内海（兵庫県高砂市）でもこの知識があった．昭和時代初期には淡路島で，産卵した場所にロープを張って卵を守ることもあった．

（6） 紀伊半島

弥生，古墳時代の遺跡からウミガメ遺体が出土する．熊野三山の縁起には，権現祭祀を創始した人物がウミガメを突いて熊野速玉大社の神に奉ったとある．江戸時代には，田辺の漁民がさかんにウミガメ漁を行っている．この時期，「亀肉」は田辺の産物となっていた．甲羅は農具として大坂方面に販売するほか，べっ甲の材料として販売することもあった．脂も灯油として販売している．江戸時代，田辺の「亀漁」には，組織的に行うものと，個人で行うものがあった．組織的に行うものは，串本方面や徳島県方面まで出かけて捕獲している．個人で行う場合は，周辺の産卵地に出かけ，上陸したウミガ

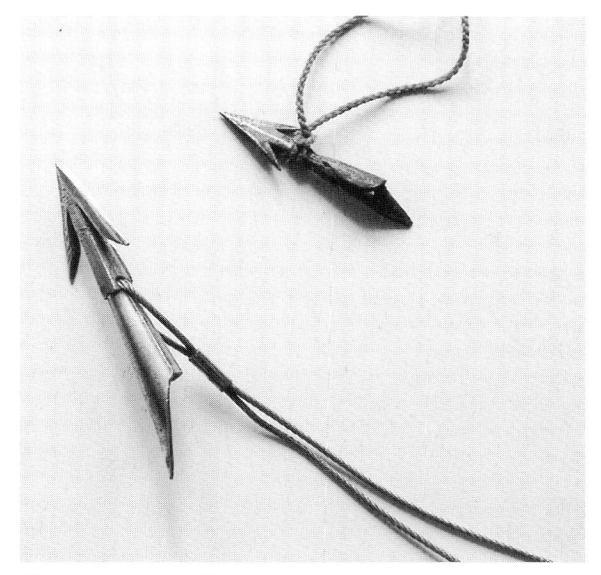

図 10.6 アカウミガメを突く銛(和歌山県新宮市).

メをひっくり返して捕獲している．産卵期のアカウミガメ捕獲とともに，冬場には釣りによるアオウミガメ捕獲も行われていた．江戸時代末期には，田辺（紀伊藩の支藩）の領主から「亀漁」は禁じられるが，明治時代末期まで商業的なウミガメ漁は継続している．周辺住民からウミガメ食に対する忌避観念が広まったこともあり，昭和時代になると漁民が食べるだけのために突き捕りが行われるようになった．この時期には，アオウミガメではなくアカウミガメを捕獲していた．

　江戸時代から昭和時代までカメ突きのポイントとして知られていたのは潮岬であった．潮岬の下は，5，6月の潮が速いときにウミガメがよく浮くため，昭和時代にも串本，大島など周辺の漁村からカメ突きに漁船が集まった．ここでは江戸時代から漁民たち自身で，カツオ漁の妨げにならないよう，この時期のカメ突き規制を行っている．潮岬のカメ突きは商売目的ではなかった．漁のない暇なときに行うもので，スリルをともなった楽しみであったと語られる．ここで狙うのはアカウミガメであった（図 10.6）．カツオ漁船が沖合でアカウミガメを突いてくることもあった．紀伊半島でも交尾期のカメ

は捕りやすいという．「カメをみつけたら捕らんことには漁せん」「逃がしたら漁せん」などといわれ，ウミガメを捕って食べることは，カツオなどの大漁と結びついた重要な行為であった．昭和時代になると，海上のウミガメは捕獲しても，産卵のために上陸したカメを捕ることは禁忌とする地域もみられた．紀伊半島南部では，アカガメ，イソガメ（アオウミガメ），アサヒガメ（アオウミガメ）の3種が認識されている．このうち昭和時代に好んで食べたのはアカウミガメであった．捕獲したウミガメは浜で共食することが多かった．紀伊半島でもオサガメは捕獲しなかった．

　解体の際には，涙をみないように頭に桶などを被せることや，噛まれないように薪を噛ませておくこともあった．食べ方は，水だけで炊く，砂糖とネギを入れてすき焼きにする，などがあった．肉はドギ（脂）と一緒に炊かないとおいしくないという．酒をもち寄って，浜などで竹の串でつつきながら共食することが多かった．カメを食べると臭いがつく，ムカデが寄ってくる，などといい，家のなかで食べることを嫌うこともある．妊婦は食べてはいけない，妻が妊娠中の者は突かない，解体しない，などという．

　頭は船主の家の床の間に飾ることもあった．甲羅は，酒，米，塩などをつけて，船上から海へ流すという儀礼も行われていた．このときには，「ツイヨ（海の神へのよびかけの言葉），また捕らせよ」などと声をかけた．魚の大漁とウミガメの再生を願った儀礼である．甲羅は肥料にもなる．漁村には周辺の農村から甲羅をもらい受けにきた．甲羅は水田の害虫除けにも使われた．田の水口に甲羅を置いておき，その上を通った水が脂とともに田に入ることで，害虫除けにするという使い方であった．

　ただし，紀伊半島南部には，ウミガメを食べる集落と，食べない集落が混在する．それがこの地方の特徴である．また，和歌山県北部や中部では，江戸時代からウミガメを食べることはなかったようである．田辺以北では，ウミガメは漁の神，龍宮様などといわれ，死んだウミガメを供養する習俗や，ウミガメとともにある流木（カメノウキギ，カメノマワシボウ）を拾い上げる習俗が広がっている．和歌山市雑賀崎には天保9（1838）年の流木が現存する．ウミガメを食べない地域では，生きたウミガメが定置網に入ると酒を飲ませて放した．カメは振り返って礼をいいながら帰るという．南部でも捕らない集落もあり，さかんに捕る集落でも買ってまでウミガメを放す人もい

図 10.7 江戸時代に建てられたウミガメの墓(静岡県浜松市).

た．明治時代には，田辺の仏教者が中心となって，漁民からウミガメを買い取り，甲羅に「南無阿弥陀仏」と朱書きして海に放したという事例がある．串本町には江戸時代の供養塔もある．

　産卵地では，産卵場所で波の高さを判断する，産卵を見守るときに子どもが話をすることを禁じる，産卵を終えたカメに酒を飲ませる，などの習俗があった．ウミガメが流す涙をみて，出産に苦しんでいる，という言い方もされる．子どもをカメの背中に乗せることもあった．こうした産卵地での習俗は，南部も含めて紀伊半島全域でみられた．とくに産卵場所で波の高さを判断する習俗は，食べる地域，食べない地域ともにみられた．

(7) 東海地方

　縄文時代には三河湾周辺からも多数のウミガメ遺体が出土し，江戸時代には御前崎でもウミガメを捕っていたが，昭和時代になると食用とする地域はほとんどなかった．

　ウミガメの供養習俗は，愛知県の知多半島，遠州灘から伊豆半島に集中的

にみられる．浜松市，御前崎市には，江戸時代の供養塔もある（図10.7）．知多半島では，明治時代末期，甲羅に三重県伊賀上野の住人の名前が書かれたウミガメが漂着し，それを埋葬したところ，霊験あらたかなオカメサンとして信仰されるようになった．こうした影響もあって，知多半島では寺院などでウミガメの供養塔を建立している事例が多くみられる．漁民の場合は，生きているウミガメが定置網に入ると酒を飲ませて放し，死んでいるカメをみつけると，祟られないためにもち帰って埋葬・供養した．また，御前崎にはウミガメとともにある流木を拾い上げる習俗もみられる．ここでは，この流木のことをカメノマクラ（亀の枕）という．流木は船主の庭や自船の船着場に立てた．御前崎周辺では，浜を掘って卵の位置を確認して波の高さを判断し，それより上まで船を引き上げた．

（8）伊豆諸島・小笠原諸島

伊豆諸島ではウミガメは貴重な食料であった（図10.8）．江戸時代の飢饉のときにはウミガメを食べてしのいだといい，新島では「腰巻を質に入れてでもカメを食べろ」という言葉が伝わっている．新島ではカメの大きさを，運ぶ人数によってヨッタリモチ（4人持ち）などといった．ヨッタリモチのカメがいると，集落全体が1食分助かると語られる．昭和時代にも，利島以南でウミガメを食べていた．大島では明治時代にウミガメを捕獲しているが，昭和時代には確認できない．新島ではアオウミガメとアカウミガメ，神津島ではアカウミガメ，三宅島，御蔵島，八丈島ではアオウミガメを捕獲していた．八丈島ではアオウミガメのことをホンガメという．八丈島では明治時代まで亀卜が行われていた．

新島の若郷では，夏場に大掛網（追い込み網）にウミガメがよく入ったために潜水で捕獲した．アオウミガメのほうが多かったという．新島や神津島では，昭和時代以前には，6，7月ごろに櫓漕ぎの船でカメコギ（亀漕ぎ）に出かけ，銛で突き捕ることもあった．新島ではカメを捕るとめでたい，という感覚もあった．新島では和歌山県南部と同様，食用後の甲羅を海に流す儀礼もあった．新島，神津島では酒を飲ませて放すこともあり，小さいカメの場合には甲羅に「大漁満足」などと書いて放した．新島ではウミガメを捕ることがすべての漁のクチアケ（解禁）になり，心臓を船主の家の屋根越し

図 10.8 『伊豆七島絵図』に描かれたウミガメ捕獲の図(東京都中央図書館所蔵).

に投げることがあった．頭を神に捧げることもあった．新島ではしょうゆや味噌を入れて炊き，アシタバを入れて臭い消しとした．カメが捕れたというと，女性たちはアシタバを採りにいった．とくに新島若郷では，売るという感覚はなく平等に分けた．血も長生きのためなどに飲んだ．

　八丈島では，春から秋にかけての時期に潜水で銛を突いてアオウミガメを捕獲した．これをカメオイ（亀追い）という．潜水によるウミガメ捕獲は江戸時代の記録でも確認できる．カメが寝ている岩場（タラガリバ，座っている場所）へ潜って捕獲する場合と，夕方浅瀬に海藻を食べにくるところを狙う場合があった．テングサ漁がさかんであった末吉では，8月終わりごろのテングサ採りが一段落した時期に行うもので，楽しみであったという．岸から沖まで20人ほど並んで泳ぎ，カメをみつけると銛で突いた．大賀郷では，不漁のときに行うショマツリ（潮祭り）や，正月などにはカメ肉を保存しておいて食べた．カメ肉を食べることは縁起を担ぐ意味もあり，長生きのために食べるという意識もあった．食べ方は水も入れずに炊き，塩をつけて食べるか，味噌を入れたカメ汁をつくった．八丈島ではカメ肉を販売することも

あった．血も血圧の低い人などが飲んだ．

　小笠原諸島では，明治時代以来，人工孵化放流を行ってきた．アオウミガメを船上から銛で突いて捕獲している．小笠原諸島では水を入れずに炊くことが多い．現在もアオウミガメの缶詰を販売し，島の食堂でも通常のメニューで提供されている．

（9）　関東

　縄文時代には，東京湾周辺でもウミガメ遺体が多数出土する．江戸時代には，江戸城坂下門外でウミガメ肉を売る者がいた．しかし，昭和時代になると，ウミガメを捕獲することはなくなっていた．

　死んだウミガメの供養習俗は，神奈川県一帯，千葉県の外房，茨城県に点在する．千葉県鴨川市には江戸時代の供養塔がある．千葉県銚子市には明治時代以降の供養塔が密集している．ここでは明治時代末期にウミガメの祟りで船が転覆したという言説が広まり，それがもとでウミガメを怒らせては漁がなくなるという畏怖が生まれ，最近でも供養塔は建立されている．また，千葉県南部や銚子市には，流木（カメノマクラ）の習俗も伝わっている．関東一帯では，定置網に入ったカメに酒を飲ませて放すことも行われている．

（10）　日本海沿岸

　京都府の丹後地方には浦島伝説があるものの，ウミガメとのかかわりは太平洋岸に比べて少ない．昭和時代には，日本海側でウミガメを食べることはほとんどなかった．祭祀・供養の習俗は，山口県長門地方，鳥取県西部，兵庫県但馬地方，新潟県に点在する．とくに，山口県萩市周辺と新潟県の佐渡島には集中的に分布している．萩周辺には，カメ形石造物の上に地蔵が乗る「亀地蔵」が多数分布する．鳥取県境港市，兵庫県豊岡市，新潟県佐渡市には江戸時代の供養塔がある．佐渡にはウミガメの甲羅をご神体にしている祠もある．山形県，秋田県では，甲羅や剝製を神社に奉納する場合があった．

（11）　東北地方太平洋沿岸

　ウミガメの産卵もなく，ウミガメと接触する機会は少ない地域である．ウミガメのことはカメとよぶだけである．昭和時代には，ウミガメを食べる地

図 10.9 祠に祀られたオサガメ（青森県大間町）．

域はなかった．ところが，ウミガメを神のように扱うことがある．三陸でさかんな大謀網（定置網）には，暖流と寒流の端境期で魚の少ない時期にカメが入るため，カメを吉兆として神様扱いするという．また，死んだカメを祭祀・供養する習俗は，福島県から青森県にかけて点在する．宮城県石巻市，岩手県釜石市には江戸時代の供養塔がある．石巻市網地島にある享保11（1726）年の供養塔は，筆者の調査では全国で最古のウミガメ供養塔である．下北半島の祭祀・供養習俗は，定置網に死んだウミガメがかかるようになってから，剥製にして漁民の家の床の間や神社に祀るという習俗が展開するようになったものである（図10.9）．

宮城県七ヶ浜町には江戸時代にウミガメを祀った「亀霊神社」が現存する．由来は以下のようなものであった．文化7（1810）年，七ヶ浜の沖合にウミガメが現れ，漁民はカメに酒を飲ませ，鉈で印をつけて放した．カメは何度も現れ，最後にはめずらしい貝を甲羅につけてきて死んでしまった．漁民は

このカメを丁重に葬り，神社を建立して祀り，カメがもってきた貝は現在も宝物として漁民の子孫がもち伝えている．

流木を祀る習俗も三陸一帯にみられる．青森県八戸市の亀遊山浮木寺の本尊は，江戸時代にウミガメがもっていた流木で彫ったものであるという．三陸では定置網に入ったカメに酒を飲ませて放すことがあるが，その際に甲羅に船名などを記す場合も多い．

(12) 北海道地方

北海道にはウミガメの回遊も少ないと思われる．しかし，アイヌ民族がウミガメを捕っていた痕跡が残されている．アイヌの場合は，さまざまな動物の霊を神の国に送るという送り儀礼を行っている．アカウミガメも送り儀礼の対象になっていた．

10.2 ウミガメの民俗の特徴

具体的な事例からは，ウミガメとのかかわり方として，利用的側面と信仰的側面が存在したことがわかる．時代をさかのぼるほど利用的側面は強く，産卵がある地域ではごくふつうに肉や卵を食用にし，甲羅，脂をさまざまに利用してきた．しかし，同時に古くから信仰的な側面もみられた．利用と信仰は対立する場合もあったが，共存する場合もあった．大きな流れでいえば，利用がしだいに減少し，神聖視する傾向が強まって，現在の保護的なかかわりへとつながってきたといえよう．

ウミガメを特別視する傾向は，古代以来存在したようである．ウミガメの生態的な特徴，すなわち，海と陸を行き来する，定期的に海の彼方からやってくる，夜に上陸する，などが背景になっていると思われる．また，4本足である，涙を流す，などもほかの海洋生物と違うと認識された理由であろう．甲羅の存在も特徴的で，このために神仏の乗り物とされたり，海の彼方の神仏に願いを届けるために文字を記すこともできた．つまり，人々と海上他界を媒介する役割があると考えられたのである．古代以来沿海地域で存在したウミガメを特別視する認識に，カメを神聖視する中国から伝来した思想や，生物の殺生を戒める仏教などが融合することで，カメの神聖化が促進された．

10.2 ウミガメの民俗の特徴

また,貴族,武士,宗教者などは,文字による仏教などの知識をもとに,カメを神聖視し,都市部を中心にして庶民にもカメを縁起物とする認識が広まった.明治時代になると浦島伝説が国定教科書に掲載されるようになり,カメは大事にするべきもの,という考えは全国各地に一気に広まった.

反比例するように,食用などに利用する習俗は,時代とともに減少する.ウミガメの食習俗は,昭和時代中期までは南西諸島から太平洋沿岸において続いていたが,ワシントン条約を背景にした捕獲規制や,食料事情の向上,漁業人口の減少などによって,昭和50年代ごろから急速に衰退した.入れ替わるように,昭和40年代ごろから,各地の産卵地において,保護・観察活動がさかんになった.現在では,ウミガメの産卵を守ることを,砂浜環境の保全のシンボルとする意識も出ている.

ウミガメとのかかわり方は以上のように変化してきたが,同じ時代であっても,地域によってかなりの偏差があった.聞き取り調査によって確認可能な昭和時代初期の地域差を提示すると,日本列島のウミガメの民俗は大きく3つに分類することができる.図10.10のⅠ,Ⅱ,Ⅲがそれにあたる.それぞれの特徴にしたがって,Ⅰは利用心意優勢型,Ⅱは心意葛藤型,Ⅲは信仰心意優勢型と名付けておく.ただし,この分類の境界線は固定化されたものではなかった.捕獲・食用のラインは時代とともに南へと下がってきたといえる.また,昭和時代初期で区切ってみても,境界線は1本の線で分割されるものではなく,境界線の周辺には隣接する民俗との移行地帯が含まれている.なお,ⅠとⅡに広がるウミガメの捕獲・食用の民俗は,東京や大阪から考えると辺境地域に存在したものであるが,ウミガメがやってくる海原へと目を広げると,広くアジア・太平洋の島々へとつながっていたことがわかる.つまり,日本列島におけるⅠ,Ⅱのエリアは,太平洋地域におけるウミガメ捕獲・食用文化の北限という位置づけとなる.

Ⅰはアオウミガメとアカウミガメを捕獲・食用にしてきた地域である.南西諸島,伊豆諸島に広がっていた.ここではアオウミガメ,アカウミガメ,タイマイの産卵があり,周辺海域でのウミガメの回遊も多い.潜水でアオウミガメを捕獲することが多く,アオウミガメが好まれた.昭和時代にもウミガメを食用にする頻度が高かった地域であり,肉や卵の販売も行われていた.特定の家でウミガメを食べないとする伝承はみられるが,全体としてウミガ

図 10.10　ウミガメの民俗分布図(昭和時代初期).　Ⅰ：利用心意優勢型,　Ⅱ：心意葛藤型,　Ⅲ：信仰心意優勢型.

メを食べることに対する抵抗は少なかった．ウミガメを食べて中毒死することがあっても，中毒を起こすウミガメに注意するように，という警告が新聞などに出る程度で，ウミガメを食べることに対する差別意識や忌避の観念は起こりにくかった．したがって，このエリアを利用心意優勢型とした．

　Ⅱはアカウミガメを中心に捕獲・食用にしてきた地域である．九州南部，四国南部，紀伊半島南部に広がっていた．アカウミガメの産卵がみられる地域である．船上からアカウミガメを突き捕ることが多く，アカウミガメが好

10.2 ウミガメの民俗の特徴

まれた．カツオ漁などの端境期に慰労と娯楽をかねてカメ突きを行い，魚の大漁を願ってウミガメを食べるという特徴もあった．昭和時代には販売されることは少なく，漁村や漁民以外ではあまり食する機会はなかった．ここでは食べる民俗と食べない民俗が混在しており，ウミガメの利用と信仰が葛藤するエリアであったといえる．したがって，このエリアを利用と信仰の心意が葛藤するという意味で，心意葛藤型と名付けた．ウミガメをさかんに食べてきた集落でも，食べることを嫌う人たちも多く，解体することに抵抗をおぼえる人たちも多かった．さかんに食べてきた漁村の隣に，食べることを嫌う漁村や農村や町が存在することもあった．なにか事件や事故が起こると，それはウミガメの祟りである，という言説が広まってウミガメを食べることをやめていったケースも多い．なお，IIのエリアで食べる民俗と食べない民俗を分けていた背景としては，地域の生業の違いも影響しているようである．つまり，釣り漁法などの攻撃的な漁法が中心の集落であれば，海上に浮いているウミガメを突き捕る場合が多いが，網漁のように受け身的な漁法を行っている集落では，沿岸に近寄ってくるウミガメを待ち受けて産卵を見守るなどの受け身的な民俗がみられる．

さて，IとIIはともにウミガメを捕獲・食用としてきた地域であるが，両者には上記のように相違点も認められる．IとIIの差異の背景としては，民俗全体として文化圏が異なるということも関係している．つまり，奄美諸島以南は琉球文化圏，薩南諸島以北はヤマト文化圏と，民俗が大きく異なっているのである．ウミガメの民俗もちょうど奄美大島と種子島・屋久島付近に境界が認められる．なお，両者の境界付近に位置する奄美大島や種子島，および伊豆諸島の新島にはIとIIの民俗が混在していた．琉球文化圏には仏教の影響が限定的であるため，ウミガメに限らず，野生動物に対する殺生の忌避観念が少なく，それらに対する供養という心意がほとんどない．それに対して，ヤマト文化圏の周縁に位置するIIでは，野生動物に対する殺生・肉食の忌避観念が中央から伝わってきたため，利用と信仰の葛藤がみられたということが考えられる．伊豆諸島についてはヤマト文化圏であるが，本土とは隔絶した離島であり，昭和時代になっても身のまわりから食料を得る必要があったため，ウミガメの食用に関しても抵抗が少なかったものと思われる．

また，ウミガメの生態的特徴と地域の生業もIとIIの差異に影響している

ようである．つまり，アオウミガメはおとなしく，また，海底で休んでいることが多いために，潜水での捕獲が可能となる．Ⅰには糸満漁民など，潜水を得意とする漁民集団が存在したために，潜水によるアオウミガメ捕獲が可能となった．一方，アカウミガメは嚙み付く恐れがあり，海上で浮かんでいるために，船上からの突き捕りが適していた．Ⅱにはカツオ漁がさかんな地域がある．カツオの回遊とアカウミガメの沿岸への接近は同じ時期であるため，カツオの群れを探しているときにアカウミガメを発見し，船上からの突き捕りが行われた．

Ⅲは，ウミガメを捕獲・食用としない地域であり，日本列島の大部分がここに含まれる．ウミガメの回遊・産卵が限られるため，カメに関心がないという場合もあるが，この地域では基本的にウミガメを捕獲・食用にすることは想定されていない．ウミガメと出会う機会が少ないために神様扱いしたり，縁起物とすることもあった．死んだウミガメを祭祀・供養する習俗はⅢに多い．クジラの供養などは捕獲した場合に行われるものであるが，ウミガメの場合は利用しないで，祟られないように，あるいは死んでいるのを憐れんで，祭祀・供養してきた．これがほかの生物とは大きく違う点である．Ⅱとの境界に近い地域に祭祀・供養習俗が多いのは，利用との葛藤のなかでウミガメを意識的に祭祀・供養するようになったためと推察される．また，ウミガメがもっている流木を拾い上げる習俗については，祭祀・供養習俗よりもⅡとの境界線により近い地域に点在していることがわかる．屋久島，徳島県，静岡県，千葉県などでは，ウミガメを捕獲していたものが，ウミガメを捕獲することをやめた代わりに，ウミガメの代替品としての流木を拾い上げて祀ることに変化していったと考えられるのである．

ところで，保護活動が始まったのはⅢではなくⅡが中心であった．Ⅱでは食べる，食べない，という民俗が混在し，葛藤する地域であったため，食べる人が多くいた反面，ウミガメを逃がす，守る，という行動をとる人も多かった．昭和40年代以降に保護活動が活発化する地域も，Ⅱを中心としてⅠやⅢとの境界付近の産卵地であった．それまでは個人的に行っていたウミガメ保護が，世界的な保護機運の高まりや自然環境全体への関心の高まりにあいまって，集落や自治体ごとに展開されるようになってきたのである．ウミガメの保護活動は，利用する習俗との葛藤のなかで育まれてきたということ

ができよう．

　以上のように，ウミガメの民俗は時代や地域によって違いがあった．利用と信仰は対立する場合もあるが，共存している場合も多かった．特別視しながら利用する，守りながら利用するという知恵も存在したのである．これからのウミガメとのかかわり方を模索していくうえで，日本列島に展開してきた多様な民俗をみつめなおしておくことも必要であろう．

参考文献

安藤学．2001．有明海の環境運動――荒尾市・海ガメを呼び戻す会．九州看護福祉大学紀要，3(1)：193-198．
石堂和博．2012．薩南諸島及び南九州における遺跡出土のウミガメについて．民俗文化，24：243-268．
宇田川洋．2001．アイヌ考古学研究　序論．北海道出版企画センター，札幌．
越中哲也．1992．玳瑁考――長崎のべっ甲を中心にして．純心女子短期大学付属歴史資料博物館，長崎．
大阪市立海洋博物館なにわの海の時空館(編)．2007．海を巡った薬種――江戸時代のくすりと海運．大阪市立海洋博物館なにわの海の時空館，大阪．
柏常秋．1954．沖永良部島民俗誌．凌霄文庫刊行会，大阪．
堅田修．1989．亀報恩説話の展開．大谷学報，68(2)：1-13．
川崎晃稔．1985．海亀の民俗．鹿児島民具，6：89-108．
川崎晃稔．1990．海亀の民俗．(大林太良ほか，編：海と列島文化5　隼人世界の島々) pp.431-448．小学館，東京．
川崎文昭．1999．生類憐み令と海亀の民俗――安間英男氏所蔵文書による．常葉学園大学研究紀要(教育学部)，19：1-17．
川島秀一．2004．東北太平洋岸のウミガメの民俗．東北民俗，38：10-18．
川島秀一．2005．カツオ漁．法政大学出版局，東京．
小島孝夫．1995．ウミガメに関する漁撈習俗について．千葉県地域民俗調査報告書，2：52-60．
小島孝夫．2003．漁業の近代化と漁撈儀礼の変容――千葉県銚子市川口神社ウミガメ埋葬習俗を事例に．日本常民文化紀要，23：141-205．
小島孝夫(編)．2005．海の民俗文化――漁撈習俗の伝播に関する実証的研究．明石書店，東京．
坂井隆・山村博美．2002．鼈甲――その製品普及と原料輸入．考古学研究，48(4)：65-85．
坂江渉．2005．古代の大阪湾にやって来ていたもの――ウミガメの上陸・産卵．歴史文化に基礎をおいた地域社会形成のための自治体等との連携事業，3：129-136(神戸)．
坂江渉．2006．小豆島の「亀神社」とアカウミガメ．歴史文化に基礎をおいた地域社会形成のための自治体等との連携事業，4：160-164(神戸)．

坂口一雄．1980．伊豆諸島民俗考．未来社，東京．
坂本正夫．1994．海亀の民俗．土佐民俗，62: 1-12．
下野敏見．1980．南西諸島の民俗Ⅰ．法政大学出版局，東京．
下野敏見．1982．種子島の民俗Ⅰ．法政大学出版局，東京．
末吉喜代一・吉松定昭．2001．新聞記事による香川県のウミガメ情報．香川生物，28: 15-22．
武田明．1983．漂着神の信仰．四国民俗，11: 1-7．
田辺悟．1983．相州の海神・漁神と船神(船霊)信仰(後)．横須賀市立博物館研究報告，27: 15-33．
渡口初美．1978．琉球料理．国際料理学院，名古屋．
中園成生．2004．生月学講座――波戸漁民と生月島の定置網．広報いきつき，平成16年4月号: 8．
浪形早季子．2004．南西諸島のジュゴン・ウミガメ・イルカ・クジラ遺体．動物考古学，21: 73-89．
野本寛一．1987．生態民俗学序説．白水社，東京．
野本寛一．1990．熊野山海民俗考．人文書院，京都．
野本寛一．1994．共生のフォークロア――民俗の環境思想．青土社，東京．
橋口尚武．1996．伊豆諸島の海亀漁――その歴史と民俗．(劉茂源，編：国分直一博士米寿記念論文集ヒト・モノ・コトバの人類学) pp.267-282．慶友社，東京．
橋口尚武．1988．島の考古学――黒潮圏の伊豆諸島．東京大学出版会，東京．
橋口尚武．2006．食の民俗考古学．同成社，東京．
林晃平．2001．浦島伝説の研究．おうふう，東京．
藤井弘章．1998a．和歌山県のウミガメの墓．和歌山県立博物館研究紀要，3: 74-82．
藤井弘章．1998b．紀伊半島南部におけるウミガメ漁とその食習俗．日本民俗学，215: 49-79．
藤井弘章．1999．ウミガメと流木にまつわる漁撈習俗．エコソフィア，4: 119-135．
藤井弘章．2001．地域差と時代差からみたウミガメの民俗――海村・離島追跡調査から．成城大学民俗学研究所紀要，25: 115-141．
藤井弘章．2003．海洋民研究における環境民俗学的視点．(増尾伸一郎・工藤健一・北條勝貴，編：環境と心性の文化史[下]環境と心性の葛藤) pp.184-197．勉誠社，東京．
藤井弘章．2004．沖縄のウミガメ捕獲儀礼と食習俗．(国学院大学日本文化研究所，編：東アジアにみる食とこころ) pp.189-228．おうふう，東京．
藤井弘章．2005．知多半島のウミガメ埋葬・供養習俗．(名古屋民俗叢書4 生活環境の変化と民俗) pp.30-54．名古屋民俗研究会，名古屋．
藤井弘章．2006a．ウミガメ捕獲習俗からみた卜甲調達の地域と技術．(東アジア怪異学会，編：亀卜――歴史の地層に秘められたうらないの技をほりおこす) pp.145-182．臨川書店，京都．
藤井弘章．2006b．ウミガメの民俗5　江戸時代のウミガメ供養1――宮城県七

ヶ浜町「亀霊神社」の成立．マリンタートラー，9: 7-8．
藤井弘章．2008．対馬・壱岐におけるウミガメの民俗――亀卜の里とウミガメ．民俗文化，20: 181-240．
藤井弘章．2009a．種子島のウミガメ漁．民俗文化，21: 219-303．
藤井弘章．2009b．動物食と動物供養．(中村生雄・三浦佑之，編：人と動物の日本史4　信仰のなかの動物たち) pp.223-240．吉川弘文館，東京．
藤井弘章．2010a．江戸時代の紀州における本草学者のウミガメ調査と漁民の民俗知識．動物考古学，27: 31-49．
藤井弘章．2010b．奄美のウミガメ漁――島の民俗知識と琉球・ヤマト文化圏との交流．民俗文化，22: 259-361．
藤井弘章．2011．隠岐・山陰沿岸のウミガメの民俗．民俗文化，23: 173-218．
藤井弘章．2012a．ウミガメにまつわる報恩説話と禁忌伝承．万葉古代学研究所年報，10: 83-106．
藤井弘章．2012b．山口県のウミガメの民俗――長門地方の祭祀・供養習俗を中心に．民俗文化，24: 109-191．
本田健二・斎藤行雄．1983．臼杵市の魚鱗塔等について．臼杵史談，74: 29-32．
本間義治．1990．佐渡島戸地海岸にある亀の墓．両生爬虫類研究会誌，39: 5-10．
本間義治．1991．五ヶ浜(新潟県西蒲原郡巻町)の亀塚．新潟県生物教育研究会誌，26: 55-56．
本間義治．1993．赤泊村大杉(佐渡島)にある亀の祠．新潟県生物教育研究会誌，28: 89-91．
本間義治．2004．『佐渡日報』に掲載されていた大亀捕獲の記録．うみがめニュースレター，61: 40-41．
本間義治・石見喜一．2001．最近建立された"亀の碑"(佐渡赤泊村)．新潟県生物教育研究会誌，36: 51-53．
本間義治・北見健彦．1997．佐渡相川町蓮長寺の"亀の碑"追記．新潟県生物教育研究会誌，32: 45-46．
本間義治・佐藤春雄．1992．佐渡島外海府にある亀の祠．新潟県生物教育研究会誌，27: 123-124．
本間義治・佐藤春雄・三浦啓作．1992．佐渡島相川町にある亀の碑．両生爬虫類研究会誌，41: 7-24．
本間義治・三浦啓作．1994．灯台もと暗し――相川町(佐渡島)にあった亀の墓．新潟県生物教育研究会誌，29: 61-62．
松井健．2001．マイナー・サブシステンスと琉球の特殊動物――ジュゴンとウミガメ．国立歴史民俗博物館研究報告，87: 75-89．
三木誠．1987．小笠原のアオウミガメ漁業．漁港，29(4): 52-54．
宮田登．1991．黒潮と民俗信仰．(宮田登ほか，編：海と列島文化7　黒潮の道) pp.9-33．小学館，東京．
森崇史．2000．南知多の龍亀信仰．南知多町誌補遺版，3: 21-26．
横浜市歴史博物館(編)．2005．よこはまの浦島太郎．横浜市歴史博物館，横浜．

終章
日本産アカウミガメ
生態と保護

亀崎直樹

　ここまで，さまざまな分野の研究者にそれぞれの分野からウミガメという生物について解説していただいた．ここに終章として筆者が書き残しておきたいことは，日本のウミガメを調べてきた市民のことである．一般に世間がウミガメについて知りたいことは，「どこで産卵するのか」「どれくらいの数がいるのか」など，あたりまえであるが重要なことである．しかし，研究者による研究はそれに答えることができない．確かに，筆者もいくつかの論文を書いてきたが，その成果はそのような素朴な疑問を解決するには役立たないものだ．大学に所属する研究者や大学院生がウミガメの産卵する海辺の集落に住んで，何年もかけてウミガメの産卵回数の変化を研究するようなことは，現在の大学あるいは大学院の教育制度においてありえないことなのである．そのような長期にわたり，かつ5カ月以上におよぶ産卵期の間，砂浜を歩き続けるような調査は，そこに住んでいる市民にしかできないのである

　日本ではウミガメの種ごとの産卵海岸も明らかになりつつあるし，産卵回数もほぼ絞り切れており，さらにそれを追跡する体制が整っている．それが可能になったのは，地方に在住する市民がウミガメに興味をもち，地道な調査を行っているからである．このような研究のプロではない市民が記録を残せたのは，日本人の見識の高さ，とくに戦前の教育のもたらしたものと考えている．

終章では，まずこれらの市民の活動を紹介しながら，調査と研究の歴史を概説し，つぎにウミガメの研究の今後について現在考えていることを述べてみたい．

11.1 日本におけるウミガメ調査
——とくに市民による調査の歴史

　日本のウミガメの調査・研究において特筆すべきことは，市民による調査データがほかの国に比べると多く，それによって日本のウミガメの産卵生態や個体数変動の実態が明らかにされてきたことである．ここでは，その概要を残すことにする．なお，氏名の敬称は省略し，文献の引用も最小限にとどめた．また，岡本ほか (2012) に日本におけるウミガメの文献がまとめてあるので参照されたい．

　日本では Stejneger (1907) がアカウミガメ，アオウミガメ (*Chelonia japonica* と記載)，タイマイ (*Eretmochelys squamosa* と記載)，ヒメウミガメ (*Caretta olivacea* と記載) が生息することを記載して以降，生物学的にウミガメについて言及したのは中村・上野 (1963) を待たなければならない．彼らはとくにウミガメを専門に扱う研究者ではなかったが，著書である『原色両棲爬虫類図鑑』のウミガメの項には，さまざまな生物学的情報が記されている．その後，日本近海に出現するウミガメ類の分類を行い，記載を行ったのは西村三郎である．西村 (1964) は新潟で水産庁の研究員として在職中に，冬になると海岸に打ち上がるオサガメに興味をもち，日本海に入った個体が死ぬ運命にある，すなわち無効分散説を唱えている．また，京都大学瀬戸臨海実験所に移った後，南日本各地に上陸して産卵するアカウミガメが *Caretta caretta* であることを，海外の文献を用いて同定し，当時の産卵場も記録に残している (Nishimura, 1967)．さらに，そのアカウミガメに似たヒメウミガメ *Lepidochelys olivacea* も来遊することを明らかにした (西村・原, 1967)．

　ただし，これに先駆けて，徳島県日和佐町 (現在，美波町) において，たぶん，世界で初めてのウミガメの生態調査が 1950 年に行われる．当時，日和佐中学校の理科教員となった近藤康男が，日和佐の大浜海岸で生徒たちと

始めた調査で，上陸回数や産卵回数のほか，発生や幼体の成長などを記録している．この活動が幸運だったのは，その活動を引き継ぐ教員がいたことと，社会が関心をもったことと，社会人として育ったその生徒たちのなかに印刷業を立ち上げた照本善造や水産業で成功した藤中功がいたことであった．彼らは当時の活動を印刷物として残すことで，その記録を書籍として世間に残したのである（近藤，1968）．日和佐では中学校で飼育されているウミガメの見学者が絶えなかったため，町によって1960年に水族館がつくられ，それが現存する日和佐うみがめ博物館につながる．

じつはその活動に刺激を受けた小学校の校長先生がいた．吉田一郎である．彼は徳島県蒲生田岬の先端にある蒲生田小学校に校長として着任し，小学校に面した砂浜にウミガメが産卵することを知る．そこで小学生たちに毎朝ウミガメの足跡の数を数えることを命じたのである．もちろん，数えた後は足跡を消しておくこと，さらには上りと下りの足跡を区別することも教える．それが1954年から続く世界でももっとも貴重なモニタリングにつながるが，1992年に休校となる．最後の校長であった鎌田武はウミガメ調査の重要性を阿南市に説き，モニタリングは現在も続けられている．

その後，1970年代になって各地で上陸や産卵の記録が行われるようになってくる．まず，1977年より竹下完，石井正敏，中島義人，岩本俊孝らが結成した宮崎野生動物研究会が宮崎市の砂浜で調査を開始する．当初は住民によって採取されている卵を保護する活動から始まったが，地元の動物園や大学生を巻き込んで，規模の大きい活動に育った．現在では調査地は宮崎市南端の青島付近から高鍋町まで広がっており，その調査結果は毎年報告書として公表されている．また，沖縄県八重山諸島黒島の西の浜でも1977年より財団法人海中公園センター八重山研究所によって，静岡県御前崎海岸では1972年より小学校の教師であった河原崎芳郎によって上陸・産卵回数が記録されるようになる．黒島では八重山研究所の御前洋によって調査が開始され，その後，宮脇逸朗，浅井康行，黒柳賢治，平手康市，亀田和成らによって調査が継続される．海中公園センターはその後閉鎖されるが，八重山研究所自体は現在では日本ウミガメ協議会附属黒島研究所となって，その活動が引き継がれている．御前崎で調査を開始した河原崎の調査・保護活動は御前崎町，さらには御前崎市に引き継がれる．御前崎と日和佐のウミガメとその

産卵地は国の天然記念物に指定され，現在に至る．

　1980年代に入ると，地元の住民による調査地はさらに増える．鹿児島県の屋久島では，永田の田舎浜において大牟田幸久と千葉大学からサルの研究にきていた菅野健夫が調査を行う．それに端を発し大牟田一美が屋久島うみがめ研究会を発足し，現在の屋久島うみがめ館に至る．活動地であるいなか浜と前浜では多くのウミガメが上陸するが，その大部分が個体識別され，かつ詳細な報告書が公表されていることは注目に値する．また，1981年には，当時鹿児島大学学生であった秋山友宏らが吹上浜の卵の過剰な採取を問題視して，調査・保護活動を開始する．それは鹿児島県うみがめ保護条例の制定の引き金になるとともに，鹿児島大学うみがめ研究会の活動につながり現在に至る．南西諸島ではこのころに内田詮三や筆者によって産卵場の分布調査が開始される．

　また，和歌山県南部では，1985年に上村修が千里海岸で調査を開始し，それを後藤清が引き継ぎ現在に至る．徳島県大里松原海岸でも乃一武雄が1981年より記録を取り始め，その後，乃一繁が引き継いだ．高知県室戸市の元海岸でも，地元の元小学校が記録を残すようになる．さらに，浜松市の海岸では馬塚丈司を代表とするサンクチュアリ・ジャパンが，卵の移植と子ガメの孵化放流事業を開始し，現在に至る．

　1990年代に入ると，さらに調査が行われる砂浜が増えてくる．石垣島ウミガメ研究会は石垣島で，宮平秀幸は座間味島で，小林茂夫は沖縄島糸満の大度海岸で，沖縄島では米須邦雄，嘉陽宗幸，ペイン留美，沖永良部島では山下芳也がそれぞれ地元の砂浜で観察を行い，また，美ら海水族館も本部半島に点在する砂浜で観察を開始する．沖縄での調査が組織的に行われるようになったのは，照屋秀司と若月元樹の功績が大きい．

　鹿児島県では1988年のウミガメ保護条例制定後，県内の砂浜でウミガメ卵の監視活動が始まる．目的は卵の盗掘の監視であったが，それによっておおよその産卵回数が明らかになるとともに，知覧の坂元育男や種子島の笹川二成，岩坪陸男，増山涼子などウミガメに興味をもち献身的に調査や保護活動を行う人が出てきた．鹿児島県においては西の吹上浜と東に志布志海岸に距離の長い砂浜があるが，志布志海岸において保護活動を行った大和隆信も貴重な記録を残している．

11.1 日本におけるウミガメ調査

　宮崎県の大部分の海岸は宮崎野生動物研究会によって調査が行われていることは前述したが，南の日南では桑田守が，北の延岡では延岡市が貴重な記録を残している．四国では溝渕幸三と岡田幸生が高知県大岐海岸など四万十市周辺の海岸を，熊沢佳範が春野海岸を，また，徳島県では県が認証した藤井隆司，浜崎敏明ら保護監視員によって調査が継続されている．紀伊半島では，三重県紀宝町で萩野進也らが，同志摩半島では若林郁夫が結成した志摩半島野生生物研究会が，さらに三重大学では岩本太志，石原孝らがウミガメ保護サークル「かめっぷり」を結成し，記録を残し始める．豊橋の海岸では豊橋市から委嘱を請けた大須賀哲夫や田中雄二，愛知県の赤羽根では渡邊幸久，渥美では小久保信一が，静岡県湖西や新居の海岸では，それぞれ田中輝彦や加藤弘，そして相良では山本明男を代表とするカメハメハ王国が調査を開始する．

　2000年代になるとさらに調査される砂浜も調査する人や団体も増えて，2011年のシーズンにおいては389カ所の砂浜でアカウミガメの上陸，327カ所で産卵が行われたことが確認されており，その記録は日本ウミガメ協議会によってまとめられている（亀崎ほか，2011）．

　これまではアカウミガメの調査について述べたが，産卵する砂浜が南西諸島や小笠原諸島に限られているアオウミガメの調査は様相が異なっている．小笠原諸島では，1910年，明治政府が離島の食料資源としてアオウミガメの保護・増殖を始める．その後，第二次世界大戦でアメリカ合衆国の手に渡るが，返還後は東京都や小笠原村が調査研究を再開し，倉田洋二，木村ジョンソン，さらには菅沼弘行が調査を実施し，現在では小笠原海洋センターが継続している．アオウミガメの調査活動は，調査主体が行政から民間まで変化するものの，そのデータからはこの個体群の変遷をうかがい知ることができて，野生動物の管理に関しては貴重な資料を残している．

　砂浜で上陸あるいは産卵するウミガメの数を数える調査以外にも，市民に支えられた調査は多い．まず，海岸に打ち上がる漂着死体の調査がある．死亡して漂着するウミガメの死因の多くは，経験的に漁業活動によって溺死するものと考えられるが，分布や食性，繁殖生理など多くの生態学的情報をもたらす．これらの情報は日本ウミガメ協議会で集約されてはいるものの，解析・公表が行われている状態にない．これは，ウミガメに関する情報の公表

権が発見者にあるものとみなす不文律があることが原因であるが，今後はその問題を克服して解析することが必要である．

最近では，漁業者によって偶然に捕獲（混獲）されたウミガメの調査が行われているところも多い．たとえば，高知県室戸岬の大型定置網，鹿児島県野間池の中型定置網，同種子島の中型定置網では，漁業者とボランティアが協働して網に入ったウミガメの計測，標識放流を実施している．また，漁業者に頼っているのは，標識個体の再発見である．近年のインターネットの発達により，標識個体の再発見の情報が効率よく集められるようになった．

11.2　日本における産卵地

以上のように，日本においては市民によるウミガメの産卵調査が広く実施されている．日本ウミガメ協議会がまとめた日本におけるアカウミガメの産卵地を地図に落としたのが図11.1である．南西諸島から九州，四国，茨城県以南の本州の太平洋岸に産卵場が分布することがわかる．吹上浜など九州の東シナ海沿岸や日本海に面した海岸，さらには大阪湾や伊勢湾など直接太平洋に面していない砂浜でも産卵はみられるが，割合からみると多くはない．

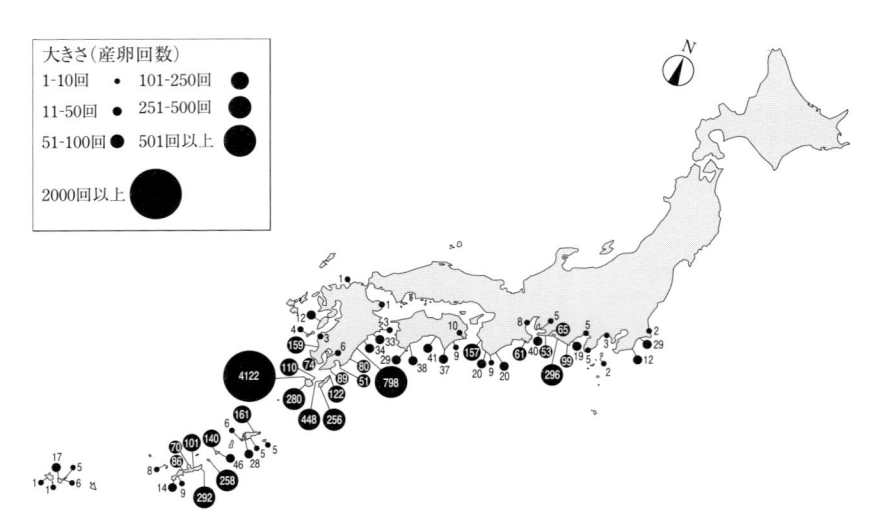

図 11.1　日本におけるアカウミガメの産卵海岸の分布（日本ウミガメ協議会編集）．

アカウミガメの子ガメが太平洋を広く流されて生活していることが明らかになった現在，その繁殖成功度を考えた場合，黒潮に達しにくい東シナ海，日本海側や内湾にある産卵地は，子孫を残すうえではけっして良好な繁殖場所ではないことが予想される．

また，産卵地として産卵回数が多い海岸は屋久島・種子島と鹿児島から宮崎にかけての南九州にあり，日本全体の70%の産卵がこの海岸線で行われている．この海域へ産卵が集中する理由としては，①この海岸線がもっとも産卵地として認識しやすい，②生まれた場所で産卵する母浜回帰があるとして，この海岸線での繁殖成功度が高い，③この海域での親ガメに対する脅威がほかの海域に比べて低い，などがあげられる．

11.3　個体群サイズの推移

日本は北太平洋で唯一のアカウミガメの産卵地といえる．それゆえ，そこ

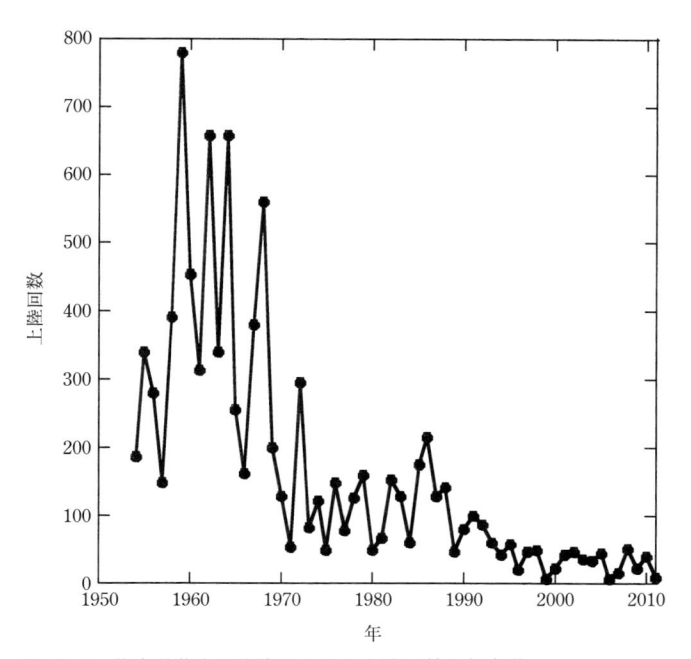

図 11.2　徳島県蒲生田海岸における上陸回数の年変動.

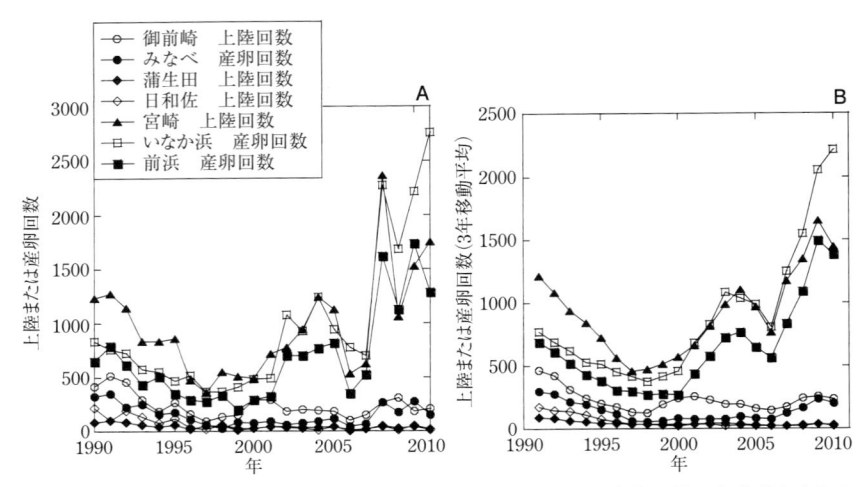

図 11.3 日本のアカウミガメの主要な産卵海岸の上陸もしくは産卵回数の年変動(A)と3年移動平均の変化(B).

での上陸回数，あるいは産卵回数の推移は個体群サイズの動態を知る貴重な情報となる．日本では前述したように各地で上陸回数あるいは産卵回数のモニタリングが行われており，個体群サイズの過去の増減を知ることができる．

まず，1954年から行われている徳島県蒲生田海岸のモニタリングによって，過去50年のアカウミガメの上陸回数の変化をみることができる（図11.2）．この海岸における上陸回数は，1960年代には500回以上の上陸がみられるシーズンがあったが，2000年以降は数十回の少ないレベルで推移していることがわかる．この間の著しい減少が日本全体の個体群サイズの変化を代表するものであるとすると，その個体数はここ 40-50 年で 10% 以下にまで減少したと予想される．図 11.3A は御前崎海岸の上陸回数（御前崎市調査），和歌山県みなべ千里海岸の産卵回数（後藤清・日本ウミガメ協議会調査），徳島県蒲生田海岸の上陸回数（蒲生田小学校・阿南市調査），同日和佐大浜海岸の上陸回数（日和佐うみがめ博物館調査），宮崎海岸の上陸回数（宮崎野生動物研究会調査），屋久島いなか浜と前浜の産卵回数（屋久島うみがめ館調査）の1991年からの変化を示したものである．しかし，これでは年変動が激しく，変動傾向を知るには不適なので，3年平均の変化も同時に示した（図 11.3B）．これによると，屋久島の2つの海岸や宮崎海岸ではそ

の数が1997年ごろより増加しているのに対して，御前崎，みなべ，徳島の日和佐大浜海岸および蒲生田海岸は回復はみられず，とくに徳島の2海岸の減少が激しい．つまり，日本のアカウミガメにおいては，南九州の産卵地は回復しているが，四国や近畿・東海地方の産卵地では産卵個体の数が著しく減少しているのである．すなわち，四国や本州にはアカウミガメの上陸・産卵を減らす南九州にはない独自の要因が存在することを示している．

11.4 これからのウミガメ研究

前述したように，ウミガメ研究は産卵海岸でウミガメを観察し，そこから得られるデータの解析から研究が始まった．その後，ウミガメをさまざまな手法で捕獲し，調査するグループも現れた．そのような，ある意味では人間の肉体に依存した研究に，DNAの分析や人工衛星による追跡技術などの近代的な技術が加わり，実際，2000年代にはそれらの技術を駆使した研究がめだっている．

(1) DNAを用いた研究への疑問

DNAを用いたウミガメ研究は大きく2つの流れがある．1つは塩基配列の類似度から集団間，あるいは種間の系統関係を探る試みである．しかし，研究の多くは細胞質基質に存在するミトコンドリアとよばれる細胞小器官のDNA (mtDNA) を分析対象に用いている．そもそもこの細胞小器官はかつて好気細菌が共生したものであり，独自に分裂している．DNAの塩基の変異は分裂時に起こることが多い．したがって，mtDNAは進化速度，つまり塩基の変異が蓄積される速度が速い．受精の際，精子の鞭毛の基部にあるミトコンドリアは卵細胞に入らないので，mtDNAは母系遺伝する．また，減数分裂や受精の過程を経ないため，塩基配列の違いは突然変異によるものとみなされ，その系統を追跡するには有利である．

しかし，母系遺伝しか起こらない遺伝子をマーカーにすることは，その集団の特性を表現することに問題はないのであろうか．たとえば，かりにウミガメの雌は生まれた砂浜に戻って産卵するとしよう．雄はいくつかの砂浜の沖を回遊してそこで産卵する雌と交尾を繰り返すとしよう．すると，遺伝子

は雄を介して広く分散して，遺伝的には大きな1つの集団となる．ところが，雌によって保存されるmtDNAの塩基配列は砂浜ごとに分化することになる．つまり，ウミガメのように移動能力が高く地理的隔離が生じにくい動物の系統や分類を論じるには，mtDNAは適切ではないと考えるのである．したがって，mtDNAで系統を議論するときには，ほかの形質なども比較，考慮し，慎重に行われるべきであろう．

　一方，mtDNAのハプロタイプの違いによって，生まれた砂浜を推定する研究が数多く行われている．つまり，そのハプロタイプを生態学的なマーカーとして用いるのである．しかし，筆者のようなフィールドからウミガメを観てきた人間にとっては，この手法も納得がいかないのである．たとえば，ここにウミガメの産卵場所A，B，Cがあるとしよう．それぞれの場所で産卵するカメのmtDNAのハプロタイプをa，b，cとする．ある別の海域でその種のウミガメが捕獲され，そのハプロタイプはaだったとしよう．だから，そのカメが産卵場所Aで生まれたとするのが現在の主流なのである．

　ところが，ここにはいくつかの疑問が残る．まず，ハプロタイプaが産卵場所Aの特性を反映しているのか，という問題である．統計学的に，十分なサンプル量にもとづいたものかを確認する必要がある．また，十分なサンプル量があったとしても，ほんとうにサンプルが適切に得られているかを確認する必要がある．ウミガメの産卵場所のDNAのサンプルは，孵化幼体か産卵に上陸してきた親個体から得られる．まず，孵化幼体からサンプルを収集するときに，同じ産卵巣から採取した試料が複数含まれる可能性がある．ウミガメの場合，同じ個体が複数回，上陸・産卵を繰り返す．したがって，異なった産卵巣から採取したサンプルでも同一の親のmtDNAを有している可能性もある．このような場合，複数の試料を分析しても，同一の試料を分析してしまうことになる．このように，産卵場所で産卵する集団のmtDNAのハプロタイプを明らかにするためのサンプルの採集はかなりの努力量を要する．DNAの分析を行う遺伝学者は，フィールドで活動するボランティアに試料収集を依頼することが多いが，その際のボランティアの力量が問題になる．

　さらに大きな疑問がある．ハプロタイプから産卵場所を特定するには，すべての産卵場所のハプロタイプを明らかにする必要がある．しかし，現段階

でそれが明らかにされていない．とくに，産卵場所が多く存在するアオウミ
ガメ，タイマイの場合は，産卵場所が限定されているアカウミガメやオサガ
メに比べると，よりそれが困難だと思われる．

　DNAを用いて個体の移動を論じる研究は，母浜回帰を前提としている．
母浜回帰とは，生まれた砂浜に戻って産卵する生活史を表現する用語である．
たぶん，サケの母川回帰があることで，ウミガメにもこのような生活史の特
性があると信じられるようになったのだと考えられる．また，遺伝子を用い
たいくつかの研究もそれを支持した．しかし，このように自分の生まれた場
所に固執し，そこで自分も産卵する行動は，繁殖場所によって大きく適応度
が異なり，さらにその繁殖場所を選択する過程に多くのコストがかかる種に
進化すると考えられる．サケは川を何日もかけて遡上する．もし，そこに適
切な産卵場所がなかった場合，サケは別の川に移ることは不可能であり，適
応度は0になる．それを防ぐには，自分が生まれたという保証のある川を遡
上するのが合理的であり，母川回帰が進化したのであろう．一方，ウミガメ
が繁殖する砂浜は，上陸に失敗しても，海に戻って上陸をやりなおすことが
可能である．別に，そこまで生まれた砂浜に固執する必要もないであろう．

　ただし，遊泳能力の弱い幼体の分散を考えた場合，産卵場所と海流の位置
関係は重要である．したがって，大きな範囲のレベル，たとえば南日本の太
平洋岸などといったレベルでの回帰性は存在しても不思議ではない．

（2）　人工衛星での追跡で明らかになったこと

　地球上のどこに存在しようとも，その位置を高い精度で特定できる人工衛
星を用いたシステム（たとえば，アルゴスシステム）が開発された．鳥や哺
乳類など多くの動物の移動の解明に利用されているが，ウミガメも例外では
ない．さまざまな発信器が開発され，背甲に接着して移動を追跡する研究が
さかんに行われている．この技術が一般化された1990年代後半から2000年
代にかけて多くの発信器が付けられ，個体レベルの移動が明らかになった．

　そこで研究者の認識としてあったのは，種あるいは個体群レベルで決まっ
た移動ルートがあることであった．確かに，初期のころはウミガメが回遊す
る経路が存在することが報告された（たとえば，Morreale *et al*., 1996）．し
かし，追跡例が多くなると，そのような回遊経路に関する報告は少なくなる．

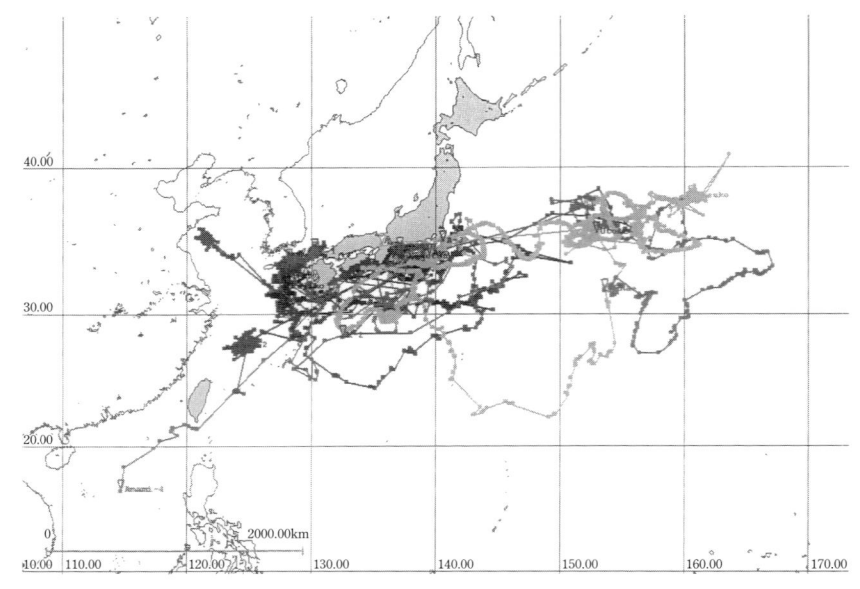

図 11.4 人工衛星で追跡した日本近海におけるアカウミガメの回遊.

つまり，その移動の方向や経路や向かう海域は個体ごとに多様であることが明らかになりつつある．たとえば，図11.4は日本ウミガメ協議会で発信器を装着したアカウミガメ38個体の追跡結果を示したものである．回遊範囲，すなわち分布が限られていることはわかるが，日本のアカウミガメに共通する回遊経路がないことがわかる．これは特定の繁殖地と越冬地を限られたルートで往復する渡り鳥（樋口・黒沢，2009）に比較すると，大きく異なる．おそらく，飛ぶ鳥と泳ぐウミガメの違いによるものと考えられる．移動により多くのエネルギーを必要とし，さらに途中にエネルギーを補給できない鳥のほうが，海洋を摂食しながら漂うように移動するウミガメより，その移動経路に厳密さが求められるからであろう．

いずれにせよ，人工衛星による追跡は，ウミガメの場合，個体レベルで考察する必要がありそうである．

（3） その他の技術と期待される新技術

DNAと人工衛星による追跡について述べたが，それ以外の技術もウミガ

メの生物学に寄与している．たとえば，記録式の測定器具（ロガー）を付けて個体の行動のさまざまな情報を記録する手法（バイオロギング）は，急速な発展をみせている（第7章参照）．現段階では，その測定器具を回収する必要があるが，近いうちにその情報を人工衛星で吸い上げて研究者に送り届けることも可能になるであろう．すると，より自然のウミガメの行動・生態が解明されることであろう．

また，このような測定機器による行動の追跡は，長期にわたる追跡がむずかしい．そこで，検討され，一部実施されているのは安定同位体による研究である．安定同位体は生態系などによってその含有率に差がある．個体には，古い時代につくられた組織と新しい時代につくられた組織がある．その組織を抽出して安定同位体比を調べれば，古い時代にどのような環境で生活していたかを知ることができるかもしれないのである．しかし，安定同位体比だけでは多様な環境を細かく表現することができない．したがって，古い時代を過ごした環境や場所を特定することはかなりむずかしいと考えられる．ただし，ウミガメはその小さな脳に対して，行動が複雑で多様であることは前述した．そのため，行動や生活史に関しては，ある程度，個体レベルを意識して研究を進めるべきであろう．

ウミガメを長期にわたって追跡するには，標識によって個体識別を行う必要がある．標識にはプラスチックタグが日本では一般的である．しかし，ウミガメのように寿命の長い動物にとっては，耐久性に問題があり，終生にわたり個体識別することは無理であるうえ，幼体にそれを付けることは運動機能に影響を与えると考えられる．それに対して，最近では体内に挿入するインナータグが開発されてきているが，それを外部からリーダーで読み込まれる機会は多くはないのが問題である．長期にわたって個体識別が可能で，確認しやすい標識の開発が待たれる．また，人工衛星によって長期にわたって追跡できる寿命の長い発信器も期待される．

ウミガメの生活史や生態を明らかにするうえで必須の要件がいくつかある．まず，幼体や未成熟個体の性の判別が容易ではないことである．また，大きく成長しても二次性徴が遅れる個体がいる可能性があることから，成体の大きさの個体でも確実に外部形態が判別できるのは雄だけである．今のところ，未成熟個体の性の判別は腹腔鏡で生殖腺を観察するか，あるいは血液中のテ

ストステロンを定量する手法があるが，手間がかかりフィールドにおいては現実的でない．今後の新技術の開発が望まれる．

つぎに大きな障壁は，年齢査定ができないことにある．ウミガメ類は年齢と甲長などのサイズに明瞭な関係がみられない，すなわち，環境条件によって成長速度に大きな違いがあることが予想されることから，甲長から年齢を推定することは困難である．現在のところ，上腕骨の切片に残された年輪を数える手法で年齢を推定しているが，骨髄の部分の年輪は推定するしかなく，ウミガメの年齢査定はかなり不確実な状況である．しかも，上腕骨を得ることができるのは死体のみからであり，その点からも一般的な方法ではない．

ウミガメのサイズは背甲の長さをノギスで計測するのが一般的であるが，大型のノギスは持ち運びに不便であり，フィールドでの使用には制限がかかる．また，生物学においては個体の体重を計測する必要があるが，フィールドで安易に使用できる体重計もなく，体重を扱った研究はきわめて少ない．持ち運びが安易な大型ノギスや体重計の開発が望まれる．

11.5　日本におけるこれからのウミガメの保全

（1）　漁業との関係

日本のウミガメの情報は集積できる状況が整いつつある．主要な産卵地である屋久島や種子島，宮崎，和歌山，静岡での上陸・産卵回数は毎年数えられる体制が現段階は存在する．また，漁業による偶発的な混獲や沿岸での死体漂着に関する情報も，インターネットの発達によって集約されやすくなってきた．

日本において保全を実施すべきウミガメは，広く太平洋で生育し日本の近海に戻ってきて生育し繁殖するアカウミガメと，南西諸島から東北にかけての沿岸で生育するアオウミガメと南西諸島および小笠原諸島に産卵するアオウミガメ，さらに奄美大島以南のサンゴ礁海域で生育するタイマイと同じ海域でわずかにみられる繁殖個体である．

1970年代から1980年代前半にかけては，各地で食用に供されていた卵が保護されるようになった時代である．その結果，1990年代前半には卵が採

取された話はほとんど聞かなくなった．その後，問題になったのは漁業による混獲である．底曳網や刺網，さらには定置網に入ってウミガメが死ぬことがあることを沿岸漁業者から聞くと，海岸に打ち上がる死体との関係は容易に結びついた．とくに，深刻なのは中層定置網や底定置網とよばれる定置網である．日本ではさまざまな形態の定置網が各地にあるが，近年の資源量の低下や労働力の不足から，より深い水深のところに設置でき，かつ少ない労働力で網揚げが可能な中層定置網や底定置網が開発された．従来の定置網と違うのは天井網が存在することで，ウミガメ類やイルカ類のように肺呼吸する動物が溺死する．また，冬期に行われるイセエビを対象とした刺網も，そこを餌場とするアオウミガメを溺死させることがある．しかし，このような混獲問題は漁業者の生活とも密接な関係があり，容易に解決できる問題ではない．

ただし，遠洋漁業では少し異なる展開があった．アメリカ合衆国政府は自国の延縄漁業者に厳しい混獲制限を設けるとともに，日本政府にも混獲されるウミガメを減らすよう働きかけたのである．それに応じて水産庁は，延縄の針の改良やウミガメがかかりにくい操業水深などを研究し，延縄漁業者を指導した．また，それ以前の1992年には北太平洋の流し網が，海鳥やイルカ類の混獲が多いという理由で，国際間の取り決めで禁止された．このように，ウミガメの混獲問題は遠洋漁業では一定の対策が講じられているものの，前述した沿岸漁業に関してはこれからという状況にある．

（2） 砂浜の産卵環境の破壊

ウミガメが産卵する砂浜の環境問題は従来から指摘されていた．光や騒音によって産卵が阻害されるなどの議論は多く存在した．しかし，そのような問題より，砂浜そのものが消失しつつある現状がある．砂浜の保全については理解があるものの，健全な砂浜が衰退していくのは砂の堆積と消失のバランスが崩れるからである．砂浜から遠く離れた場所でさえも港湾をつくったり，拡張したりするだけで，砂はその港湾のなかに堆積し，砂のバランスが崩れて，砂浜の砂が減ってくる．また，離岸堤などを沖につくっても砂のバランスが崩れ，砂浜から砂が減る．

砂浜の砂が減ると，波浪時に越波が起こりやすくなり，砂浜の近くに住む

住民の防災対策が行われる．一般的には護岸の整備である．護岸の整備を行うと，その場の植生帯を破壊することになる．植生帯の消失は，飛砂を促進し，砂はさらに少なくなる．現在の状況においては，砂の減少が認められる砂浜では，離岸堤あるいは突堤（ヘッドランド）で砂を確保しようとする．すると，付近の砂浜から砂を奪うことになり，新たに砂の減った砂浜では同じことが繰り返され，本来の自然の砂浜の連なりは大きく変貌することになる．このような形での本来の砂浜の消失は，沖縄島北部の西岸，鹿児島県吹上浜，同志布志海岸，宮崎海岸，渥美半島表浜海岸などで顕著である．

　幸いにもアカウミガメの産卵が多い屋久島や種子島の主要な砂浜では，砂の減少は顕著ではない．今後，付近の港湾や離岸堤など海流を変化させる可能性のある人工構築物は建設しないようにすべきであり，管轄する行政は，漂砂に対しては最大限の注意を払うべきである．

(3) これからの市民活動としての保護

　ウミガメに限らずすべての動植物の保護に関しては，行政の関与だけでなく，市民の力が必要である．市民が動物に関心をもち，保護活動を始めるにはじつに多様な過程がある．たとえば，ウミガメの場合，ウミガメを種レベルで保護したいというきっかけもあれば，個体を守るという発想もある．さらに，海洋から砂浜にかけての生態系を対象にした保護活動もある．また，教育としてウミガメを用いる市民もいれば，活動者本人がめだちたいだけの活動もある．それを生活の糧にしたい市民もいる．たぶん，そのいずれもが正しい行為であるが，それぞれの価値観のなかで対立が起こる．

　ウミガメの保護でもっとも頻繁に起こる問題は，卵の移植と子ガメの放流に関する問題である．ウミガメの卵を発見し，発生しつつある胚や砂から出てくる子ガメに関心をもつと，当然，それを保護したい気持ちが湧き上がる．そして，それを管理できる場所に移植して見守りたくなる．幸か不幸か，移植してもそれなりの孵化率が得られるのがウミガメの卵である．自然状態では孵化までの約2カ月の間に台風がきて卵が流出することも多い．ならば，別の場所に移植して，それを子どもたちに観察させようという考えが生じる．子どもたちは子ガメが好きだ．目を輝かせる．そこで，卵の移植，子どもによる子ガメの放流という活動が発生する．しかし，その一連の活動は自然に

影響を与える行動であり，さらにその行為は子ガメの生残率を低下させるとする考えもある．

　筆者はその対立の有様を30年ほどみてきたし，何度もかかわってきた．ただあえて告白するならば，筆者の考え方はその都度揺れるのである．そこで，いつも中途半端な姿勢に終始し，それが批判されたりもするのだが，けっきょくのところ保護活動は中途半端な活動を，地域の価値観で続けるのが一番よいのではないかという考えに至っている．中途半端を主張するのはむずかしいが，あらゆる行為が完璧に行われるのは，ウミガメの研究が完璧でない現状では危険である．静岡県の浜松市から舞阪に至る海岸では，産み落とされる卵の大部分が浜松に移植される状態がすでに20年以上続いている．この活動は，自然状態での孵化率が低いことを理由に移植し，人の手によって放流されているのだが，この行為は子ガメが海に入る位置や時間の多様度を低下させることから，アカウミガメの種の保護に貢献していない可能性が高い．したがって，その検証を進めるとともに，すべての産卵巣を移植するような極端な干渉は避けるべきであろう．一方，放流会は保護に貢献しない考え方が大勢を占めているが，その地域でのウミガメ保護の普及・啓発を効果的に行うならば，一時的，かつ限定的に放流会を認めるのも有効である可能性があるし，実際，宮崎野生動物研究会の活動では，初期のころの放流会活動が産卵巣の盗掘防止に効果的だったとしている．ただし，放流会を保護活動と位置づけるのは，明らかなまちがいであり，教育活動とすべきである．

　また，国や県の広い範囲でウミガメを保護する法令をつくるのはむずかしい．たとえば，ウミガメが産卵する砂浜において，それを保護する活動を考えたときに，それに影響を与える要因は，そこで産卵するウミガメの数，気象などの環境，産業，伝統文化，経済などあまりに多い．つまり，産卵する場所ごとに保護の実施手段が異なるのである．したがって，今後，ウミガメ保護に関して法令に類するものを整備するなら，砂浜レベルでのルールを地元で作成し，それを行政が認め，それを数年おきに見直すような，柔軟な対応が重要だと考えている．

　いずれにせよ，ウミガメは人と密接なかかわりあいをもちながら，今後も進化を続けるのであろう．人類の生存のありかたを考えるうえで，示唆に富んだ動物であることにはまちがいない．

引用文献

樋口広芳・黒沢令子（編）．2009．鳥の自然史――空間分布をめぐって．北海道大学出版会，北海道．

亀崎直樹・谷口真理・室田貴子．2011．2011年日本のウミガメの産卵状況．日本ウミガメ誌，2011: 17-22.

近藤康男．1968．アカウミガメ．海亀研究同人会，徳島．

Morreale, S.J., E.A. Standora, J.R. Spotila and F.V. Paladino. 1996. Migration corridor for sea turtles. Nature, 384: 319-320.

中村健児・上野俊一．1963．原色日本両棲爬虫類図鑑．保育社，大阪．

Nishimura, S. 1964. Consideration on the migration of the leatherback turtle in the Japanese and adjacent waters. Publications of the Seto Marine Biological Laboratory, 12(2): 177-189.

西村三郎．1964．日本近海におけるオサガメの記録．生理生態，12: 286-290.

Nishimura, S. 1967. The loggerhead turtles in Japan and neighboring waters (Testudinata, Cheloniidae). Publications of the Seto Marine Biological Laboratory, 15(1): 19-35.

西村三郎・原幸治．1967．日本近海における *Caretta* と *Lepidochelys*．爬虫両棲類学雑誌，2: 31-35.

岡本慶・上野真太郎・亀崎直樹．2012．日本のウミガメ類に関する文献目録．うみがめニュースレター，93（印刷中）．

Stejneger, L. 1907. Herpetology of Japan and adjacent territory. Bulletin of the United States National Museum, 58(1): 1-577.

おわりに

　日本ウミガメ協議会という団体がある．できたのは1990年のことであった．小笠原海洋センターの菅沼弘行さんが，当時私が在籍していた京都大学理学部の動物学教室に訪ねてこられ，ウミガメの情報交換や国際会議へ参加することの重要性を説かれ，意気投合したことに始まる．そのころ，私は八重山諸島の黒島から京都に移ってきたところで，竜宮城から現世に戻ってきたような状態であった．とくに，ウミガメに関して黒島で培ってきた疑問の多くが，研究テーマとして成立しない現実に悩んでいた．たとえば，南西諸島の島々をめぐって，種ごとの産卵地の分布を明らかにしつつあったが，そのような「探検的な活動」は学問ではなかったのである．しかし，知りたいことは，どこでどれくらい産卵するのか，あるいは，ほんとうにウミガメは減っているのか，などという単純なことであった．そこで，プロの研究者の世界とナチュラリストの世界の壁を知ることになる．

　菅沼さんの誘いにのって日本のウミガメ屋に声をかけて，鹿児島に集まることになる．ウミガメのフィールドワークは体力勝負だ．産卵期の間，体を限界までこき使い，夜の砂浜を歩く．このようなフィールドを経験すると自信がつく反面，ちょっと偏屈になる．今では考えられないことかもしれないが，参加者は自分の砂浜が産卵回数にしろ保護の方法にしろあらゆる点で一番よいと信じていた．今から思えば，第1回日本ウミガメ会議は各地の自慢大会であったかもしれない．しかし，議論は盛り上がった．毎夜，朝までカメの話をしていた．今もそうではあるが，当時は金がなかった．どこのウミガメ屋も，自腹を切りながらカメをやっていた．そんなときサポートを申し出ていただいたのがカネテツデリカフーズの村上健社長であった．カネテツといえば関西では「てっちゃん」と親しまれる蒲鉾屋さんである．日本のウミガメ研究発展はてっちゃんのおかげともいえる．

　日本ウミガメ会議でまず協議したのは，標識の統一と甲長の測定方法の統一であった．ウミガメの生態研究の基本は個体識別である．ウミガメにタグ

をつけ，それを発見すると移動や成長に関する知見が得られる．ウミガメに興味をもつと個体識別がしたくなる．甲羅の欠け具合や鱗の特徴で個体を識別することは昔の人たちも行っていたようで，ウミガメは同じ砂浜で産卵を繰り返すことを経験的に知ることになる．以前は，各地で多様な標識がつけられていたが，番号に重複があったり，放流先が特定できず連絡できなかったことが何度かあった．ウミガメのサイズは甲羅の長さを測るが，直線で測ったり，メジャーをあてて曲線で測ったりと，バラバラであった．このような基礎データの取り方に標準を設けた．こういった情報を広く流布するために，「うみがめニュースレター」の発刊を開始した．発行にかかる経費は小笠原村が援助してくれた．

　このようにウミガメの世界は動き始めるわけだが，長い間にはそこにさまざまな形でノイズが走る．ウミガメはたまに政治的な問題を引き起こす．まずはべっ甲問題である．ワシントン条約で日本はべっ甲細工の材料となるタイマイの鱗板の輸入禁止を余儀なくされるが，それでも輸入を維持しようと政府と業界は動き，膨大な予算がウミガメ研究に回るようになる．それまではウミガメに興味をもたなかった研究者までが群がるようになる．マグロ延縄にウミガメがかかり大きな減少要因になっていることがわかり，国際的にその取り組みが始まると，水産国日本にも混獲防止対策が要求されるようになる．そこにも多くの研究資金が流れ込む．さらに，南日本に点在するウミガメの産卵する砂浜では，護岸，道路，港湾建設などさまざまな工事が計画され，そのためのアセスメントが実施される．やはり，ここにも金が流れ，コンサルタント会社の担当者がデータを求めて菓子折りをもってやってきて，人のよいウミガメ屋はそれを渡してしまう．そして，美しい砂浜が消えた．

　南日本の外洋に面した砂浜を歩くと，ウミガメの産卵に出会うことがある．自然は不確実でなにが起こるかわからないが，ウミガメの産卵に偶然に出会うと，俗世とはあまりに離れた光景に引き込まれてしまう．地方に住んでいると，たまにこんな不確実に出会い，それが地方に住んでいる醍醐味だ．私はそんな不確実な自然の醍醐味を地方に残すべきだと考えている．そこでもっとも重要なのは，地方の砂浜でカメを見守る人だと思っている．

　本書の刊行を東京大学出版会編集部の光明義文氏にもちかけられたのは4年ほど前のことである．未熟な私が編集するのは問題だが，ウミガメに関す

る教科書は日本にはない．そこで思い切って着手したが，予定どおりに進まずに多くの著者や光明氏に多大な迷惑をかけてしまった．また，編集作業では，私の下でアカウミガメの生活史の研究で学位を取得した石原孝氏の世話になった．ここに日本のウミガメにかかわってきた多くのウミガメ屋とともに，お礼とお詫びを申し上げたい．

亀崎直樹

索　引

ア　行

アサヒガメ　266
穴埋め　126
穴掘り　126
アライグマ　239
霰石　86
アリバダ　61, 120, 158, 180, 227
アルケロン　4, 13
アルゴス（衛星）システム　198, 291
アルビノ　92
安定同位体（比）　199, 293
アンドロゲン　156
胃　48
移植　241, 296
イソガメ　266
一次性比　100
遺伝的隔離　29
遺伝的集団　23
咽頭裂　91
ウミガメ排除装置（TED）　228, 233
ウミガメ保護条例　248
浦島伝説　270
卜部（うらべ）　261
浦祭り　260
衛星対応型発信器　168
衛星追跡　198
エストラジオール17β　156
エストロゲン　156
エビトロール漁　233
エルニーニョ　133
沿岸漂砂系　235
縁甲板　91
鉛直混合　59
塩類腺　3, 104, 134

カ　行

黄体ホルモン　153
オドントケリス　13
おもろさうし　256
温度依存性決定（TSD）　8, 96, 180
温度感受期　98

外温動物　180
海岸管理計画　236
回帰年数　132
海区漁業調整委員会指示　248
回遊　59, 195
外洋　202
核DNA（nDNA）　23
ガス交換　93
カーミー　256
カーミーカケ（亀掛け）　258
カーミノヤー　258
亀地蔵　270
カメノウキギ（亀の浮木）　263
カメノセオイギ（亀の背負い木）　264
カメノマクラ（亀の枕）　268
カメノマワシボウ　266
亀霊神社　271
カモフラージュ　126
冠水　93
帰海　126
奇形　87
気候変動　240
希少野生生物の保護および継承に関する
　　条例　248
季節回遊　195
亀卜（きぼく）　261
求愛行動　121
球陽　259

協調運動　105
漁業調整規則　248
記録計　167
筋肉　43, 45
食いわけ　65
口　47
クラッチ　88
クロウミガメ　21, 70
系統種概念　23
血島　91
減圧症　174
原腸胚　89
原腸胚中期　90
光害　238
行動的隔離　26
交尾　121
交尾排卵　124, 158
甲羅　35
護岸　296
国際希少野生動植物種　247
国際自然保護連合（IUCN）　243
国連食糧農業機関（FAO）　234
誤食　239
個体群サイズ　227, 288
個体群内多型　214
固着（性）　90, 94
骨年代学　73
コホート解析　74
混獲　64, 197, 232, 233, 286
今昔物語集　264

サ　行

刺網　234
雑種強勢　24
冊封使　256
酸素蓄積量　173
酸素透過係数　86
酸素透過性　87
サンタナケリス　13
産卵　126
産卵回数　227
産卵間隔　180

産卵場固執性　215
産卵数　131, 155
産卵地分布　115
潮目　60
肢芽　91
色素欠乏　92
色素沈着　91
子宮部　89
始原生殖細胞　98
四肢　37, 42
脂質動態　154
自然公園法　246
自然保護条例　248
社会的促進　103
集団脱出　103
十二指腸　48
種間競争　65
受精能力保持期間　150
種の保存法　247
寿命　75
小腸　48
静脈　51
上陸　126
食道　47
神経溝　91
人工衛星対応型電波発信器（PTT）　168
侵食　235
心臓　49
浸透圧　134
浸透圧調節　104
水温躍層　67
水産資源保護法　247
水蒸気透過能　86
ストランディング　64
スパームネスト　151
すみわけ　65
スメリング　131
刷り込み　218
スンカリヤー　258
精子貯留腺　151
成熟甲長　70
成熟年齢　73

索　引

生殖器　53
性ステロイドホルモン　153
生息域移行　212
生態的隔離　26
生態的地位　65
成長回遊　195
成長速度　75
性転換　97
正の走光性　237
性判別（性判定）　68, 97, 159, 293
絶滅のおそれのある野生動植物の種の国際取引に関する条約（ワシントン条約）　231
浅海　202
潜頸亜目　41
潜水記録　169
潜水徐脈　176
潜水乳酸閾値（DLT）　178
双弓類　4, 11
総排泄腔　122, 128
造波抵抗　187
底定置網　295
底曳網　234

タ　行

代謝熱　64
胎生　7
体節　91
大腸　48
第二次性徴期　156
脱出　102
脱出日数　102
脱出率　95
単弓類　11
地球温暖化　100
地球磁場　216
地磁気　59, 216
中性浮力　177, 186
中層定置網　295
超音波（エコー）検査　69
潮差　125
潮汐　124

貯精　149
椎甲板　91
定位　216
定位・回遊システム　4
低温失神　215
底生無脊椎動物　65
定置網　234
適応度　212
テストステロン　156, 159
転卵　90
盗掘　230
頭褶　91
頭部　38, 41
動物極　89
動脈　50
トレードオフ　212

ナ　行

内温動物　179
涙　133
南方振動　133
2抗体酵素免疫測定法　156
二重標識水法　177
ニッチ　65
日潮不等　126
日本霊異記　264
二名法　2
熱伝導率　95
稔性　25
年齢　73
年齢形質　214
年齢査定　294

ハ　行

バイオロギング　293
背甲　38
排泄機能　52
胚盤　89
配列奇形　92
発情期　123
発生学的隔離　26
発生ステージ　89

発生速度　94
ハプロタイプ　199, 290
盤割　89
反射率　95
繁殖経験個体　145
ピップ　101
漂砂　235
標識再捕　197
漂着　64, 196
漂着死体　232, 285
ピンガー（超音波発信器）　166
頻脈　173
フェロモン　159
孵化　101
孵化場　58, 241
孵化日数　102
腹甲　38
複雄複雌型の配偶システム　123
フタツガメ　260
部分的内温性　180
フレンジー　58, 216, 241
プロガノケリス　12
プロゲステロン　153, 158
プロトステガ　13
フロリダ海流　61
文化財保護条例　248
文化財保護法　247
米国西部太平洋区漁業管理評議会　234
べっ甲　19, 66, 230, 245, 261
ヘッドスターティング（育成放流）　26, 242
ヘモグロビン　174, 175
報恩説話　264
放熱板　65
放流　296
放流会　240, 241, 297
卜甲（ぼっこう）　261
ボディーピット　126
哺乳類型爬虫類　11
母浜回帰　30, 215, 291
母浜回帰説　131

ボン条約（移動性野生動物の種の保存に関する条約）　245

マ　行

マウント　121, 122
巻網　234
ミオグロビン　176
水ポテンシャル　94
ミトコンドリア DNA（mtDNA）　23, 199, 289
ミュラー管　98
無弓類　4, 11
無効分散説　282
モニタリング　245

ヤ　行

ヤマト文化圏　275
遊泳速度　176
有酸素潜水限界（ADL）　178
湧昇域　57
湧昇流　63
有羊膜類　7
輸卵管粘液　90
養浜　236
羊膜褶　91
羊膜類　85

ラ　行

ラジオイムノアッセイ（RIA）　160
ラスケス孔　20
ラスケス腺　20
卵黄　87
乱獲　230
卵殻　86
卵角　101
卵割　89
卵管膨大部　89
卵径　88
卵白　87
卵胞刺激ホルモン　153
リビングタグ　243
琉球文化圏　256, 275

粒径　94
粒度組成　95
臨界温度　8, 97, 99
レインボウアガマ　97
レッドリスト（絶滅のおそれのある
　野生動植物のリスト）　243
ロストイヤー　60
肋甲板　91

ワ　行

ワシントン条約　5, 22, 231, 245, 273

α ケラチン　134
β ケラチン　134
cADL　178
DNA　3, 22, 23

$\delta^{13}C$　200
$\delta^{15}N$　200
K-T 境界　15
LAG（成長停止線）　73
Marine Turtle Special Group　244
National Research Council　233
NGO（非政府組織）　246
SAGs　88
SOX9　101
SRDL　168
SRY　101
ST-オボアルブミン　87
STAT　198
VHF 発信器　166
white spot　90
yolkless egg　88

執筆者一覧（執筆順）

亀崎 直樹	（かめざき・なおき）	岡山理科大学生物地球学部
石原 孝	（いしはら・たかし）	NPO法人日本ウミガメ協議会
松沢 慶将	（まつざわ・よしまさ）	四国水族館
柳澤 牧央	（やなぎさわ・まきお）	大分マリーンパレス水族館
佐藤 克文	（さとう・かつふみ）	東京大学大気海洋研究所
畑瀬 英男	（はたせ・ひでお）	東京大学大気海洋研究所
藤井 弘章	（ふじい・ひろあき）	近畿大学文芸学部

編者略歴

亀崎直樹（かめざき・なおき）

1956 年　愛知県に生まれる．
1997 年　京都大学大学院人間・環境学研究科博士課程後期修了．
　　　　八重山海中公園研究所研究員，日本ウミガメ協議会会長，東京大学大学院農学生命科学研究科客員教授，神戸市立須磨海浜水族園園長などを経て，
現　在　岡山理科大学生物地球学部教授，京都大学博士（人間・環境学）．
専　門　動物学——カメ類の生態・進化・保全．
主　著　『イルカとウミガメ——海を旅する動物のいま』（2000 年，岩波書店，共著），『現代を生きるための生物学の基礎』（2007 年，化学同人）ほか．

ウミガメの自然誌——産卵と回遊の生物学

2012 年 9 月 20 日　初　版
2020 年 4 月 10 日　第 2 刷

［検印廃止］

編　者　亀崎直樹

発行所　一般財団法人　東京大学出版会

代表者　吉見俊哉

〒153-0041　東京都目黒区駒場 4-5-29
電話　03-6407-1069　Fax 03-6407-1991
振替　00160-6-59964

印刷所　株式会社三秀舎
製本所　誠製本株式会社

© 2012 Naoki Kamezaki
ISBN 978-4-13-066161-4　Printed in Japan

JCOPY　〈出版者著作権管理機構　委託出版物〉
本書の無断複製は著作権法上での例外を除き禁じられています．複製される場合は，そのつど事前に，出版者著作権管理機構（電話 03-5244-5088，FAX 03-5244-5089, e-mail: info@jcopy.or.jp）の許諾を得てください．

哺乳類について学ぶすべての人たちへ

高槻成紀・粕谷俊雄[編]
哺乳類の生物学
[全5巻] ● A5判並製・カバー装／平均150ページ
　　　　　● 各巻定価（本体3700円＋税）

- 1巻　**分類**［新装版］　金子之史
- 2巻　**形態**［新装版］　大泰司紀之
- 3巻　**生理**［新装版］　坪田敏男
- 4巻　**社会**［新装版］　三浦慎悟
- 5巻　**生態**［新装版］　高槻成紀

イルカ　粕谷俊雄［著］
小型鯨類の保全生物学
B5判・656頁／18000円

イルカの認知科学　村山司［著］
異種間コミュニケーションへの挑戦
A5判・224頁／3400円

新版 鯨とイルカのフィールドガイド　大隅清治［監修］
A5判・160頁／2500円

動物生理学［原書第5版］
環境への適応
クヌート・シュミット＝ニールセン［著］／沼田英治・中島康裕［監訳］
B5判・600頁／14000円

生物系統地理学
種の進化を探る
ジョン・C・エイビス［著］／西田睦・武藤文人［監訳］
B5判・320頁／7600円

ここに表記された価格は本体価格です．ご購入の際には消費税が加算されますのでご了承ください．